諸富 徹 [編著]
Morotomi Toru

入門 再生可能エネルギーと電力システム
再エネ大量導入時代の次世代ネットワーク

日本評論社

はしがき

　本書は、私たち執筆陣による前著『電力システム改革と再生可能エネルギー』（日本評論社）を引き継ぎながら、電力システムと再生可能エネルギーでいま何が起きているのか、どのような課題・困難が生じているのか、それらを解決する政策とは何か、という点に関心をもつ読者にとっての入門書、つまり、よきガイダンスとなることを目指した著作である。

　前著を出版したのは2015年9月のことであったから、いまから3年半ほど前のことになる。当時、2011年の東日本大震災と福島第一原発事故の反省を受けて、再生可能エネルギー固定価格買取制度（以下、「買取制度」と略す）が2012年に導入されて3年がたち、急速に再エネが伸び始めていた時期であった。

　ドイツが日本の買取制度のモデルとされていたこともあって、ドイツの買取制度は破綻する（あるいはすでに破綻した）とか、ドイツ経済に大打撃を与えるなどという批判・報道が盛んに行われていた。筆者はドイツに調査に行き、関連するあらゆるドイツ語文献を渉猟したが、事実は日本で論じられ、報道されていることとまったく異なっていることに驚いた。たしかに再エネの高コスト体質に対する批判は強かったが、だからこそ、どうコストを下げ、再エネを市場統合するか、そのために買取制度をどう改革するかが真の論争テーマだったのである。当時の日本のドイツ批判は、批判者本人がドイツ語を解さないためか、こうした政策論争の文脈をまったく理解していなかった。あるいは、理解していたけれどもあえて、意図的に誤解を垂れ流そうとしていたのかもしれない。

　いずれにせよ、ドイツの買取制度は現在も引き続き健在で、ドイツ再生可能エネルギー政策の中核的存在であり続けている。直近では2017年にも法改正を重ね、着実に政策効果を発揮し続けている。その結果、ドイツの再エネはついに、2018年に総電力消費の40％を超えるところまで到達した。ドイツ経済は大打撃を受けるどころか、現在も引き続き欧州経済の牽引役であり、むしろエネルギー転換によってドイツ経済は好影響を受け、成長と雇用の増大に結びついたことが、いくつもの定量研究によって明らかにされている。

いまでは、ドイツだけでなく国際的にも再エネは全面的な拡大普及期に入り、その費用が劇的に低下する「主力電源化」の過程に入ったことが明らかになってきた。いずれ再エネの大量導入が実現できる可能性が高いことは、いくら煙幕を張ろうとも、もはや覆い隠しようがない。当時のドイツ批判がまったくの見当違いであったことは、いまや明白であろう。批判者の「再エネの台頭を認めたくない」との気持ちは分からないでもないが、再エネの台頭は、その量的拡大にせよ、コストの劇的な低下にせよ、大量のエビデンスに支えられた事実として疑いがない。今後は思い込みではなく、データに基づいて事実を共有し、その土台に立って客観的かつ建設的な議論を行っていきたいものである。

　こうした変化は、さすがに日本でもようやく周知の事実となってきた。そして日本自身もまた、こうした再エネをめぐる国際潮流に洗われ始めている。欧州諸国に遅れながらも、日本でも再エネの量的拡大にともなってコストは着実に下がりつつあり、買取制度の調達価格もそれに合わせて順次、引き下げられている。政府（経済産業省）が近年、「再エネの大量導入」や「再エネの主力電源化」を掲げるようになってきたのは隔世の感があるが、大いに歓迎し、後押ししたい。

　日本の総発電量に占める再エネ比率も2018年には17％超と、20％を臨むところまで上昇してきた。この実績は、買取制度の成功を物語っているが、他方で、それゆえに新たな問題も生じている。具体的には、九州電力管内における太陽光発電の出力抑制、電力系統容量がゼロとなって再エネの系統接続が困難となっている問題、固定価格買取制度の賦課金負担の累増問題などを挙げることができる。

　これらとオーバーラップして、経済産業省の「電力システム改革貫徹のための政策小委員会」は新しい政策課題としてベースロード電源市場、先物市場、容量市場、調整市場、非化石価値取引市場など関連市場の創設・整備とともに、新しい電力系統利用ルールとして「日本版コネクト＆マネージ」、同様に新しい連系線利用ルールとして「間接オークション」の導入を打ち出した。これら新しい政策課題は、小委員会の名称が示しているように「電力システム改革」の延長線上に位置づけられており、再生可能エネルギー政策と直接的に関係があるわけではないという整理になっている。しかし、いま再エネが直面している困難を解決するには、狭義の再エネ政策（典型的には買取制度）だけを改革して解決しうる範囲を超えている。つまり、再エネを大量導入しようとすれば、電力市場の創設・整備、電力系統の増強、その利用ルールの改革、さらには系統増強費用の費用負

担ルールの改革といった、一見、「電力システム改革」の範疇に属する諸課題にみえて、実は再エネと密接にかかわる案件を一つ一つ解決していかねばならないのだ。いまや、再エネの大量導入を図ろうとすれば、電力システム改革と再エネ政策を一体的に推進しなければならない段階に達した。これはまさに、欧州諸国が辿ってきた道でもある。

　本書は、全編を通じてこれらの新しい政策課題の主要論点をほぼカバーするように編集されている。そして、「再エネの大量導入を成功させるために、問題をどう解決していくべきか」という視点から、各章で調査、分析、論述が行われている。読者の皆様には、まず序章を読んで頂き、本書の問題意識や視点、再エネが直面している諸課題、各章の位置づけなどについて概観をえて頂いたうえで各章に進んで頂ければ、それぞれの章で展開されている専門的知見を吸収しやすくなるはずである。

　本書は直接的には、文部科学省科学研究費（基盤研究 A：2015-2017年度、課題番号15H01756）による研究成果の一部である。他方で、本研究期間は京都大学大学院経済学研究科に設置された第 1 期「再生可能エネルギー経済学講座」の設置期間とも重なっており、私たち執筆陣も直接、間接に本講座の支援を受けることができた。この場をお借りして謝意を表したい。なお、2019年 4 月 1 日より京都大学大学院経済学研究科において、第 2 期「再生可能エネルギー経済学講座」（～2024年 3 月31日）がスタートした。本書で未解決のままに残された新たな課題に挑戦すべく、講座としてもさらに研究に邁進していく所存である。

　2019年 5 月 1 日

諸富　徹

目　　次

はしがき（諸富　徹）　iii

序　章　再生可能エネルギーと電力システム改革（諸富　徹）───────1

　　1　「脱炭素化」は経済成長をもたらす　1
　　2　なぜ再生可能エネルギーは主力電源となるのか～その経済性　6
　　3　再エネ大量導入と電力市場の重要性　8
　　4　北欧電力市場の設計と「柔軟性」　10
　　5　「柔軟性」の供給源としての熱電併給（コジェネ）～日本にとっての教訓　14
　　6　九州電力の太陽光発電出力抑制から何を学ぶべきか～日本の電力システムの課題　17
　　7　日本の電力システム改革と電力市場設計　24
　　8　より公正な電力市場を求めて　28

第1章　電力市場の仕組み─北欧の電力市場 Nord Pool を例に（小川祐貴）───────35

　　1.1　電力市場とは　35
　　1.2　Nord Pool の市場設計　39
　　　　1.2.1　概要　39
　　　　1.2.2　前日市場と当日市場　41
　　　　1.2.3　市場統合と価格計算　46
　　1.3　Nord Pool の現在とこれまでの歩み　48
　　　　1.3.1　Nord Pool のミッション　48
　　　　1.3.2　Nord Pool の管理・監督体制　48
　　　　1.3.3　Nord Pool の歩み　49
　　1.4　日本の電力市場に対する示唆　52

第2章　柔軟な電力市場の構築——デンマークとドイツの電力市場制度の比較分析 （東　愛子）——————————————57

2.1　はじめに　57

2.2　電力市場の構造　58
2.2.1　電力市場の基本的な仕組み　58
2.2.2　調整市場の基本的な仕組み　60

2.3　ドイツ　62
2.3.1　ドイツの電力市場の仕組み　62
2.3.2　バランシング・グループ（BRPs）の市場を通じた調整　63
2.3.3　TSOによる調整能力を使用した最終需給調整　64

2.4　デンマーク　68
2.4.1　デンマークの電力市場の仕組み　68
2.4.2　調整市場　70

2.5　ドイツとデンマークの調整市場制度の比較　75
2.5.1　電力システムの要件と電力市場制度の関係　75
2.5.2　ドイツとデンマークの調整市場制度の比較　78

2.6　結論　81

第3章　電力市場に分散型電力と柔軟性を供給するVPP（バーチャル発電所） （中山琢夫）——————————————85

3.1　はじめに　85

3.2　変動性再生可能エネルギー発電と柔軟性　88
3.2.1　変動性再生可能エネルギーの問題　90
3.2.2　電力卸売市場の価格推移　91

3.3　VPPとアグリゲーターの役割　93
3.3.1　変動性電源の管理　94
3.3.2　変動性電源と柔軟性電源　95
3.3.3　よりフレキシブルな柔軟性と価格対応　96

3.4　変動性電力の将来　100

3.5　まとめ　104

第4章　EUにおける電力市場の統合と連系線の活用 （杉本康太）——————————————107

4.1　はじめに　107

目　次

4.2　EUでの市場結合の背景　111
4.2.1　経済学的背景　111
4.2.2　歴史的背景　112
4.2.3　再エネ導入の手段　113
4.2.4　エネルギー安定供給の手段　113

4.3　市場結合の最新の成果と今後の課題　114
4.3.1　前日市場　115
4.3.2　前日市場価格の収斂度　116
4.3.3　当日市場　117
4.3.4　連系線の容量　119
4.3.5　連系線容量の効率的活用の水準　122
4.3.6　市場結合と連系線の活用による便益　123
4.3.7　連系線容量計算における透明性について　123
4.3.8　需給ひっ迫時の連系線の活用について　124
4.3.9　小売市場について　125

4.4　おわりに―日本への示唆―　126

第5章　送電線空容量問題の深層（安田　陽）――131

5.1　送電線空容量問題の技術的背景　131
5.1.1　送電線の空容量とは？　132
5.1.2　送電線空容量の実態調査　134
5.1.3　送電線空容量の決定方法の実態　139

5.2　送電線空容量問題の経済学的要因　143
5.2.1　接続料金問題：ディープ方式とシャロー方式　144
5.2.2　原因者負担の原則と受益者負担の原則　147

5.3　送電線空容量問題の政策的課題　148
5.3.1　送電線の利用に関する欧州の法律文書　148
5.3.2　透明性と非差別性に関する欧州の法律文書　150
5.3.3　送電線の利用に関する日本の法律文書　152

5.4　送電線空容量問題の本質的解決法　157
5.4.1　解決方法1：実潮流に基づく分析・運用と出力抑制　157
5.4.2　解決方法2：コネクト＆マネージと間接オークション　161
5.4.3　解決方法3：受益者負担の原則と費用便益分析　164

5.5　おわりに　167

ix

第6章 欧米の電力システム改革からの示唆（内藤克彦）———————173

6.1 欧米の電力システム改革は何のためになされたか 173
6.1.1 EU の総合的な再エネ導入政策 173
6.1.2 再エネ導入 EU 指令と同時に制定された電力改革 EU 指令 175
6.1.3 米国の電力システム改革 177

6.2 電力系統への接続……コネクト 179
6.2.1 ドイツの例 179
6.2.2 ドイツの EEG（Erneuerbare-Energien-Gusetz 2012改定）の規定 181
6.2.3 電力系統の計画的増強の誘導策 182
6.2.4 欧州の電力系統使用料 184

6.3 送配電線の効率的な利用……マネージ 185
6.3.1 欧米の常識、フローベース（実潮流ベース）の電力系統管理 186
6.3.2 送電キャパシティ管理の基本 Point-to-Point の送電キャパシティの定義 188
6.3.3 欧州の場合 191
6.3.4 米国の場合 193

6.4 配（集）電線の計画的増強のための投資メカニズム―配電線から集電網への改革 193
6.4.1 欧州の電力系統の計画的増強 194
6.4.2 米国の送電計画 Order No. 890 195
6.4.3 米国の送電計画 Order No. 1000 196

6.5 広域融通による需給マッチング 197

6.6 まとめ―我が国への示唆 198

第7章 電力系統安定化のための自律的消費電力制御（近藤潤次）———————201

7.1 電力の需給バランスと周波数変動 201
7.1.1 太陽光・風力発電の導入の推移 201
7.1.2 電力系統の周波数と需給バランス 203
7.1.3 太陽光・風力発電を大量導入する場合の問題 204

7.2 負荷の消費電力制御 205
7.2.1 制御対象負荷 205
7.2.2 負荷制御の分類 206

7.3 自律負荷制御 207
7.3.1 例1：Fred C. Schweppe 教授の特許出願 207
7.3.2 例2：英国の離島 208

目　次

7.3.3　例3：米国 Pacific Northwest 国立研究所の実証試験　209
7.3.4　例4：英国の冷蔵庫制御プロジェクト　209
7.3.5　例5：電気温水器・CO_2冷媒ヒートポンプ式給湯機　210

7.4　周波数安定化の実験による実証　212
7.4.1　実験装置の概要　212
7.4.2　フライホイールの取り付け　213
7.4.3　周波数変動実験　215

7.5　まとめ　217

第8章　風力・太陽光発電大量導入による電力需給バランス、2030年シナリオ
（竹濱朝美・歌川 学）————————————221

8.1　はじめに　221

8.2　需給バランスにおける風力・太陽光発電と火力発電の関係　222
8.2.1　変動性再エネ電源と残余需要　222
8.2.2　火力発電機の出力上昇・低下速度、最低出力下限　224
8.2.3　LFC 調整力と風力・太陽光出力の予測誤差　224
8.2.4　火力機の最低出力下限　225

8.3　在来電源発電機の経済的運用と再エネ電力の関係　226
8.3.1　起動停止・経済的運用モデルの変数と制約条件　226
8.3.2　2030年シナリオの想定、再エネの最優先給電　228
8.3.3　2030年シナリオの想定、再エネと EV の導入目標　230

8.4　西日本の需給バランス、柔軟な需給運用の効果　232
8.4.1　図の見方　232
8.4.2　九州管区の需給バランス、地域外送電　235
8.4.3　中国管区、四国管区の需給バランス、域外送電　236
8.4.4　関西-中部管区の需給バランス　236
8.4.5　西日本地域のまとめ、柔軟な需給運用の効果、軽負荷期の電力過剰　240
8.4.6　再エネ電力の地域間送電、九州-中国連系線の増強必要　240

8.5　再エネ電力の割合、CO_2排出量　240

8.6　まとめ：西日本管区の課題　244

索引　247
執筆者一覧　252

xi

| 序　章 | **再生可能エネルギーと電力システム改革** |

諸富　徹

1　「脱炭素化」は経済成長をもたらす

　温室効果ガスの排出削減への取り組みは、数年前までは「低炭素化」と呼ばれた。筆者らが、『低炭素経済への道』（岩波新書、共著）と題する書籍を出版したのは、2010年のことであった。しかしいまや「低炭素化」は、「脱炭素化」という言葉によって取って代わられた。これは「パリ協定」（2015年12月締結）において、「21世紀後半における温室効果ガス排出の実質ゼロ」が、国際目標として合意されたことが大きい。

　相前後して「ダイベストメント（「投資引き上げ」）」、「座礁資産」、「RE100（再生可能エネルギー100％）」などのキーワードを頻繁に目にするようになった。背景にあるのは、「エネルギーの転換」（"energy transition"）の潮流である。エネルギー源を化石燃料（とくに石炭）から再生可能エネルギー（以下、「再エネ」と略す）へ根本的に転換することで、エネルギーの脱炭素化を図ることが、気候変動問題に取り組むうえで不可避だとの認識が高まってきた。

　この点で OECD、IEA（国際エネルギー機関）、IRENA（国際再生可能エネルギー機関）という 3 つの国際機関が共同でエネルギー転換に向けた報告書を公表したのは画期的であった（OECD/IEA and IRENA, 2017）。彼らの報告書は、パリ協定の合意内容に沿って、産業革命以来の全球気温上昇を66％の確率で 2 ℃未満に抑えるシナリオを採択している[1]。

---

　1 ）このシナリオの実現のためには、エネルギー起源 CO_2 排出は2020年よりも前にピークを打って、2050年までには今日の水準から70％以上減少する必要がある。

この報告書は上記シナリオを実現するために、どのようなエネルギー転換が必要かを、IEAのモデル計算に基づいてシミュレーションしている。あわせて、野心的な排出削減シナリオがどのような経済影響をもたらすのかを推計している。その結果は驚くべきものである。常識的理解と異なり、現行政策の延長線上で推移する場合に比べて経済成長率をむしろ引き上げ、雇用を高める効果をもつというのである。以下、彼らの報告書のポイントを見ておくことにしよう。

　このシナリオの下では、すべての国で低炭素技術が前例のないスピードと規模で普及する必要がある。化石燃料への補助金の段階的廃止、炭素価格の大幅な引き上げ、エネルギー市場の改革、そして低炭素化および省エネへ向けた厳格な規制の実施といった野心的な政策体系の採用により、エネルギー効率性の顕著な引き上げと再エネ大量導入を図ることが、こうした移行を実現する鍵となる。炭素価格は、CO_2トン当たり190ドルに到達する必要がある。

　このシナリオは、どのようなエネルギー転換をもたらすのだろうか。**図1**に示されているように、2050年までに、ほぼ95％の発電は非化石電源によるものとなっている。非化石電源による発電は現在、世界の総発電量の3分の1を占めるが、今後急速に増加して2030年までには約70％に達する。再エネによる発電量も急速に伸び、その総発電量に占める比率は現在の23％から2050年の70％へと飛躍的に上昇する。再エネの中では太陽光と風力が主力となり、両者のみで2050年には世界総発電量の35％、再エネによる発電量の半分を占めることになる。低炭素電源としての原発も、現在の11％から2050年の17％に上昇する。

　これに対して、火力発電による発電量は2035年までに半減し、2050年までには80％以上減少する。上記シナリオに沿ってエネルギー転換を進めるには、CCS（carbon capture and storage: 炭素回収・貯蔵）付きでない石炭火力発電はできるかぎり早期に退場する必要がある。効率の悪い石炭火力は2030年までにほとんどの国々で退場し、2035年までにはすべての国で廃止される。これらのうち多くのケースでは、耐用年数が尽きる前に撤退が求められることになるため、投資回収が困難になるとみられる。効率的な石炭火力はもう少し生き延びるが、それも2040年までにはほぼ完全に廃止となる。このスケジュールで石炭火力を撤退させるには、現時点で建設中の石炭火力を最後に新規投資は停止する必要がある。石炭火力の減少を受け、移行期を支える技術として2020年代には天然ガス火力発電が伸張する。だがそれもやがて、再エネによって置き換えられていくことになる。

序　章　再生可能エネルギーと電力システム改革

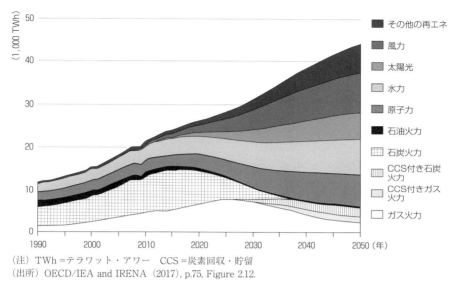

(注)　TWh＝テラワット・アワー　CCS＝炭素回収・貯留
(出所)　OECD/IEA and IRENA (2017), p.75, Figure 2.12.

図1　66% 2℃シナリオにおけるグローバルな電源構成の予測

　こうした劇的なエネルギー転換をわずか30年余りで進めれば、エネルギーコストを上昇させ、経済に深刻な悪影響をもたらしかねない、とするのが常識的な理解である。ところが興味深いことにIEAモデルによれば、このシナリオはむしろ経済成長を促進し、雇用を増やす。

　グローバルGDPは、エネルギー転換を行わない「成り行きシナリオ」に比して、2050年時点で0.8%分、成長率を高める。エネルギー転換による負の効果は考慮されるのだが、それでもエネルギー転換がもたらす投資刺激効果や、カーボンプライシング導入による収入の還付効果（所得減税による消費増大効果）などが働いて、経済に肯定的な影響を与えていく。

　だが、その下でエネルギー産業の構造転換は進み、その過程で雇用はむしろ増加していく。化石燃料関連産業では最大の産出量減少が見込まれる一方、資本財産業、サービス産業、バイオエネルギー関連産業は逆に、最大の産出量増加が見込まれている。エネルギー産業全体では、2050年までに約600万人の追加雇用が見込まれる。化石燃料関連産業で失われる雇用は、再エネ産業の新規雇用増加で

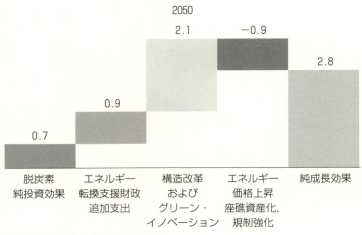

(出所) OECD (2017), p.8, Figure 1.

図2 全球平均気温2℃上昇目標を実現する場合の経済成長への影響（G20平均、現行政策延長シナリオとの比較）

完全に相殺され、さらに省エネ関連産業の雇用増加で純増になるからである。

　OECDは自らの別研究において、(66%ではなく)50%の確率で産業革命以来の全球気温上昇が2℃以内に抑えられる場合、現在の政策がそのまま継続した場合と比較して、長期的にG20平均経済成長率を2.8%分、引き上げるとの結論を引き出している（OECD, 2017）。**図2**では、その要因が示されている。脱炭素化に向けた投資で0.7%、エネルギー転換支援に向けた政府支出で0.9%、エネルギー産業の構造改革とグリーン・イノベーションで2.1%、成長促進効果が発揮される。これに対してエネルギー価格の上昇と規制強化で0.9%の成長阻害効果が生じる。この結果、差し引き純効果として2.8%分の経済成長促進効果が生まれる、というわけである（図の右端「純成長効果」）。

　実は、これまでにも多くの定量的研究が、エネルギー転換がむしろ、経済成長を促進するという結論を引き出してきた（Lehr, Lutz und Edler, 2012; Blazejczak et al., 2014; Lutz u. a., 2014; O'Sullivan, et al., 2014）。しかしOECD/IEA and IRENA（2017）およびOECD（2017）の研究が新しいのは、パリ協定の2℃目標を達成するという、より厳しい条件の下でもエネルギー転換が正の経済効果を

もつことを改めて示した点にある[2]。その下で、2050年には再エネによる発電が、総発電量でなんと70％もの比率を占めることになる（ならなければならない）。再エネはまさに、脱炭素化時代の主力電源として、現在とは比較にならないほど大きな役割を果たすことが求められる。

2）日本の代表的なエネルギー研究機関であるエネルギー経済研究所（以下、「エネ研」と略す）は、これら国際機関とは異なるシナリオを採択し、エネルギーの将来像を描いている（エネルギー経済研究所、2018）。つまり、現行の技術・政策の延長線上に2050年シナリオを描こうとしているのである。彼らは冷静に、膨大な需要を満たす主役は、現在も将来も引き続き化石燃料だと指摘する（エネ研のレファレンス・シナリオによれば、現在81％の一次エネルギー化石燃料依存度は、30余年をかけても79％とほとんど低下しない）。電源構成においても、火力発電が中心役割を果たし続ける一方で（化石燃料の総発電量に占める比率は現時点の65％から2050年の51％へと低下はする）、再エネは大幅に拡大するものの、2050年でもなお太陽光と風力発電の総発電量に占める比率は16％に留まるとしている。もちろん「技術進展ケース」も取り扱われているが、その排出経路は、パリ協定に基づく2℃目標の達成経路をはるかに上回り続けるシナリオとなっている。この点で国際機関のシナリオは、2℃目標の達成を正面に据えている点で大きな違いがある。ただし、国際機関の電源構成シミュレーションは、「このシナリオを実現するには、電源構成がどう変化しなければならないか」という規範的な視点で描かれている点に特徴がある。両者を比較すると、エネ研では「現状のまま推移するとどうなるか」をみることに主眼が置かれており、たしかにエネ研シナリオの方が「現実的」であり、「地に足がついている」ようにみえる。国際機関のシナリオは理想的で野心的だが、実現可能性という点では厳しくみえる。だが国際機関のシナリオの意義は、現行の延長線上で推移する場合と目標達成経路とのギャップを明らかにし、いつ、どのような手を打つべきかを議論する指針を与えてくれる点に求められる。もっともエネ研も、「2℃最小費用パス」の検討も行っている。この経路を実現するためには、BECCS（Bioenergy with Carbon Capture and Storage: 炭素回収・貯留（CCS）付きバイオマス発電）、水素発電、燃料電池自動車（FCV）、高温ガス炉、宇宙太陽光などの「革新的技術」の実現・活用が必要だ、と指摘している。逆にこうした技術が実用可能にならなければ、目標達成は無理だということを含意する。この点はエネ研、ひいては日本の政策論議に特徴的な「技術偏向的思考法」の特徴がよく現れている。たしかに技術は重要だが、新しい技術は自動的に実装されるわけではない。それが社会に実装されていくための経済的・政策的・制度的要件の分析が重要なのに、それらが一切、考慮に入れられていないのだ。国際機関の報告書では、カーボンプライシングや電力市場改革をはじめとする政策的・制度的要因、さらには民間・政府による投資活動、ファイナンス、エネルギー産業の構造転換といった経済的要因が俎上に載せられ、分析の対象となっている点は好対照である。

2　なぜ再生可能エネルギーは主力電源となるのか〜その経済性

　再エネが主力電源へと今後押し上げられていくのは、それが温室効果ガスを排出しないという環境上の理由からだけではない。再エネの発電費用は劇的に低下しており、すでに火力発電と競争できる水準に達しつつある。今後さらにコスト低下が進めば、再エネはあらゆる電源の中で、もっとも経済的に優位な電源に成長すると見込まれている。

　国際再生可能エネルギー機関（IRENA）調査によれば、2017年における再エネの世界加重平均費用は、水力がkWhあたり0.05ドル、陸上風力が0.06ドル、バイオエネルギーと地熱が0.07ドルとなっている。火力発電の発電費用がkWhあたり0.05〜0.17ドルだから、再エネはすでに、既存電源と費用面で十分競争的な水準に到達していることになる（IRENA, 2018）。

　大規模太陽光発電の発電費用は、2017年発注の新規プロジェクトで0.10ドルに到達し、他の再エネ電源よりは依然として割高だが、2010年以降で73%もの劇的な費用低下を記録したという。その他の電源も、費用低下が進行中である。複数の国々では、もっとも競争力のある陸上風力の入札で、kWhあたり0.03ドルという落札価格が付いたという。これは、風力発電の中でも立地に適したもっとも競争力ある電源が、ついに既存の火力発電の費用を下回りだしたことを示している。

　IRENAは、あらゆる種類の再エネ発電費用が2020年までに火力発電費用の範囲内に収まる水準に低下し、それ以降、恒常的に火力発電費用を下回るようになるだろうと予測している。かつて、再エネの「欠点」として必ず挙げられたのがその発電費用の高さであった。たしかに日本の再エネ発電費用は国際的にみて割高だが、その日本でも費用低下傾向は変わらない。時間はかかっても、日本でも再エネの発電費用は既存電源に追いつき、やがてそれらを下回っていくだろう。我々が経済成長と温室効果ガスの実質排出ゼロを両立させようとすれば必然的に、もっとも経済優位性の高い電源である再エネを選ぶべきだ、ということになる。

　いまや我々は、発電技術における主役交代の瞬間に立ち会っている。1970年代の石油ショックを受けて、先進国で本格的な再エネ開発が始まって以来、決定的な瞬間がやって来ているといえよう。

もっとも、これまで「再エネの発電費用」とは、もっぱら発電設備の固定費用と変動費用（燃料費、人件費など）の合計を意味していた。しかし、再エネによる発電は原発や火力と異なり、気象条件によって変動するという性質をもっている。したがって、電力需要をつねに満たすように電力供給を維持するには、再エネの変動性を補う「調整電源」が不可欠である。こうした調整電源の費用を、広義の「再エネの発電費用」に含めることに大きな異論はないであろう。これを加えた場合にもなお、再エネは費用的に優位性をもつのだろうか。調整電源の費用を加えると、再エネの発電費用は既存電源よりも高くなるのではないか、との批判がある。この点を試算によって明らかにしているのが、ドイチュらの研究である（Deutsch, Krampe, Peter and Rosser, 2014）。

　彼らはイギリスおよびドイツを対象として、再エネと既存電源の代表として原発を、調整電源も含めた広義の発電費用（＝「システムコスト」）の観点から比較している。具体的には、(1)「太陽光・陸上風力＋天然ガス」の組み合わせと、(2)「原子力＋天然ガス」の組み合わせ、という2つのシステムコストの比較である。彼らの計算結果によれば、(1)は6億7,900万ユーロ、(2)は8億5,700万ユーロとなって、再エネの方が1億7,800万ユーロ、21％分だけ割安になる。これは、割高な再エネの調整電源費用を上回って再エネの狭義の発電費用が、原発よりも小さいためである。

　本研究の結果は、再エネの調整電源費用を含めたシステムコスト比較を行ってもなお、既存電源（ここでは原発）よりも再エネが安価だということを示したものとして興味深い。もっとも、「再エネの発電費用」には調整電源の費用だけでなく、系統増強費用も加えるべきだという意見が当然出てくるであろう。再エネの適地は往々にして人口が疎で、送電網の容量が小さい場合が多いため、増強投資が必要になる。この投資費用を再エネの発電費用として加えるべきだというわけである。

　しかし送電網の増強費用をすべて再エネの発電費用として算入すべきかどうかについては、議論の余地がある。この背景には、再エネが新規参入によって送電網増強の必要性を新たに創り出したのだから、その費用はすべて再エネの発電費用に算入すべきだとの考え方がある。実際、日本でも送電網増強費用はすべて、系統に接続しようとする再エネ事業者の負担となっていた[3]。しかし、再エネ以外の電源でも新規の追加電源であれば、送電網増強は必要になる。また、再エネ

のための系統増強は既存電源にも恩恵をもたらす場合がある。これらの理由から再エネに対してのみ、系統増強費用を上乗せして発電費用試算を要求するのは、公平な比較とは言えないであろう。もっとも、(再エネ発電設備から系統にアクセスする) 電源線のように、明らかに再エネに帰すべき費用もあるので、系統増強費用のうち純粋に再エネに帰すべき費用部分とは何かを明確にすべきである。

3　再エネ大量導入と電力市場の重要性

　以上、パリ協定上の合意を実現するためにも、そして、より安価で競争力のある電源の獲得という経済性の観点からも、再エネの大量導入が正当化しうることをみてきた。だが成り行きに任せているだけでは、発電総量に占める再エネ比率を、2050年に70％以上という高い水準に引き上げるのは困難なことを多くの研究結果が物語っている。

　他方、再エネの大量導入を既に実現し、着実に再エネ比率70％以上へ向けて歩んでいる国々もある。例えば北欧のデンマークでは、電力総消費量のうち再エネ比率が2017年に60％超に達した。この比率は今後さらに伸び続け、2021年に同比率は86％に達するとデンマーク政府は予測している (Danish Energy Agency, 2018, pp.20-21)。またフラウンホーファー研究所によれば、ドイツでは2018年の総発電量に占める水力を含めた再エネ比率がついに40％の大台を超え、40.4％となった (Fraunhofer Institute for Solar Energy Systems ISE, 2019)。ドイツ政府目標では2025年に40〜45％の達成を謳っていたので、大幅な前倒し達成である。再生可能エネルギー固定価格買取制度 (以下、「買取制度」と略す) が導入された2000年時点の再エネ比率はわずか6.2％であったから、20年足らずで約6倍以上に再エネを増やすことに成功したことになる。石炭火力、ガス火力、原発といった集中電源はいずれも減少、電力システムの分散化がより進行した。とくにドイツにとっての課題だった石炭火力は2013年以降、継続的な減少トレンドに入っ

---

　3) 系統増強費用とその費用負担原理に関する考え方の整理、各国の実践事例から得られる教訓、そして日本の費用負担ルールの問題点などについては諸富 (2015a)、および本書第5章安田陽論文「送電線空容量問題の深層」、第6章内藤克彦論文「欧米の電力システム改革からの示唆」を参照されたい。

序　章　再生可能エネルギーと電力システム改革

ている。

　なぜ、こうした再エネの大量導入が可能になったのか。その秘訣は、(1)再エネを大量に受け入れる電力系統の増強投資を進めたこと、(2)電力市場の活用を徹底的に推し進めることで、再エネの変動性を吸収しうる既存電源の「柔軟性」を引き出しえたこと、この2点に集約される。ここでいう柔軟性とは、電力の需給バランスを保つために出力を迅速に変動させる電源の性質のことをいう。だが柔軟性は、電力供給側だけでなく電力需要側も含む概念だという点に留意が必要である。本書第7章「電力系統安定化のための自律的消費電力制御」（近藤潤次）が実験によって示しているように、電力需要側もまた、自律的な消費電力制御を行うことで電力需給バランスの維持に寄与できる。さらにドイツでは、本書第3章「電力市場に分散型電力と柔軟性を供給する VPP（バーチャル発電所）」（中山琢夫）が、電力需要側と電力供給側の柔軟性を積極的に活用することで、需給バランスの維持に貢献する新しいビジネスモデルとして VPP が台頭していることを活写している。本章でも「柔軟性」を、再エネ大量導入を可能にする電力システムにとって鍵となる概念として用いたい。

　デンマークが、その高い風力発電比率にもかかわらず、再エネの出力抑制を無視できる程度に抑えつつ、電力供給の安定性を欧州でも最高レベルに保つことに成功しえている要因は第1に、電力系統（とりわけ連系線）の増強に努めてきたことが挙げられる。系統増強投資によって連系線容量を拡大したことで、電力融通の地理的範囲が広がり、より費用効率的な電源ミックスが可能になったのだ。EU は、このメリットを全欧州レベルに押し広げようとしている。本書第4章「EU における電力市場の統合と連系線の活用」（杉本康太）が明らかにするように、EU は国際連系線投資を強化、各国／地域ごとに分断されていた電力市場を結合（coupling）することで、欧州エネルギー市場統合を推進している。これが実現すれば、「全欧州メリットオーダー（様々な電源を、限界発電費用の低いものから順番に並べたリスト）」にしたがって、全欧州レベルの発電総費用最小化が可能になる。これは、電力会社1社で欧州1国に匹敵する規模をもつ日本にとって、電力会社間の連系線を強化することが、再エネの市場統合にとってきわめて重要だというメッセージになる。

　デンマークが変動性電源を電力システムにうまく統合しえた第2の理由は、公正かつ透明な電力取引市場「ノードプール（Nord Pool）」の育成に成功した点に

求められる。この結果、市場取引の結果に基づいて、つねに最小費用での電力供給が可能になっただけでなく、市場価格が常時変動するので、市場参加者に価格が高い時点で電力を供給し、それが低くなれば電力供給を控える柔軟な行動をとらせるインセンティブ（誘因）を与えることになった。再エネが大量の電力を供給しているときは市場で価格が下がるので、既存電源は発電を控える。逆の場合は、市場で価格が上昇するので、既存電源は発電を増やす。それが、既存電源にとっては利潤を最大化する最適な方法なのだ。こうして誰かが指令を出さずとも、再エネの変動性を既存電源がうまく吸収して、全体として電力の需要と供給を一致させるメカニズムが機能するようになった。

ノードプールの生成・発展過程、その市場機能については本書**第1章「電力市場の仕組み—北欧の電力市場 Nord Pool を例に—」（小川祐貴）**において、また、ドイツの卸電力市場と比較した場合のノードプールの特性については本書**第2章「柔軟的な電力市場の構築—デンマークとドイツの電力市場制度の比較分析—」（東愛子）**において詳細に分析される。そこで以下では、これらの章の前段として電力市場が果たしている役割を読者に概括的につかんで頂くために、ノードプールを例にとりつつ再エネの大量導入を可能にする電力市場設計とは何か、その主要ポイントをみていくことにしよう（Energinet, 2018）。

4　北欧電力市場の設計と「柔軟性」

北欧電力市場は、時間軸に沿って異なる3つの短期市場、つまり前日市場（day ahead market）、当日市場（intraday market）、そして調整市場（balancing market）からなっている。このうち、前日市場と当日市場はノードプールによって運営され、調整市場はノードプールと送電事業者（Transmission System Operator: TSO）の共同責任の下で運営されている。これら3市場に加えて、月次、4半期、あるいは年単位の先渡価格に基づいて長期リスク管理を支援する長期金融市場があり、これは NASDAQ によって運営されている。出力が変動する再エネ電源にとって、実需給に時間的に近接するこれら3つの短期電力市場は、変動性を調整する機能を果たしてくれる点で、決定的に重要である。

序　章　再生可能エネルギーと電力システム改革

表1　ノードプールにおける2017年の年間電力取引量と平均取引価格

2017	取引量（TWh）	平均価格（€/MWh）
前日市場	370	29
当日市場	5	28
調整市場	4	41

（出所）Energinet（2018）, p.8, Table 1.

前日市場

　ノードプールは電力市場全体の75％の取引を取り扱っており、それ以外は相対取引となっている。3市場のうち前日市場は取引規模で最大であり、投資、最適給電、そして需給調整を図るための価格シグナルを形成するうえで、もっとも重要な機能を果たしている。表1に示されているように、前日市場は短期電力取引全体の97％と圧倒的な比率を占めている。当日市場、調整市場は、前日市場の補完的役割を果たしているという関係がよく分かる。他方、平均価格は調整市場が他の市場に抜きん出て高いという特徴をもっている。

　前日市場は、電力の実需給の24時間前に入札が締め切られる。取引されるのは1時間ごとの現物が基本であり、応札されたすべての需要と供給は足し合されて需要曲線と供給曲線が引かれ、それらが交わる均衡点で価格と取引量が決定される。価格決定では均一価格方式が適用され、落札者全員に市場均衡価格が一律に適用される。実需給日の前日であれば、現在の天候予測技術でほぼ正確な再エネの供給計画を作成することができる。

　変動性電源による電力供給が需要を上回る場合に、強制的な出力抑制の発動を回避するため、北欧前日市場では2009年にマイナス価格が導入された。それ以来、年間に10〜100時間のマイナス価格が記録されている。その結果、再エネであれ既存電源であれ、発電事業者には損失拡大を回避するため、自発的に供給量を減らす動機づけが与えられるようになった。

　ノードプールは市場取引の透明性確保に最大限、注意を払っている。前日市場の取引結果に関するすべての重要情報は、会員企業に対してほとんどリアルタイムで公開される。透明性確保へのこうした努力が、市場参加者による迅速かつ柔軟な価格変動への対応を引き出し、再エネの変動性を吸収することに寄与している。

与えられた価格の下で最適な行動をとることは、市場参加者の利潤最大化につながる。市場参加者が利潤最大化行動をとった結果、市場で「柔軟性」が供給され、再エネの変動性が吸収される。彼らは、再エネに道を譲る「利他的精神」を発揮したわけではない。むしろ逆である。利己的な視点から利潤を最大化しようと行動した結果、事後的に再エネの変動性がうまく吸収される結果となるのだ。こうした「誘因両立的」なメカニズムを創りあげた点に、ノードプールの成功要因がある。この点は、次の当日市場、調整市場でも同じである。

当日市場

　当日市場は、市場参加者が前日市場で提示した需給計画から、当日の実需給が乖離しそうな場合、前日市場で入札していた電源を差し替えて最適化したり、あるいはより安価に発電できる電源と差し替えて費用を抑えたりするために利用される。前日の需給計画と実需給の乖離が生じるのは、実需給のタイミングが近づくにつれてより正確な天候予測が可能になり、予想外に再エネによる発電量が上振れ／下振れすることが判明するからである。そこで市場参加者は、より正確な天候予測に基づいて電源を差し替えていく。

　もっとも北欧の当日市場は、「調整市場」の項で述べる理由により、他の欧州諸国よりも小さい役割しか果たしていない。これは、デンマークの調整哲学の反映でもあり、その結果、調整市場がうまく機能しているからでもある。これに対してドイツやオランダなどの大陸市場では、当日市場で需給責任会社（BRP: balancing responsibility group）に対し、需給一致へ向けたより厳格な責任を課すことで事前調整が促されるために、当日市場が活発に用いられる。この点は、北欧市場と好対照となっている。

調整市場

　当日市場の取引が終了した後は、送電事業者（TSO）が電力市場における需給を一致させる最終的な責任をもつ。これを担保するため、TSO は予備力を購入してみずからが備えると同時に（本書第 2 章の「調整エネルギー市場」）、市場参加者に対して自発的に柔軟性を調整市場に供給するよう促す（本書第 2 章の「調整サービス市場」）。TSO は実需給数時間前に市場参加者が提出した電力生産／消費計画に関する情報を集約し、自らの天候予測に基づいて実需給30分前まで

にはインバランスの予測を完了する。この結果に基づいて、TSOは自らの予備力や市場参加者の自発的調整力を用いて、インバランスの解消を目指す。

北欧調整市場では、「上方（upward）調整」（超過需要解消のため電源に対して出力上昇を要請）と「下方（downward）調整」（超過供給解消のため出力削減を電源に対し要請）それぞれに対して公募が行われ、落札結果に基づいてメリットオーダーで電源の一覧が作成される。各電源は自らの発電コストとの見合いで、どの価格で応札するかを決定する。応札締切は実需給の45分前である。

実需給時間が近づき、TSOが実際に上方調整もしくは下方調整が必要だと判断した場合、応札した電源のうちメリットオーダーでもっとも安価な電源から順番に出力上昇／出力抑制の要請が行われる。調整市場は、ガス火力発電のように迅速な起動・停止能力をもつ発電所にとって、きわめて魅力的な利潤創出機会を提供する。下方調整に限ってであるが、風力発電も調整力を供給することができる。

デンマークの調整市場でTSOは、「応答的調整哲学（reactive philosophy）」とは対照的な「能動的調整哲学（proactive philosophy）」の考え方に基づいて需給調整を行っている（Energinet, 2018, p.9）。これは、TSOが調整市場で事前に生じると予想される事態に対し、積極的な役割を果たすことで問題解決を図るという考え方である。TSOが市場参加者から集約される情報に基づいてインバランスが生じると事前に判断するならば、「調整エネルギー市場」と「調整サービス市場」を活用して需給バランスの実現を図り、実際に実需給時間にインバランスが解消されないと判断すれば、調整電源に対して稼働要請を出し、電力システムの安定性を確保する最終的な責任をもっている。

これに対してドイツ、オランダのような「応答的調整哲学」に立脚する大陸型調整市場では、BRPに対してより厳格に需給を一致させる責任を課すことで、各市場参加者がそれぞれ実需給時間に向けて位置取りを調整し、BRPの責任でインバランスをあらかじめ最小化することが求められる。この結果、北欧に比べると、ドイツやオランダでは調整市場よりも当日市場の相対的重要性が増すことになる。これと対照的に、北欧では当日市場の役割が相対的に小さく、調整市場がきわめて重要な役割を果たす。

インバランス清算

以上の調整にもかかわらずインバランスを発生させた電力事業者には、インバ

ランスの大きさに応じて「インバランス料金」が課される。北欧市場では、インバランス料金の平均水準が前日市場価格よりも高いために、電力事業者には正確な生産計画を事前に策定・提出するインセンティブが付与されている（Energinet, 2018, p.23）。

5 「柔軟性」の供給源としての熱電併給（コジェネ）〜日本にとっての教訓

デンマークにおける再エネの市場統合を語る際に、熱電併給の果たした役割を無視することはできない（Ropenus, 2015）。デンマークでは、地域暖房によるエネルギー生産が1972年の80ペタジュール（PJ）から2012年の140PJ へと大幅に増大した。他方、熱電併給（combined heat and power: CHP）のエネルギー効率性が上昇したために、消費エネルギー量は同時期に100PJ から80PJ へと逆に減少している。またCHP 燃料は、かつては石油や石炭が大半を占めていたが、1980年代以降にその比率は急速に低下し、いまではバイオマスや天然ガスが大半を占め、CHP の「クリーン化」が進んだ。

デンマークで熱電併給が進んだ背景として、熱導管の面的敷設による地域暖房の普及が挙げられる。石油ショックを受けてデンマーク政府は省エネ・エネルギー効率性の改善を促すため、1980-2000年に電力課税を強化し、高い電力料金とも相まって電気による暖房から熱による暖房への切り替えが進んだ。1990年代に入るとデンマーク政府は、天然ガスCHP による発電を、固定価格買取制度によって支援した。このため、CHP プロジェクトの収益性が安定し、投資が進んだ。

しかし、風力発電比率の上昇とともに電力供給の変動性が高まり、CHP による発電量が市場価格に反応しないことが問題視されるようになっていった。そのため2006年以降、5 MW 以上の発電容量をもつすべてのCHP には、卸電力市場の価格で電力販売を行うことが定められた。こうして熱電併給設備の運用者に、市場価格の変化に柔軟に反応して電力供給量を調整する「柔軟性」供給のインセンティブが与えられることになった。もちろん、これはCHP にとっては実質的な収入減を意味したので、政策変更にあたって、政府は電力生産量に比例しない形で彼らに「補償」としての補助金を交付した。

では、熱電併給設備の運用者はどのようにCHP を運用しているのだろうか。我々にとっては耳慣れない言葉だが、ここで「蓄熱槽」の役割が重要になる。蓄

熱槽とは、ボイラーで温めた温水を貯めておく巨大な水槽のことである。CHP運用者は、卸電力市場で価格が高い時には電力供給を増やして利潤最大化を図るが、出力が高くなるために同時に需要を上回る温水を創り出すことができる。余剰となった温水は、蓄熱槽に貯めておく。電力価格が下がれば、運用者は発電を控えて運転のランニングコストを節約する。このため熱生産量は低下し、需要を下回ることになるので、蓄熱槽で貯めておいた温水を地域暖房のために供給する。こうして、熱需要をつねに満たしつつ利潤最大化を図るよう市場価格の変動に合わせて柔軟に電力生産を変化させることが可能になる（佐土原、2018、50-53頁）。

　実際、デンマークでは熱電併給設備による電力供給は、きわめて市場価格に感応的になっている。2017年における大規模CHPの電力生産量の推移と卸電力市場の価格推移のデータを重ね合わせてみると、両者は見事に連動していることが分かる（Energinet, 2018, p.5, Figure 3）。結果として、CHPが再エネの変動性に対するバッファーの役割を果たし、その変動性を吸収する役割を果たしてくれている。これが、CHPもまた「柔軟性の供給者」になっていると評されるゆえんである。

　日本は、デンマークやドイツほどCHPが普及していない。それは、日本の冷暖房のほぼすべてが電気（エアコン）によって行われること、また住宅やビルなど建物単体で冷暖房を行う仕組みとなっていることと関係している。だがこれは、きわめて効率が悪い。日本の暖房方式では、発電で燃料を電気に変換し、電気だけを取り出して空気を暖める。発電過程で発生する熱は使われずに大気中に捨てられるため、膨大なエネルギー損失が発生する。発電過程で生み出される熱を捨てず、うまく暖房に利用できればエネルギー効率性は大幅に上昇する。これが、熱電併給（CHP）の考え方である。これまでの暖房方式では、エネルギー総合効率は40％程度だが、これを熱電併給に切り替えれば、効率性は80％程度へと倍増する。これが熱電併給の第1のメリットであり、エネルギー効率性の改善を通じて温室効果ガスの排出削減にも寄与する。

　こうして熱電併給は、それ自体としてエネルギー効率性を改善するが、それで地域冷暖房を面的に展開することで、エネルギー効率性のさらなる改善が見込める。現在のオフィスビル単体での個別冷暖房方式のもとでは、各ビルがそれぞれ最大需要に合わせた（オーバースペックの）空調設備を備え付けている。大部分のオフィスビルでは昼間は冷暖房需要が高いが、人のいない夜間は冷暖房が必要

ないため、平均稼働率が低調となり、きわめて効率が悪いのが実情である。これを街区単位での地域冷暖房に切り替え、病院など夜間の冷暖房需要も高いビルを取り込んで大型ボイラー／空調設備を、その街区の複数のビルで共有し、ビルの間に熱導管と配電網を敷設すれば、どうであろうか。各ビルが個別に単体で設備保有する場合よりも、大幅に設備容量を減らすことができ、効率性は一挙に高まることは自明である。これが、熱電併給（による地域冷暖房）の第2のメリットである。

　デンマークにおける熱電併給による地域冷暖房の事例は、以上2つのメリットに加え、「柔軟性の供給」という第3のメリットが熱電併給に備わっていることを教えてくれる。再エネ大量導入時代には、大規模火力発電所だけでなく分散型電源である熱電併給設備が、柔軟性供給の一翼を担うことの社会的意義はきわめて大きい。熱電併給設備がこうした社会的役割を果たすためには、それらが街区内だけでなく、街区外に対しても余剰電力を卸電力市場価格で売電することを許容する必要がある。

　日本はこれまで、冷暖房に関して「電気偏重」でやってきた。だが今後、大幅な省エネ・エネルギー効率性の向上を進めるには、総合エネルギー効率の引き上げは不可避であり、戦略的に熱電併給を促進すべきである。そのためには、熱電併給設備投資への補助、熱電併給による発電への固定価格買取制度の適用、街区単位で大規模ボイラー／空調設備を共同保有し、面的に熱導管や配電網を整備するビル所有者への支援を図るべきであろう。

　面的な地域冷暖房の導入は、東京駅周辺の大手町や丸の内ですでに完了しており、街区熱供給会社が事業を展開している。他にも複数の都市で導入が進められている。静岡県浜松市中区におけるJR浜松駅に隣接した中心市街地では、既存ビルの建て替えにともなって段階的に地域冷暖房を面的に整備することが構想されている。栃木県宇都宮市ではJR宇都宮駅東口地区に、新設されるLRTの停留所を設けることと一体で再開発事業が展開されることになっており、熱電併給設備導入による地域冷暖房の整備が行われる予定である。こうした一連の動きの背景には、エネルギー総合効率性の向上に加え、地震による大規模停電時にも街区の電力を自力で確保するという「レジリエンス」の視点がある。これで街区に立地する病院を停電から守れるほか、災害時にも立地企業のビジネス継続が可能となるため、企業誘致に有利だという考慮も働いている。今後、人口減少が進行

すると中心市街地の「スポンジ化」や空洞化が進み、都市の魅力が低下する事態も予想される（諸富、2018a）。各都市の中心市街地が魅力を保ち、競争力を維持するには、熱電併給設備を用いたエネルギー面的供給によるレジリエンス確保が、重要な要素になっていくことは間違いない。

　地域冷暖房は、都市だけのものではない。例えば岡山県西粟倉村は、村役場庁舎の建て替えにともなって、村の中心地区に集積する小・中学校、老人保健施設、こども館（新築）などを熱導管で繋ぐ地域冷暖房システムを構築した。熱源は、地域の豊かな森林資源を生かした木質バイオマスボイラーである。今後さらに、この中心地区に村営住宅や農業プラントの整備が行われていく予定である。西粟倉村は、人口減少の中で中心地区への「コンパクト化」を進めるタイミングをうまく捉えて、再エネによる熱供給システムを導入した。この事例は、全国的にも大きな示唆を与えてくれる。つまり、これから人口減少が本格化する中で、地域の活力を維持するためにも自治体は立地適正化計画を策定し、コンパクト化を進めていくことになる。これは何十年に一度しかない、空間再編のチャンスと捉えることもできる。中心地区や他の拠点に集約を図るタイミングで、熱電併給設備を核とした地域冷暖房システムを戦略的に整備すれば、総人口は減っても質の高い生活を維持でき、拠点の魅力は高まることになる。将来的には、その地区にスマートグリッドを整備するのであれば、熱電併給設備は熱供給だけでなく電力需給を調整する中核的要素になるだろう。

　熱電併給による地域冷暖房は、第5次エネルギー基本計画でもそれなりの取り扱いを受けているが、その優先順位は決して高くない。(1)エネルギー総合効率の向上、(2)温室効果ガスの排出削減、(3)再エネ大量導入時代における「柔軟性」の供給源、(4)レジリエンスの向上、(5)人口減少時代における地域魅力／競争力の源泉、といったその多層的な意義に鑑み、次の第6次エネルギー基本計画では、熱電併給による地域冷暖房のエネルギー政策上の位置づけを抜本的に引き上げるべきであろう。そして熱電併給設備を有力な分散型電源と位置づけ、将来的な再エネ大量導入に備え、積極的にその育成を図るべきではないだろうか。

6　九州電力の太陽光発電出力抑制から何を学ぶべきか～日本の電力システムの課題

　以上の北欧の事例は、再エネ大量導入のためには、実は買取制度だけでなく、

系統増強と電力市場の徹底的な活用が鍵となることを示している。系統増強が再エネ大量導入のためのハードな基盤整備だとすれば、電力市場設計はそのソフトな基盤整備だといえよう。

　たしかに、日本でも買取制度は順調に成果を上げつつある。東日本大震災による福島第一原発事故をきっかけに導入された日本の再生可能エネルギー固定価格買取制度は、再エネによる発電を著しく促進することに成功した。環境エネルギー政策研究所（ISEP）の推計によれば[4]、2014年以降、大規模水力を含めた再エネ発電の総発電量に占める比率は12.1％（2014年）から17.4％（2018年）へと、毎年ほぼ１％ずつ増加してきた。このペースで行けば、第５次エネルギー基本計画の再エネ比率目標（2030年に22～24％）は、2020年代の早い時期に達成可能であろう。目標年次の2030年には、再エネの価格低下がさらに進むこと、洋上風力開発が本格的に始まることを考慮に入れると、再エネ比率30％の達成も不可能ではないように思える。実際、本書**第８章「風力・太陽光発電大量導入による電力需給バランス、2030年シナリオ」（竹濱朝美・歌川学）**は、風力・太陽光発電を優先的に導入する一方、原発と石炭火力を大幅に削減し、同時に広域送電、揚水発電、デマンドレスポンスなどを最大限に活用することで、2030年に電力需給バランスを図ることが可能かを推計している。その結果、九州、中国、四国で最大約40～47％の再エネ比率を達成することが可能との結論を導いている。

　他方、再エネが増加するのにともなって、新たな課題も生まれている。第１に、日本では世界的潮流に取り残されたように、依然として再エネの発電費用が高い[5]。第２に、電力系統の空容量がなく、再エネが系統接続できない状況が深刻化している。そして第３に、再エネの大量導入にとってもっとも重要な前日市場、当日市場が十分活用されているとは言えない状況にあり、調整市場も未整備である。

　これらの問題点は、九州本土で初めて実施された2018年10月実施の九州電力管内における太陽光発電の出力抑制で、典型的な形で顕在化した。以下、本節に関係する限りで敷衍しておこう。九州電力は2018年10月13～14日、翌週の10月20日～21日と、２週連続で太陽光発電の出力抑制を行った。九州の太陽光導入量は着

　4）ISEPホームページ「2018年（暦年）の国内の自然エネルギー電力の割合～自然エネルギーによる発電量の割合は17.4％に達し、太陽光は6.5％に～」（2019年４月８日公表）より。

実に増えており、電力需要が減少するタイミングで電力供給超過となり、出力制御を行わなければ電力の需給バランスが崩れ、最悪の場合は停電に至るリスクが大きくなっている。

　九州電力は、出力抑制の実行に至るまでに、それを避けるためのあらゆる手を打ったこと、したがって出力抑制はやむをえざる措置だったと電力広域的運営機関（以下、「広域機関」と略す）によって評価されている（「九州本土における再生可能エネルギー発電設備の出力抑制に関する検証結果の公表について（2018年10月分）」2018年11月21日公表）。具体的には出力制御の前に、①揚水発電による再エネ電力の吸収、②火力発電所の出力抑制、③電力の広域融通、④バイオマスの出力制御、という４つの手段を九電が最大限に活用していたことが確認された。

　だが広域機関が検証したのは、技術的課題のみである。真の問題は、こうした局面において、市場メカニズムが機能して既存電源による出力調整が行われ、電力会社の管轄区域を越えて再エネの変動性を吸収するメカニズムが機能しない点にある。ステップを踏んで順に説明すると、次のようになる。（1）まず、九電管内で需要を上回る太陽光発電が行われた結果、余剰電力が発生する。（2）この結果、九電管内の電力価格は下落し、本州の電力価格よりも相対的に低くなる。（3）利潤最大化を図りたい九電管内の発電事業者は、余剰電力をより高い価格で売却できる本州に送電しようとする。本州の側でも、費用最小化のために本州よりも安い価格で購入できる電力への需要が出てくる。（4）この結果、九州と本州の間で裁定取引が行われ、両エリアの卸電力市場価格がちょうど一致する点まで、

5）再エネの課題として、固定価格買取制度の賦課金負担が重く、今後も増大し続ける点が、買取制度の「問題点」としてよく指摘される。たしかに買取価格の水準が高く、再エネが急速に伸びる局面では、賦課金総額も大きく、時間とともに増大するので賦課金の負担の重さが槍玉に挙げられやすい。だが買取価格は急速に低下していくので、いずれ再エネが量的に増えたとしても、賦課金総額は減少する局面がやって来る。いまは「幼稚産業」であっても、環境優位性をもち、国産エネルギーであり、将来的には急速な費用低下で価格優位性を発揮できる再エネを育成することの社会的意義は大きい。我々は、自立電源化までの移行期に限定して賦課金を共同負担するという視点に立つ必要がある。2000年に買取制度を導入し、2010年代に急速に買取価格を引き下げたドイツでは、賦課金総額は2023年にもピークを打って、その後は時間とともに減少していくと見込まれている。日本でも、事業用太陽光発電の買取価格は、制度導入当初の2012年こそ40円／kWhであったが、2018年には18円／kWhと、わずか６年で半減以上に低下した。このまま買取価格の急速な下落が進めば、現在は増加局面にある賦課金総額も、いずれ天井を打って減少局面に入るはずである。

九州から本州に送電が行われる。(5)本州側では、九州の安価な電力を受け入れる代わりに高コスト電源が出力を下げることで電力の需給バランスが回復される。九州でも供給過剰が解消され、需給バランスが回復される。(6)こうして日本全体で、相対的に安価な電源から順番に需要を満たしていくメカニズムが働くことで、総発電費用の最小化が実現する。これが「広域メリットオーダー」の考え方であり、前節でみた北欧のノードプールではつねにこうしたメカニズムが働き、総発電費用最小化に向かう力が働いている。

　九電管内で太陽光発電の出力抑制が行われた当日、こうしたメカニズムが働いていたかどうかを検証するには、日本卸電力取引所（Japan Electric Power Exchange: JEPX）がホームページで公表している過去の取引価格をチェックすればよい。もし上記のメカニズムが機能しているのであれば、九電管内と本州の取引価格は均一になっているはずである。例えば、出力抑制の行われた2018年10月20日を取り上げてみると、午後4時〜4時半の時間帯における九電管内の取引価格は6.43円／kWhであった。これに対して本州の中国電力、四国電力、関西電力管内の取引価格はすべて10.94円／kWhであり、両者は大きく開いている。同日は、ほとんどの時間帯で両者に開きがあり、九電管内の電力余剰を反映して、つねに九電管内の取引価格が本州よりも低くなっている。他方、本州三社の管内における取引価格はつねに均一となっている。興味深いことに、出力抑制が実行された日はいずれも、九州と本州の価格に乖離傾向がみられるのに対し、出力抑制が行われなかった通常の日は、九電管内の取引価格が本州三社の取引価格と基本的に一致している。ここから明らかなように、九州で再エネ発電が増加して余剰電力が発生した時、九州と本州の間で裁定取引が行われて両エリアの取引価格を一致させるメカニズムは働いていなかったことが分かる。こうした状態は「市場分断」と呼ばれ、この場合、総発電費用が最小化されることはない。

　では、なぜ市場分断が生じたのか。もし広域機関が発表したように、九電が連系線の空容量いっぱいまで本州に送電していたのだとすれば、市場分断の原因は、連系線容量そのものが不十分で、九州と本州の市場価格を均一にする水準まで送電することができなかった点に求められる。たしかに関門連系線の容量はこれまでにも増強されてきたが、それを上回って再エネの供給能力が増大したのである。この場合の解決策は、関門連系線容量のさらなる増強ということになる。だが広域機関はすでに費用便益計算を行って、費用便益比（便益／費用）が0.15と算出

されたことから、増強を検討する必要を認めないとの結論を下している（広域機関広域系統整備委員会事務局「中国九州間連系線に係る計画策定プロセスの検討の方向性について」2018年3月9日）。

　短期的に系統容量の増強が困難であれば、ある程度の出力抑制はやむをえない。欧州でも出力抑制は行われており、年間総発電量の3〜5％程度であれば、再エネ発電事業の収益性に大きな影響を与えることはないといわれている。とはいえ、気になる点もある。九電管内では出力抑制がその後も頻発し、このままいくと常態化しそうなのだ。『毎日新聞』の報道によれば[6]、九電による出力抑制は2018年の秋以降しばらく落ち着いていたが、年が明けて2019年3月に16日間と急増、4月も15日までに11日間も出力抑制が行われるなど、もはや「例外的」とは言えない状況になっているという。広域機関の上記費用便益計算は、九電の出力抑制が開始される前に行われたものであった。今後、出力抑制が常態化するならば、諸前提を見直したうえで再計算を行い、系統増強の可能性を再検討すべきであろう。

　市場分断が生じるもう1つの原因は、連系線の「空容量」計算に求められるかもしれない。日本の電力系統の利用ルールは長らく「先着優先ルール」が適用され、新規参入者である再エネ発電事業者には不利なルールとなっていた。先着優先ルールの場合、実供給の10年前から系統容量を先着順で押さえることができる。このため、費用効率的な電源を有する発電事業者が新規に参入して送電を行おうとしても、空容量がもはや残っていないという不合理が生じる可能性がある。

　日本の「空容量ゼロ問題」[7]の解明に大きな貢献を行った**安田陽**は、本書**第5章「送電線空容量問題の深層」**において、日本の電力系統運用のあり方、費用負担ルール、改革論議を批判的に検討、問題解決の方向性を指し示す。本書**第6章「欧米の電力システム改革からの示唆」**（内藤克彦）は、欧米の送配電網管理から示唆を受けつつ、日本で今後、再エネ大量導入を可能にするには、再エネの系統接続の確保、実潮流ベースでの送電キャパシティ管理、そして広域融通による需給マッチングが必要だと説く。

　日本では先着優先ルールに関わる問題を解決するため、広域機関が「間接オークション」を2018年10月1日に導入した。これは、連系線の送電容量を各発電事

　6）毎日新聞「九州電力の出力制御、温かくなり頻発　他電力でも…」2019年4月15日。

業者に割り当てるにあたって卸電力市場を活用し、市場で約定した事業者から優先的に容量を割り当てる新ルールである。これはルールが明快であり、市場を介するために費用効率的だという利点をもつ。しかも、マージンを除いて連系線の全容量が市場に投入される点で、透明性が高い[8]。九電が太陽光発電の出力抑制を開始した2018年10月13日はすでに、この間接オークションが適用されていた。その意味で関門連系線は、先着優先ルール適用にともなう「空容量」不足の問題から免れていたはずである。

　ただ、こうしたせっかくの画期的ルールの適用も、いまのところ電力会社間の連系線に適用されているにすぎない。各電力会社管内の「地内系統」は依然として先着優先ルールのままである。既得権をもつ電力会社の抵抗が強いのであろうか。しかし、「地内」と「地外」を分ける合理的理由があるなら、明示されるべ

7）2017年半ばまでに、電力会社の発表で広範なエリアで電力系統の空容量がゼロとなることが判明し、新規参入者である再エネ事業者が電力系統に接続しようとしても、空容量がゼロだとして電力会社に接続を拒否されたり、巨額の系統増強費用を請求されたりして、次々と事業断念に追い込まれた問題を指す。そこで安田らは、「本当に空容量はゼロなのか」という問いを立て、広域機関の公表データに基づいて各電力会社の空容量計算を行った。その結果、例えば東北電力では分析対象となったすべての系統において利用率が100％（＝「空容量ゼロ」）どころか20％未満に留まり、10％未満となっている系統もかなり存在することが判明した（計算結果については、京都大学大学院経済学研究科「再生可能エネルギー経済学研究講座」HP コラム連載2017年10月2日「送電線に「空容量」は本当にないのか？」（安田陽・山家公雄）、同2017年10月5日「続・送電線に『空容量』は本当にないのか？」（同上）を参照）。この計算結果は大きな反響を呼び、新聞・テレビなどメディアでも大きく取り上げられ、政策論議にも大きな影響を与えた（この点では山家（2018）を参照）。最終的に経済産業者は、従来の「先着優先ルール」に代えて、「日本版コネクト＆マネージ」の導入を表明した。

8）ただし「長期固定電源」（原子力、揚水発電を除く水力、地熱）は、間接オークションの対象外とされている点、留意を要する（経済産業省「地域間連系線利用ルール等に関する検討会平成28年度（2016年度）中間取りまとめ」2017年3月）。これらの電源は、「出力を柔軟に変動させることができない」という技術的理由から間接オークションの対象とはせず、卸電力市場で優先的に約定させることとされている。結局、間接オークションの対象となる空容量は、長期固定電源のために取り置かれた容量を差し引いた残余でしかない。それでも、卸電力市場で再エネが火力発電よりも安価であれば優先的に約定されるが、長期固定電源の取り置き分が十分に大きければ、空容量はその分だけ縮小する。先着優先ルールと比べ、どれほどの改善がなされたのかという疑問が生じる。間接オークション導入で実際、状況がどの程度改善されたのか、事後検証が必要である。

きである。明確な根拠がなければ間接オークションは、時間がかかっても地内系統にも適用されるべきである。

　以上のように、九電の太陽光発電出力抑制は、電力系統の容量不足とその増強の必要性、系統利用ルールの改善、電力市場活用の有効性など、様々な点で日本の電力システムの課題を浮かび上がらせてくれた。解決すべき課題は山積しているとはいえ、目指すべき方向性ははっきりしている。(1)究極的には、信頼性の高い価格発見機能をもつ、透明性と公平性の担保された卸電力市場を育成していくこと、そして、そこで大半の電力取引が行われるようにすることが重要である。(2)価格メカニズム（もしくはオークション）の活用は、メリットオーダーに基づいてもっとも安価な電源から順に送電権を付与していくことになるため、総発電費用を最小化し、国民的利益をもたらす。(3)可能な限り多くの電源が市場に参加するよう設計すれば、電力需給が価格変動に対して柔軟かつ分散的に調整されるようになる。これが、再エネ大量導入の必要条件となる。(4)この点は、再エネや熱電併給設備のように、当初は買取制度の下で固定価格を適用して育成された電源であっても例外ではない。これらの電源もいずれ、市場価格での電力販売に移行させるべきである。ただし、移行措置は必要である。ドイツが導入した「市場プレミアム制度」（feed-in premium: FIP）は、日本でも買取制度改革の一環として導入が検討されてよい。これは、もはや固定価格での買取制度ではなく、市場価格に連動する変動プレミアム価格での買取制度である。再エネ事業者は市場価格での電力販売を迫られるが、プレミアムを上乗せして受け取れるため、それが固定価格制度からの移行にともなう事実上の補償措置となる[9]。(5)市場メカニズムを最大限に活用して便益を最大化するには、電力系統の増強投資が不可欠である。系統容量が不十分な場合、市場分断が起きてしまい、便益は最大化されない。(6)系統利用ルールは連系線、地内系統を問わず、透明かつ公平でなければならない。「間接オークション」は、いまのところこの条件を満たす最良の利用ルールである。(7)系統増強投資の費用負担ルールは、現在の「原因者負担原則（＝特定負担)」から「応益負担原則（一般負担)」に移行させ、託送料を通

---

　9) 市場プレミアム制度（FIP）の内容と、一定規模以上の発電設備を有する再エネ事業者にFIPへの参加を義務づけた2014年再エネ固定価格買取制度改正法の内容については、諸富（2015b）を参照されたい。

じて広く電力消費者全体の負担とすべきである。たまたま系統への接続を求めた最初の再エネ事業者が、系統増強費用を全額負担させられるのは、あまりにも不合理である。その系統に後続して新規接続を求める他の事業者や、一般負担で系統が整備されてきた既存電源との費用負担上の公平性を著しく欠いており、また、事実上の新規参入阻止要因ともなっている。(9)以上の準備の上で最終的には、「広域メリットオーダー」の実現を目指すべきである。広域メリットオーダーとは電力会社の管轄区域を超えて、連系線の制約なく電力融通が自由に行えることを前提として、すべての電力を卸電力市場で取引することにより、全国規模でもっとも安価な電源から送電権を獲得していく仕組みである。これが実現されるとき、日本の総発電費用は最小化される[10]。

　以上の方向性は、再エネに言及せずとも、電力システム改革それ自体として進められるべき内容だといえる。逆にいえば、再エネ大量導入を可能にする道筋は、電力システム改革の道筋とほぼ完全に重なり合っているといえる。

7　日本の電力システム改革と電力市場設計

　日本の電力システム改革は、東日本大震災の苦い教訓をもとに、2013年4月に「電力システムに関する改革方針」として閣議決定された。同年には電力系統を広域的観点から運用する「電力広域的運営推進機関」(OCCTO) 創設 (2015年4月) を含む、電気事業法の第1弾改正が行われた。これに続いて翌2014年には、小売全面自由化を定めた、同法の第2弾改正が行われた。これにより2016年4月から、一般家庭も電力会社や電力メニューを自由に選べるようになった。そして2015年6月には、発送電分離を実行に移す第3弾改正法が成立した。これを受け

---

10) もっとも、市場メカニズムの全面的な発揮が、連系線の容量制約によって制約を受ける可能性がある。とりわけ、2011年の東日本大震災時に電力に余裕のある西日本から電力不足に陥った東日本への送電を妨げたのが「周波数変換所」の容量制約であった。周波数変換所は西日本の60Hz から東日本の50Hz に周波数を変換する役割を果たすが、大震災前は、大規模に東西電力融通を行うことが想定されていなかったため、容量が十分ではなかった。その反省から現在、「新信濃周波数変換所」の容量を90万kW 増強する工事が2020年完成を目指して行われている。また、佐久間、東清水の両周波数変換所でも増強／新設工事が計画されている。これらが完成をみる2026／27年までは、西日本と東日本に分けて広域メリットオーダーを実現すべきかもしれない。

24

序　章　再生可能エネルギーと電力システム改革

て、2020年には「発電」、「送配電」、「小売」の3部門を分社化する「法的分離」が実行に移される。これにより電力事業のうち発電部門と小売部門は完全な自由化部門となり、競争を経て市場で資源配分が決定されるべき分野となる。これに対して送配電部門は依然として独占部門であり続ける代わりに、発電・小売部門からは切り離されて中立化される。

　こうして戦後、10電力会社による地域独占で特徴づけられてきた日本の電力システムは、大きな転機を迎える。だが、これらの改革で電力システム改革は完成とはならない。九電による太陽光発電出力抑制の事例でみたように、電力市場の整備・育成、電力系統の増強、その利用ルール、費用負担ルールの整備など、解決されるべき課題が山積しているからである。電力システム改革第1弾〜第3弾の立法措置は、あくまでも新しい電力システムの土台を据え付けるものであって、その上でシステムが円滑に機能するか否かは、これからの「仕組みづくり」にかかっている。

　この課題を引き受けた経済産業省の「電力システム改革貫徹のための政策小委員会」は、2017年に中間とりまとめを公表し、「仕組みづくり」の一環として様々な機能を果たす電力市場の創設・整備や系統（連系線）利用ルールの改革（「日本版コネクト＆マネージの導入」）などを掲げた。これらはまさに電力システムを「貫徹」させるために不可欠な要素であり、課題は正しく捉えられているといえよう。ここで挙げられた政策アジェンダは、基本的に現在の政策論議の起点となっており、その意味で中間とりまとめは政策文書として重要な位置を占める。以下、その要点を確認しておきたい。

　図3は、中間とりまとめに示された政策アジェンダを電力実需給までの時間軸に沿って整理している。ここから、様々な電力市場の整備が最大の課題となっていることが分かる。まず、「スポット市場（前日市場）」と「1時間前市場（当日市場）」は整備済みで、日本卸電力取引所（JEPX）によって運営されている。2017年4月のFIT送配電買取制度およびグロス・ビディングの導入、2018年10月の間接オークション導入が奏功して、電力総需要のうちJEPXで取引される電力比率は、2016年4月の2.2%から2018年12月の29.5%へとわずか3年足らずで一挙に約3割まで上昇している。だが、ノードプールの生成・発展過程、その市場機能を検討した**本書第1章小川祐貴論文**が指摘するように、JEPXにもさらなる改善の余地がある。ノードプールが多様な電力市場参加者に多様な商品を提

25

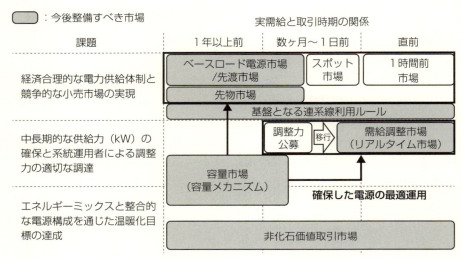

図3　現在創設・整備が検討されている電力市場

供しているのに対し、JEPXには、30分単位の入札と2時間以上のブロック入札という2種類の商品しかない。また、ドイツは2011年に15分枠の商品を投入したことで、一挙に市場の流動性を高めることに成功した。なによりも、再エネの発電は気象条件に応じて刻々と変動するので、15分単位で市場参加者が価格変動に即応して取引することを可能にした点で、柔軟性供給に大いに寄与したと国際的にも高く評価されている。再エネ大量導入に向け、JEPXでも15分枠の商品を検討すべきではないだろうか。加えて、市場取引の終了時刻は、実需給時間にできる限り近い方が望ましい。なぜなら市場参加者は、より正確な天候予測に基づいて応札することができ、インバランスを最小化できるからである。JEPXにとっては、変動性電源の市場統合を成し遂げてきたノードプールやドイツの電力市場設計が、今後の制度改革にとって有益な指針となるだろう。

　中間とりまとめにおいて今後、日本で創設が必要だとされているのが、図3に示されている(1)ベースロード電源市場、(2)先物市場、(3)需給調整市場、(4)容量市場[11]、そして(5)非化石価値取引市場（2018年5月創設済み）である。ここ

序　章　再生可能エネルギーと電力システム改革

では、再エネの大量導入にとって関係の深い(1)、(2)、そして、(3)についてみていくことにしよう。

(1)のベースロード電源市場と(2)の先物市場は、長期取引市場である。まず(1)は、石炭や大型水力、原子力等の安価なベースロード電源を現物取引する市場である。これらの電源は歴史的経緯からもっぱら電力会社が保有し、長期契約で調達しているため、電力システム改革以降に新規参入し、小売事業を営む新電力にとっては、調達が困難な電源となっている。しかし、この状態をそのまま放置しておくと、ベースロード電源を保有する電力会社の小売部門が消費者に対して安価に電力を供給できるのに対し、新電力はそれができず、競争条件で圧倒的に不利な立場に立たされる。少なくとも、2020年の発送電分離以降は、電力会社の発電部門と小売部門が法的に分離されるため、電力会社の小売部門と新電力の間で、競争条件の公平性が担保されねばならない。そのための方策が、ベースロード電源市場の創設である。電力会社の発電部門はいったんベースロード電源による発電をこの市場で入札にかけ、電力会社小売部門も新電力も、対等な立場で応札できるようにすることで、競争条件の均等化を図る。

現物を取り扱う(1)に対して、同じ長期取引市場でも(2)は、リスクヘッジのための金融市場である。北欧市場でも(2)は、金融市場運営のノウハウをもつNASDAQ によって運営されている。北欧でも最初は、長期の現物を取引する市場として先渡市場のみが創設された。だが、市場運営者が市場取引の流動性を増やし、その利便性を高めるために市場のリスクヘッジ機能を強化していく中で、2002年にノードプールは、現物取引所の Nord Pool Spot と先物取引所の Nord Pool に分割されることになった（後者は後に NASDAQ と経営統合)[12]。その背後には、風力をはじめとする変動性電源の大量導入が始まり、市場価格の変動性が高まったため、価格変動リスクヘッジへの市場参加者のニーズが高まったという事情がある。これに加え、北欧でも往々にして系統容量制約のために市場分断

---

11) 容量市場の理論的根拠、制度設計のあり方、諸外国の事例検討については、諸富編（2015）収録の第4章東愛子論文「ドイツにおけるキャパシティー・メカニズムの制度設計：Strategic Reserve と Capacity Market を中心に」と同第5章服部徹論文「欧米における容量市場の制度設計の課題」を参照されたい。
12) 北欧市場のみならず、欧州の他の電力市場、米国、そして日本における電力市場の制度、機能、歴史的経緯に関する詳細については、伊藤・可児（2017）を参照されたい。

が生じ、エリアによって異なる価格が付くようになったため、こうした地域間の価格差リスクをヘッジするニーズも高まった。

　日本では、依然として再エネの占める比率が低く、ここまでのニーズは顕在化していないが、将来は、再エネの大量導入が現実のものとなるにつれて、現物市場（「長期ベースロード電源市場」）よりも、価格変動リスクをヘッジするための先物市場の重要性が高まっていくものと考えられる。

　(3)の調整市場は、制度設計論議が進行中だが、ドイツと北欧の電力市場を比較分析した本書**第2章東愛子論文**が指摘するように、調整市場は実需給直前に開かれる市場であり、システム全体の安定性を最終的に担保するきわめて重要な役割をもつ。調整市場設計にあたっては、他の市場との関係をどうするかが決定的に重要である。上述のように、デンマークとドイツでは、調整市場の設計哲学が異なっている。当日市場の終了後に送電事業者が需給調整でより積極的（proactive）役割を果たすのか（デンマーク）、それとも送電事業者は応答的（reactive）役割に留め、まずは需給責任会社（BRP）に受給一致に向けたより大きな責任を果たさせるのか、という違いである。東は、ドイツが当日市場で参加者がみずから事前調整を行ってインバランスを最小化させる方策に重点を置くのに対し、デンマークは調整市場に再エネを含む多様な参加者を呼び込み、市場メカニズムを用いて彼らが柔軟に調整を行うことで、費用効率的にシステム全体の安定性を担保する制度設計に成功していると、後者を高く評価する。日本の制度設計に参考とすべき視点であろう。

8　より公正な電力市場を求めて

　以上までで、望ましい電力市場設計のあり方をみてきた。だが、いくら設計図通りに望ましい市場を実現しえたとしても、その運営が公正、透明、かつ競争的なものでなければ、望ましい結果はえられない。現状では大手電力会社と、新電力や再エネ事業者など新規参入者との間に巨大な規模の差があるため、単純に市場を創設し、スタートさせただけでは望ましい結果をえることはできない。とくに、現在の卸電力市場に対しては新電力の側から「不信感」すら表明されている。いったい何が起きているのだろうか。

　背景には2017年以降、度々生じる卸電力市場の価格高騰がある。2018年7月25

序　章　再生可能エネルギーと電力システム改革

日には、ついに西日本で瞬間的にではあるが、価格が100円／kWh を突破した。電力・ガス取引監視等委員会（以下「監視委員会」と略す）によれば、その直前の期の平均価格は 8 〜 9 円／kWh であったから[13]、その高騰ぶりの激しさが分かる。猛暑による需要の高止まり、電源の計画外停止など、様々な理由が挙げられているものの、関係者の納得のいく合理的な説明がつかない状況である[14]。独自の電源をもたず、電力調達を卸電力市場に頼る比率の高い新電力ほど、これら一連の価格高騰で打撃を受け、着実に経営体力を奪われている。このため新電力では自己防衛のために、独自の電源保有強化や相対取引の強化で市場価格に左右されない経営が謳われるほどで、いわば新電力の「市場嫌悪」、あるいは「市場からの逃避」現象すらみられる。

　新電力による市場不信のもう一つの背景要因は、大手電力会社による安値攻勢で新電力が顧客を次々と奪われている点にある。筆者の調査でも、それまで新電力が供給していた奈良県下の公共施設の電力需要について、原発を再稼働させた関西電力が2017年、2018年と受注を次々と取り戻していることが判明した。その落札率は何と50％から60％の低さであり、50％を切っているケースすらある。これでは新電力はとても太刀打ちできない。実際に、これら施設への電力供給者はオセロゲームのように新電力から関西電力へと切り替わった[15]。

　原発再稼働で得た安価な電源で、大手電力の小売部門が安値攻勢に出ること（＝「内部補助」）自体は違法ではない。だが、現状を放置すれば新電力の経営が悪化し、倒産が相次ぐことになるだろう。結局、一般電気事業者の地域独占状態に回帰し、価格は再び引き上げられる恐れがある。これでは、電力システム改革の下で進められてきた競争促進政策の成果は、無に帰する。こうした問題の背景には、大手電力が原発や石炭火力などの安価な電源を保有し、しかも発電部門と

13）電力・ガス取引監視等委員会「第33回制度設計専門会合事務局提出資料〜自主的取組・競争状態のモニタリング報告〜」（平成30年 4 月〜 6 月期）より。

14）価格高騰の要因をめぐっては、大手電力会社の行動による影響も指摘されている。2017年夏以降の卸電力市場における価格高騰に関するレポートや、その背景要因の分析については、「日経エネルギー Next」（https://tech.nikkeibp.co.jp/dm/energy/）に掲載されている一連の記事を参照されたい。

15）関西エリアで新電力が曝されている関西電力による安値攻勢の実態、および奈良県下の公共施設の電力需要に関する受注状況についてのデータは諸富（2018b）、もしくは諸富（2019）を参照されたい。

29

小売部門が一体になって営業活動を進めることができるという事情がある。2020年に実施予定の発送電分離は、それ自体としてはこの問題の解決に繋がらない可能性がある。これはあくまでも送電部門の中立化を意味し、資本関係のある発電部門と小売部門が引き続き密接な関係を築くことを妨げないからである。したがって上記問題を取り扱うには、単に発送電分離を実施して事足れりとするのではなく、発電部門においては大手電力発電会社と再エネ事業者、小売部門においては大手電力小売会社と新電力の間で、競争条件が均等化されるよう公的規制が厳格化される必要がある。これが、電力・ガス取引監視等委員会に期待される役割である。

　2018年8月に監視委員会は注目すべき「中間論点整理」を取りまとめ、発表した（電力・ガス取引監視等委員会、2018）。これは、監視委員会が設置した「競争的な電力・ガス市場研究会」での議論の成果を取りまとめたものである。そこには、「市場支配的事業者の垂直統合によって、①市場閉鎖（社内取引、長期の卸ないし小売契約）が生じたり、市場の流動性が低下することがあること、②発電部門、小売部門間の内部補助によって、発電・卸市場ないし小売市場における競争が歪曲される懸念があることを踏まえ、その実態を検証し、必要があれば、適切な対応を行う必要がある」（16頁）と明記された。監視委員会が上記問題を正面から捉え、必要があれば行動に移す必要性を認識していることが明確になった。これこそ、ドイツでは連邦ネットワーク庁（Bundesnetzagentur: BnetzA）が担ってきた役割に他ならない。我々のヒアリング（2017年11月）に対して、連邦ネットワーク庁担当者は、新規参入に対する障壁の除去、電力市場における透明性の確保、そして公正な競争条件の確立によって国民的利益をもたらすことは、自分たちの使命であり、実際そのように行動してきたと明快に語った。

　日本で電力自由化は始まったばかりであり、電力市場も形成途上である。こうした段階で健全な競争が行われるためには、政府監視機関の役割がきわめて重要になる。彼らが国際的にみても高水準の機能を果しえるか否かで、日本の電力システム改革の帰趨は決まっていくであろう。

参考文献

依田高典・田中誠・伊藤公一朗（2017）『スマートグリッド・エコノミクス—フィールド実験・行動経済学・ビッグデータが拓くエビデンス政策』有斐閣。

伊藤譲・可児滋（2017）『電力自由化と電力取引』日本評論社。

エネルギー経済研究所（2018）『IEEJ Outlook 2019—エネルギー変革と3E 達成への茨の道』

大島堅一・高橋洋編、植田和弘監修（2016）『地域分散型エネルギーシステム』日本評論社。

木船久雄・西村陽・野村宗訓編（2017）『エネルギー政策の新展開—電力・ガス自由化に伴う課題の解明』晃洋書房。

経済産業省（2017）「電力システム改革貫徹のための政策小委員会　中間とりまとめ」

佐土原聡（2018）「スマートシティ実現に資する地域エネルギーシステムのあり方—地域熱供給を基盤とした自立分散型・地産地消のエネルギーシステム」『都市計画』第67巻第 6 号、50-53頁。

高橋洋（2017）『エネルギー政策論』岩波書店。

電力・ガス取引監視等委員会（2018）「競争的な電力・ガス市場研究会　中間論点整理」平成30年 8 月 9 日。

長山浩章（2012）『発送電分離の政治経済学—世界の電力セクター改革からの教訓』東洋経済新報社。

南部鶴彦（2017）『エナジー・エコノミクス—電力システム改革の本質を問う』［第 2 版］、日本評論社。

八田達夫（2012）『電力システム改革をどう進めるか』日本経済新聞出版社。

バラガー・F、カザレット・E（2018）『トランザクティブエナジー—持続可能なビジネスと電力の規制モデル』山家公雄監訳、エネルギーフォーラム。

諸富徹・浅岡美恵（2010）『低炭素経済への道』岩波新書。

諸富徹（2015a）「電力系統の再構築とその費用負担原理」諸富編（2015），第 6 章、153-182頁。

諸富徹（2015b）「再生可能エネルギー政策の「市場化」—2014年ドイツ再生可能エネルギー改正法をめぐって」『経済学論叢』第67巻第 3 号（篠原総一教授古稀記念論文集）、583-608頁。

諸富徹編（2015）『電力システム改革と再生可能エネルギー』日本評論社。

諸富徹（2018a）『人口減少時代の都市—成熟型のまちづくりへ』中公新書。

諸富徹（2018b）「人口減少下の『成熟型都市経営』とは何か」『地方財政』2018年10月号（第57巻10号・通巻第682号）、4-18頁。

諸富徹（2019）「地域新電力の灯を消さないために」『環境ビジネス』2019年冬号（2019年 1 月）、55-57頁。

山内弘隆・澤昭裕編（2015）『電力システム改革の検証―開かれた議論と国民の選択のために』白桃書房。

山家公雄（2018），『送電線空容量ゼロ問題―電力は自由化されていない』インプレスR&D。

Blazejczak, J. et al.（2014）"Economic Effects of Renewable Energy Expansion: a Model-Based Analysis for Germany," *Renewable and Sustainable Energy Reviews*, 40, pp. 1070-1080.

Danish Energy Agency（2018）*Denmark's Energy and Climate Outlook 2018: Baseline Scenario Projection.*

Deutsch, M., Krampe, L., Peter, F. and S. Rosser（2014）*Comparing the Cost of Low-Carbon Technologies: What is the Cheapest Option? - An analysis of new wind, solar, nuclear and CCS based on current support schemes in the UK and Germany*, Agora Energiewende.

Energinet（2018）*Nordic Power Market Design and Thermal Power Plant Flexibility.*

Fraunhofer Institute for Solar Energy Systems ISE（2019）*Net Public Electricity Generation in Germany in 2018.*

Fürstenwerth, D., Pescia, D. and P. Litz（2015）*The Integration Costs of Wind and Solar Power: An Overview of the Debate on the Effects of Adding Wind and Solar Photovoltaic into Power Systems*, Agora Energiewende.

IREANA（2018）*Renewable Power Generation Costs in 2017.*

Lehr, U., Lutz, C. und D. Edler（2012）"Green Jobs? Economic Impacts of Renewable Energy in Germany," *Energy Policy*, 47, pp.358-364.

Lutz, C. u.a.（2014）*Gesamtwirtschaftliche Effekte der Energiewende*, Projekt Nr. 31/13 des Bundesministeriums für Wirtschaft und Energie, Gesellschaft für Wirtschaftliche Strukturforschung mbH（GWS）, Energiewirtschaftliches Institut an der Universität zu Köln（EWI）, und Prognos AG.

OECD（2017）*Investing in Climate, Investing in Growth: A Synthesis.*

OECD/IEA and IRENA（2017）*Perspectives for the Energy Transition: Investment Needs for a Low-Carbon Energy System.*

O'Sullivan, M., et al.（2014）*Bruttobeschäftigung durch erneuerbare Energien in Deutschland im Jahr 2013 - eine erste Abschätzung -*, Forschungsvorhaben des Bundesministerium für Wirtschaft und Energie.

Ropenus, S.（2015）*The Danish Experience with Integrating Variable Renewable*

序　章　再生可能エネルギーと電力システム改革

Energy: Lessons learned and options for improvement, Agora Energiewende.

第1章 　**電力市場の仕組み**
　　　　北欧の電力市場 Nord Pool を例に

小川祐貴

1.1　電力市場とは

　普段の生活の中で、私たちは様々な市場を利用している。財やサービスに対価として金銭を支払うとき、その財やサービスには何らかの市場が存在すると言えるだろう。電力にも市場が存在する。しかし電力の市場は、電力の財としての特殊性ゆえに他の一般的な市場とは異なる特徴を持つ。本書で、今後日本で再エネの大量導入を実現するためにどのような電力市場を構築すべきかについて、再エネ導入や電力市場設計で先行する欧米の事例を踏まえながら考察していくにあたり、本節ではそもそも電力市場とはどのようなものかについて概説する。

　電力市場の設計は国や地域によって様々で、容易に一般化できない。そこで本節では電力市場について、一般的に必要とされる機能について整理し、より具体的な設計については1.2節以降で北欧の電力市場、Nord Pool を例に解説を試みる。

　電力市場の機能や設計について述べる前に、そもそもなぜ電力部門を自由化し、市場を創設することとなったかについて確認しておく。電力部門が自由化される前は多くの国や地域で、電源とネットワークインフラを単一の主体が保有し、発電・送電・配電・小売の各部門を一貫して運用する垂直統合型の構造が一般的であった。こうした構造では必然的に、地域ごとに独占が生じる。一方で、マクロ経済学の理論は、市場競争と市場参加者の利益追求行動を通じて資源配分が効率化することを示唆している。そこで電力部門も自由化し、競争を通じて電力供給の経済効率化を図る動きが、1990年代以降、欧米を中心に生じてきた。自由化にあたっては、市場競争による効率化が図れる発電部門と小売部門と、一定の規制

表1-1　電力部門の自由化に関する主要なプロセス

構造改革	発電・送電・配電・小売部門の垂直分離 発電・小売部門における水平分離
競争と市場	卸売市場と小売市場における競争の導入 発電・小売部門への新規参入を許容
規制	独立した規制機関の創設 第三者によるネットワークアクセスの確立 送配電網に対するインセンティブ規制
オーナーシップ	新たな民間事業者の参入を許容 既存の公有企業の民営化

（出所）Jamasb（2005）より筆者和訳。

下で独占が許容される送配電部門とが区別される（Jamasb, 2005）。電力部門の自由化に関する主要なプロセスは**表1-1**のように整理される。特に卸売市場における競争を実現するためには、発電部門と送電部門の分離が極めて重要であるとされる（Jaskow, 2003）。

　日本でも1990年代以降、電力市場の自由化が進展したが、市場競争の実現において「極めて重要」と指摘され、欧米の自由化では自由化当初に実施された発送電分離は実施されず、発電部門と小売部門の自由化のみに留まった。ただし発電部門と送電・配電部門との分離は2020年に実施されることが既に決まっており、これをもってより競争的な市場環境が実現することが期待される。

　さて、電力市場について理解するためには、電力の財としての特殊性を理解しておく必要がある。電力の財としての特殊性は、①市場全体で需要量（消費量）と供給量（発電量）とが常に一致していなければ市場全体で財としての価値を失う（停電し電力を使用できなくなる）こと、②送電線や配電線といったネットワークインフラが存在しなければ取引ができないこと、の2点に集約できる。

　第一の特殊性、需給が常に一致している必要がある（同時同量）という性質に対応するためには、どのような市場が必要だろうか。現在の電力市場が選択した方法は、電力に量と価格だけでなく時刻を紐づけて取引するという方法である。一般的な財では、需要と供給が時間という観点で厳密に一致している必要はない。例えば自動車のガソリンは、走行中に使われる量と同じ量をその瞬間に供給する必要はなく、ある時にまとめて購入してタンクに貯蔵しておけばよい。ガソリン

第1章　電力市場の仕組み

を購入する際には、その量と価格さえ決まればよく、消費される時間に配慮する必要はない。しかし電力の場合は同時同量が求められるため、消費される時間も考慮しなくてはならない。個々の取引に量と価格だけでなく時刻を紐づければ、ある時間について個々の取引の総計として現れる市場全体の需要と供給との一致が担保され、市場全体での同時同量が達成可能となる。

　第二の特殊性、ネットワークインフラが存在しなければ取引ができないという性質に対応するためには、どのような市場が必要だろうか。ある地点で発電した電力を別の地点で消費しようとすれば、両地点の間を送電線や配電線で結び、電力を輸送する必要がある。消費地と需要地が1点ずつしか存在せず、両地点を結ぶルートが1本だけなら、そのルートで輸送できる電力量を市場で取引できる電力量とすればよい。しかし、現実の電力系統は複雑で巨大なシステムである。限りあるネットワークインフラの制約を反映した市場取引を実現するためにはどのような工夫が必要だろうか。

　ネットワークインフラの制約を反映するための電力市場の設計は、ゾーン・プライシングとノード・プライシングの2種類に大別される。ゾーン・プライシングでは、特に送電線容量の制約が生じやすい連系線を境界として、市場全体を複数のゾーンに分割する。ゾーン間の取引では、ゾーンを結ぶ連系線の容量が取引量を制限するが、ゾーン内での取引は送配電網の容量によって制限されない。この手法では、ゾーン内のインフラの制約により、市場での取引結果を反映した電源の稼働、電力の消費が完全に履行できない可能性が残る。こうした事態が生じた場合には、安定供給と送配電網の運用に責任を持つ中立的な機関が、稼働する電源を調整し（リ＝ディスパッチ）、必要となったコストを最終消費者に転嫁するなどして回収する。このような市場設計は Nord Pool を含む欧州各国を中心に採用されている。ゾーン・プライシングにおける送配電網の利用、運用については本書2章を参照されたい。

　一方、ノード・プライシングでは一定の電圧以上の送配電網に連なる結節点（ノード）ごとに取引を行い、価格を定める。市場参加者はそれぞれどのノードで発電した電力を市場に供給するか、あるいはどのノードで消費する電力を引き出すか、についても入札に際して明示する必要がある。参加者が市場に提出した入札価格・量・ノードは市場運用者がとりまとめ、最も経済合理的に需給が均衡する取引結果を算出し、参加者は結果に従って電源の稼働や電力の消費を行う。

37

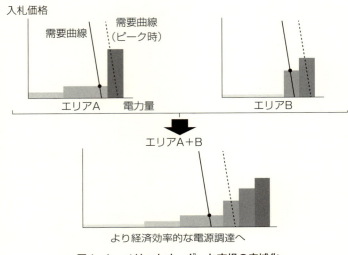

図1-1　メリットオーダーと市場の広域化

取引結果の算出においてノード間の送配電網の制約が織り込まれており、取引が送配電網の容量によって制限を受ける場合はノードごとに異なる電力価格が実現する。こうした市場設計は米国の自由化された電力市場を中心に採用されている。ノード・プライシングにおける送配電網の利用、運用については内藤（2018）を参照されたい。

ゾーン・プライシング、ノード・プライシングのいずれであっても、市場における価格決定と電源の稼働は電力供給が最も経済合理的になるよう決定される。市場における価格決定のありようをメリットオーダーと呼ぶ（**図1-1**）。メリットオーダーの考え方では、入札価格の安い（限界費用の安い）電源から順に入札価格と量を並べて供給曲線を作り、これと需要曲線が交差するところで供給量と価格を定める。需要が実線の水準なら最も右に位置する電源は市場で落札されず、稼働しない。しかし、この市場でのピーク需要が点線の水準なら、この需要を満たすため先ほど落札されなかった電源も市場に参加した状態であり続ける。

メリットオーダーによって価格と需給が定まる市場が複数統合された場合はどうか。図1-1上段のエリアA・Bが統合され、かつ両エリア間で連系線の制約がない場合、新たなエリアA＋Bのメリットオーダーは図1-1の下段に示す形

態となる。需要曲線も合計されるため、需要が実線の水準にあるときはエリア内で3番目に入札価格の低い電源まで落札される。またピーク需要を満たすために必要な電源は入札価格順で4番目の電源までで、メリットオーダー上で最も右に位置する2つの電源はもはや不要となる。このように、自由化された電力市場を統合すれば、市場全体の経済合理性が高まり、設備を最適化しうる。

電力部門の自由化による電力部門の経済効率化に続いて、特に欧州で進展したのが市場の広域化であった。Nord Pool でも電源調達の経済性を高めるため、市場の広域化が進展してきた（1.3.3参照）。また欧州では EU の理念に基づいて統合を深化させ、一物一価のエネルギー市場を構築しようという動きも、市場統合が進む背景として見逃せない（1.2.3参照）。

1.2 Nord Pool の市場設計

1.2.1 概要

Nord Pool の市場設計に触れる前に、Nord Pool がカバーする国々について確認しておく。2018年4月現在、Nord Pool がカバーしているのはノルウェー・スウェーデン・フィンランド・デンマーク・エストニア・ラトビア・リトアニアの7カ国である（**表1-2**）。なお Nord Pool は英国でも市場運用を行っているが、こちらは N2EX という別のブランドとなっており、本稿では扱わない。

人口・GDP・ピーク需要については Nord Pool エリア7カ国の合計が日本の3分の1から4分の1程度となっている。年間の電力消費量は他の指標と比較するとやや大きくなっているが、これは特にノルウェーで、豊富な水力発電を背景に電気を利用する暖房設備が広く普及していることが影響している。電源構成では水力発電の設備容量が電源種別では最大であり、火力、原子力と続く。

Nord Pool がカバーする北欧諸国における電力市場は大きく分けて5種類あり、それぞれ扱う商品や時間軸が異なる（**図1-2**）。まず実需給の10年前から、金融市場における先物取引が可能である。金融市場での取引は価格リスクを緩和する機能を担うものであり、現物の引き渡しは紐付いていない。その運用は Nasdaq が実施しており、Nord Pool は前日市場におけるシステム価格を参照価格として提供するという関係になっている。

表1-2 Nord Pool エリア各国の概要と電源種別設備容量

	人口 (万人、 2015年)	GDP (2010年 億米ドル、 2015年)	ピーク 需要 (GW、 2015年)	年間電力 消費量 (TWh、 2015年)	火力[1)] (GW、 2015年)	原子力 (GW、 2015年)	水力 (GW、 2015年)	太陽光 (GW、 2015年)	風力 (GW、 2015年)	その他 再エネ (GW、 2015年)
ノルウェー	519	4,650	25.2	110.8	1.6	0.0	31.4	0.0	0.9	0.0
スウェーデン	980	5,406	23.4	124.9	7.8	9.7	16.3	0.1	5.8	0.0
フィンランド	548	2,477	13.6	78.5	8.9	2.8	3.3	0.0	1.0	0.0
デンマーク	568	3,410	5.6	30.7	8.1	0.0	0.0	0.8	5.1	0.0
エストニア	131	232	1.6	6.9	2.6	0.0	0.0	0.0	0.3	0.0
ラトビア	198	283	1.2	6.5	1.3	0.0	1.6	0.0	0.1	0.0
リトアニア	292[2)]	447[4)]	1.7[3)]	9.3[2)]	2.9[4)]	0.0[4)]	1.0[4)]	0.1[4)]	0.3[4)]	0.0[4)]
合計	3,236	16,905	69.0[5)]	367.5	33.0	12.4	53.6	1.0	13.5	0.0
日本(参考)	12,698	59,861	159.1	949.2	194.4	42.1	50.0[6)]	34.2	2.8	0.5

(出所)特に断りのないものは IEA(2017)。
(注) 1:バイオマス・廃棄物を含む。
    2:EuroStat
    3:National Commission for Energy Control and Prices, Lithuania(2017)
    4:LitGrid(2014)による2013年の値。
    5:Nord Pool ヒアリング、ピーク需要は各国でピーク時間帯が異なるため単純合計とは一致しない。
    6:揚水発電21.9GWを含む。

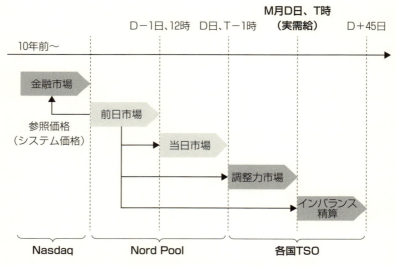

図1-2 Nord Pool エリアにおける電力市場の全体像

続いて、実需給の前日正午（CET：ヨーロッパ中央時間）に締め切られる前日市場（Day Ahead Market）が存在する。これが Nord Pool の中心となる市場であり、市場参加者それぞれが実需給時点で供給（発電）ないし需要（消費）する電力量のほとんどは、価格とともにここで決定される。

　前日市場が閉場し、結果が公表されてから実需給の1時間前までは当日市場（Intraday Market）が開場している。この市場で、参加者は前日市場の閉場以降に生じた需給の誤差調整や、裁定取引を行う。当日市場の開場時間はエリアごとに TSO が定めており、原則は実需給の1時間前だが、エリアによっては実需給により近い時間まで取引が可能なところもある。

　当日市場が閉場した後は、各国の TSO が調整力を調達する調整力市場が開場する。調整力市場での入札は Nord Pool エリアで共有されるが、各国の市場は各国の TSO が個別に運用しており、各 TSO が必要な調整力を先着順で調達していく（調整力市場について詳しくは第2章を参照）。実需給時点を過ぎると各国の TSO が市場参加者の計画値と実際の需給との差を評価し、実需給の45日後に参加者に通知して精算を実施する。

1.2.2　前日市場と当日市場

　Nord Pool での取引は前日市場が起点となる。実需給がD日T時〜T＋1時（CET）までのコマを例に前日市場における取引の流れを追ってみよう（**図1-3**）。前日市場における入札はD-1日8時（実需給の前日8時）から行われる。D-1日10時に TSO がエリア間送電線容量を公表する。D-1日12時には前日市場での入札が締め切られるため、市場参加者はそれまでに需給予測等を行って入札を実施する。D-1日12時から13時にかけて価格と潮流の計算が行われる。D-1日12時42分には価格の速報が公表され、検証を経て13時に価格が確定する。これ以後、さらに送電線容量の計算と検証が行われ、D-1日14時にはD日0時からの24コマを対象とする当日市場で利用可能なエリア間送電線容量が公表される。これ以後、D日T-1時まで当日市場での取引が可能である。前日市場と当日市場は365日、年中無休で運営されている。

　前日市場における取引はオークション方式となっており、D-1日12時までに行われた入札を基に、後述するアルゴリズムによって最も経済合理的な取引量と価格が定められる。価格についてはシングルプライス方式が採用されており、落

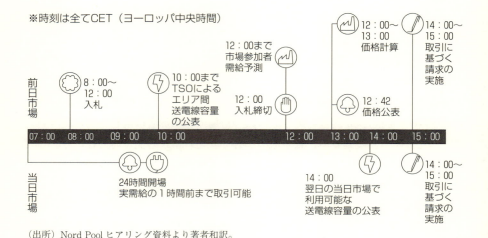

(出所) Nord Pool ヒアリング資料より著者和訳。

図1-3　Nord Pool の取引スケジュール

札された取引量については入札価格にかかわらず、ゾーンごとに単一の価格が市場参加者に適用される。

　前日市場での入札には様々な商品形態が存在する。大別すると"Single Hourly Orders"（シングル・アワリー・オーダー）、"Block Orders"（ブロック・オーダー）、"Exclusive Groups"（エクスクルーシブ・グループ）、"Flexible Hourly Orders"（フレキシブル・アワリー・オーダー）、"Flexible Orders"（フレキシブル・オーダー）の5種類がある。このように様々な商品が市場に用意されている背景には、異なる特徴を持つ多様なプレーヤーが市場に参加していることが挙げられる。出力の調整が比較的柔軟に、かつ短時間で実施可能で燃料費も不要な貯水式の水力発電や、起動と停止に一定の時間を要し、稼動中の出力調整も相対的に柔軟でない石炭火力発電や原子力発電、出力調整は柔軟にできるが燃料費が高価なガス火力発電など、様々な電源が市場に参加している。また需要側でも、電力多消費型産業の大規模な工場で、デマンド・レスポンス等も駆使してエネルギーコストを可能な限り低減させようとする参加者も存在する。こうした様々な参加者と Nord Pool とが対話を重ね、発展してきた結果がこうした多様な商品であると言える。なお、いずれの商品についても最小の取引単位は1時間あたり 0.1 MWh（100 kWh）となっている。

シングル・アワリー・オーダーは電力市場で最も基本となる商品である。1コマ（1時間）ごとに価格と量を入札し、市場全体の需給に収まれば落札される。

ブロック・オーダーは一定の時間幅をもって入札を行う商品である。入札に際して価格と量を提示した全ての時間帯で、その価格と量が市場全体の需給に収まれば落札される。これは、起動や停止に一定の時間がかかる石炭火力発電や原子力発電に適した商品であると言える。ブロック・オーダーで落札されれば、自ら入札で指定した時間幅で発電を継続することができるからだ。Nord Pool でも当初はそうした電源による活用を意図してブロック・オーダーが導入された。なおブロック・オーダーは最低でも3時間（1時間×3コマ）の時間幅を持つ必要がある。

ブロック・オーダーでは、時間ごとに異なる取引量で入札を行ってもよい。このような商品はプロファイル・ブロック・オーダーと呼ばれる。さらに、ブロックの入札量のうち一定の割合まで失注を許容するカーテーラブル・ブロック・オーダーと呼ばれる商品も存在する。

ブロック・オーダーを複数リンクすることもできる。1つの親オーダーに対して子オーダーを3つまで、1つの子オーダーに対して孫オーダーを3つまでリンクさせることできる。最大数のリンクを構築した場合は、親・子・孫の9つの組み合わせが市場で評価され、最終的には市場での価格計算で最適とされた1つが落札される仕組みである（どの組み合わせも落札されないこともある）。落札される場合は、組み合わせ全体として収益性が確保される。なお、2016年6月以降は、買いと売りの入札をリンクさせることも可能である。

エクスクルーシブ・グループと呼ばれる商品では、複数のブロック・オーダーを組み合わせて登録し、市場での価格計算で最適とされた1つのブロックのみが落札される。エクスクルーシブ・グループに登録するブロック・オーダーは前述した通常の各種ブロック・オーダーのいずれでも構わない。種類の異なるブロック・オーダーを組み合わせることもできるが、ブロック・オーダーのリンクは認められない。

フレキシブル・アワリー・オーダーは、対象となる1日のうち1時間分について取引量と価格のみを入札する商品である。落札された場合は、市場での価格計算で最適と評価された1時間が指定され、参加者はその時間に電力を供給（売り入札）ないし消費（買い入札）する。こうした商品は出力の柔軟性が高く、限界

費用の安価な水力発電やその他の蓄電設備に利用されていると推測される。フレキシブル・オーダーと呼ばれる、時間幅を持った商品も存在する。

　Nord Pool では、グロス・ビディングが市場の料金体系において優遇されている点も特徴的である。グロス・ビディングとは、発電部門と小売部門の両方を保有する事業者が、発電部門が発電した電力を全て市場で販売し、小売部門が販売する電力も全て市場で調達することを言う。言い換えれば、事業者内部での部門間取引を行わず、買電・売電の全てにおいて市場を活用するということである。グロス・ビディングでは、市場・市場参加者双方にメリットがある。

　市場側のメリットとしては、市場での取引量が増加することにより、市場の流動性が高まり、市場価格が安定するという点が挙げられる。加えて、Nord Pool 側で参加者の入札を確認する際、発電部門と小売部門とが個別に入札している方が、両部門の内部取引を反映した入札と比較して、人為的なミスを発見しやすいというメリットもある。

　グロス・ビディングを行う市場参加者自身のメリットとしては、入札について市場からのチェックを受けやすくなることの他に、発電部門と小売部門の両方で収益を最大化し、かつそのように行動していることを外部の主体に説明しやすくなることが挙げられる。発電部門と小売部門とが、両部門を有する事業者の中で別々に管理されていたとしても、外部からその実態を知ることは難しい。株主など外部の利害関係者から、発電部門と小売部門との内部取引で、どちらかの部門が不当にもう一方の部門を援助しているのではないか、といった疑念を持たれる可能性もある。グロス・ビディングを利用していれば、発電部門も小売部門も、それぞれが独立して市場に参加していることが外部からも明確となる。したがって、両部門がそれぞれ個別に収益を最大化していることも明確となる。

　Nord Pool でのグロス・ビディングは、取引手数料の面でも特別な扱いがなされている。通常、市場取引に必要なポートフォリオを追加的に取得するためには1,500ユーロ必要だが、グロス・ビディングを利用すればこれが免除される。さらに、同一の事業者の売電量と買電量のうち、グロス・ビディングを利用していなかった場合に内部取引されたと考えられる量（見なし内部取引量）については、取引手数料が通常の単価から90% 以上割引される。

　図 1 - 4 にグロス・ビディングの取引手数料の算出例を示す。事業者は売り入札1.5 TWh と買い入札1.2 TWh の差分0.3 TWh を実質的に市場に売電している

44

第1章 電力市場の仕組み

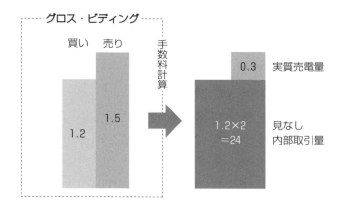

グロス・ビディングによる取引手数料

	対象取引量、TWh	単価、€/MWh	手数料、€
実質買電量	0.3	0.04	12,000
見なし内部取引量	2.4	0.0035	8,400
決済対象電力量	2.7	0.006	16,200
合計	—	—	36,600

※2019年4月1日時点の料金単価に基づく。

図1-4 グロス・ビディングによる取引手数料

と見なせる。また、事業者が市場で取引した電力量全体から、この実質売電量を差し引いた残り2.4 TWhは、グロス・ビディングを実施していなければ内部取引されていた、見なし内部取引量と言える。Nord Poolのグロス・ビディングでは、この見なし内部取引量に対して取引手数料が割引され、€0.0035/MWhの割引単価が適用される。決済手数料は、市場で取引した電力量の全量を対象として算出される。これらの手数料を合計した金額は、グロス・ビディングを利用せずに最大限内部取引を実施した場合の手数料よりも高額ではある。しかしNord Poolでは、多くの事業者が先述したメリットを勘案し、グロス・ビディングを実施している。

前日市場では締切時刻が定められ、参加者はその時点までに各々の希望する取引価格と取引量を入札する。一方で、当日市場での取引方法はザラ場取引と呼ばれ、早いもの勝ちが原則である。買い入札、売り入札はいずれも入札者の情報を

除いた、入札エリア・価格・量に関する情報が全ての市場参加者に対して公表される。入札した時点で条件に合う取引相手が見つかれば、自動的に取引が成立する。公表された入札情報から希望に沿う入札が見つかれば、その札に対して直接応札することもできる。当日市場の取引は前日市場での取引を反映した上で、さらに利用可能な（余っている）エリア間連系線の容量が許す限りで行われ、通常、各参加者には自らが属するエリアで応札可能な札のみが提示される。当日市場における取引については前日市場での取引と異なり、TSO に対して混雑レントは配分されない。

　当日市場を活用すれば、事業者は前日市場締切後に発覚した需給不一致を修正し、インバランスの発生リスクを低減させ、収支を改善できる。また、より安価な電源への差し替えによる収益増も見込める。ただし現時点では当日市場のシェアが小さく、水力発電を中心とするノルウェー国内の発電事業者には利用するインセンティブが働かない。ただし、今後の送電線増強の進展や XBID（国際当日市場、後述）の運用開始により当日市場の利用が活発化する可能性もある。

　当日市場は24時間取引が可能だが、常時市場をモニターして取引を行うトレーダーを抱えることが難しい、小規模な参加者にはハードルの高い市場でもある。またトレーダーを雇用可能な大規模な参加者であっても、常に市場をモニターするコストに見合うだけの収益が得られるとは限らない。こうした課題に対応するため、Nord Pool では2018年 4 月11日受け渡し分よりドイツの当日市場でオークション方式を導入している。

1.2.3　市場統合と価格計算

　EU では市場統合が進展しており、既に23カ国で前日市場が統合されている（PCR: Price Coupling Regions）。PCR に参加している国々で EU 全体の電力消費の90％を占めており、電力の前日市場については EU 大の統合市場がほぼできあがっていると言える。

　Nord Pool エリアにおける前日市場の価格計算は次のような段階を踏んで行われる。まず、前日市場の締切 2 時間前に TSO がエリア間送電線容量の情報を Nord Pool に提供し、Nord Pool がこれを全ての市場参加者に公表する。市場参加者はこれらの情報も参照し、CET 12時までに前日市場での入札を行う。Nord Pool は前日市場の締め切り後、市場参加者からの情報を PCR Matcher Broker

（PCR MB）に提供する。同時刻に PCR に参画している Nord Pool 以外の市場（EPEX 等）も、自らが運営する市場の参加者から寄せられた入札の情報を PCR MB に提供する。PCR MB は各市場の情報を集約し、価格計算アルゴリズム EUPHEMIA（後述）への入力データを作成する。EUPHEMIA は入力データを基に、社会厚生を最大化する取引量や価格、エリア間連系線の潮流を計算し、出力する。出力データは PCR MB から各市場へフィードバックされる。なお PCR MB は参画している市場が持ち回りで担当し、各市場は自らが担当ブローカーでない日も EUPHEMIA による価格計算を行っている。これは担当ブローカーによる価格計算の検算と、担当ブローカーが価格計算を実施できないなどのトラブルがあっても市場の運用を維持するためである。

　EUPHEMIA（EU Pan-European Hybrid Electricity Market Integration Algorithm）は、PCR に参画する地域で、需給が一致する電力価格と、エリア間連系線の最適な潮流を計算するアルゴリズムである。カバーする地域全体の社会厚生が最大となるよう、全てのエリアで同時に価格計算を行い、解を算出する。そのため最も競争的な価格が実現し、送電線容量も効率的な割り当てとなる。価格計算においては、各地域で政策的に設定された上限価格や下限価格の制約を課すことも可能である。例えば Nord Pool では上限価格は3,000ユーロ /MWh（3ユーロ /kWh）、下限価格は−500ユーロ /MWh（−0.5ユーロ /kWh）とされており、EUPHEMIA は価格がこの範囲に収まるよう計算を行う。

　前日市場と異なり、当日市場における取引は依然として EU 域内の各市場で個別に行われている。これを統合するのが XBID（Cross Border Intraday）である。XBID は、市場をまたいで当日市場での取引が実施できるようにするプロジェクトである。Nord Pool を含む4つの取引所と17の TSO が参画し、2018年6月12日から運用を開始している。XBID でも現在の前日市場と同様に、各地域の市場が市場参加者の窓口となって情報を集約し、XBID のデータベースに情報を提供する。また各地域の市場は市場参加者が XBID のデータベースにアクセスする際の窓口となる。

1.3 Nord Pool の現在とこれまでの歩み

1.3.1 Nord Pool のミッション

Nord Pool の市場としてのミッションは①電力について、流動性が高く安全な卸売市場を提供すること、②電力卸売市場について、正確でタイムリーな情報発信を行い、透明性を確保する、③市場に対する平等なアクセスを提供する、④全ての取引を仲介し、決済と供給を保証する、という4点に集約される。

2002年以降の年次報告書を見ると、2016年の年次報告書まで毎年、透明性に対して言及があり、透明性に関して特に配慮していることが分かる。

Nord Pool はイノベーションにも力を入れており、2017年までの15年中10年の年次報告書で言及がある。実際に、Nord Pool の実装や発展はノルウェーや北欧諸国の IT 産業の発展に寄与してきた。Nord Pool が IT 産業の発展に寄与した例としては、カリフォルニアで電力自由化が進められた際、市場システムは Nord Pool のものが採用され、ノルウェーの IT 企業が実装を担い、米国の IT 市場へ参入したことが挙げられる。イノベーションを重視する姿勢は近年の企業活動にも現れており、直近ではスタートアップ企業（創業2年未満・従業員15名未満・年間売上10万ユーロ未満）に対し、無料で市場に関するデータベースを提供する取り組みも行われている。

1.3.2 Nord Pool の管理・監督体制

Nord Pool は北欧・バルト諸国の TSO のみが出資している株式会社であり、現在は表1-2に挙げた7カ国の TSO が出資している。このような体制となっていることには主に2つの利点がある。

第1に、送電網を管理・運用する中立的な組織である TSO が市場を所有・運営することで、市場の公共インフラとしての性格が担保されると考えられる。すでに欧州各国では発送電分離が進展しており、各国の TSO と発電事業者や小売事業者との間に資本関係はないか、厳格な情報遮断が行われていて特定の市場参加者に便宜を図ることはできなくなっている。このように中立的な組織が市場を所有・運営していれば、市場の運営も中立かつ公正なものとなることが期待でき

る。

第2の利点は株式会社という組織形態を取っていることである。市場が株式会社という営利組織となっていることで、利益を追求するために顧客サービスを充実させようとするインセンティブが働くと考えられる。

電力市場の運営にあたっては、展開する各地域で市場運営のためのライセンスを得る必要がある。ノルウェー国内ではNVE（Norwegian Water Resources and Energy Directorate: 水資源・エネルギー管理局）の監督下にあり、それ以外のEU各国ではEUが定めるREMIT（Regulation on Wholesale Energy Market Integrity and Transparency）に従わなくてはならない。

NVEが与えるライセンス（Markedsplasskonsesjon）はエネルギー法§4-5に基づいて付与されるもので、有効期限は原則として1年間であり、毎年更新が必要である。更新時にはそれまでのライセンスに関する要件に加え、EUで進展する市場統合や電力システムの制度改革に対応した要件の追加や修正も行われる。

1.3.3　Nord Pool の歩み

本節では、Nord Poolのこれまでの発展経緯について、特に日本にとっても示唆の多い創設初期の経緯を中心に解説する。

Nord Pool創設のきっかけは、1960年代から1980年代にかけてノルウェー国内で水力発電に対する過剰な投資が行われたことである。需要に対して設備投資が過剰となり、電力産業の非効率性に対する懸念が生じた。また過剰投資で電力の卸売価格は下落したものの、小売価格には反映されない状況が続いた。これらが政治的な議論の対象となり、国会での激しい議論を経て1990年6月29日に改正エネルギー法が成立した（1991年1月1日施行）。改正エネルギー法は「エネルギー資源を社会的・経済的に合理的な形で活用することを保証し、電力の安定供給と消費者価格の低減に繋げる」ことを目的として、電力市場を自由化し、市場原理を通じて電力部門を効率化しようとするものであった。

改正エネルギー法が成立した1990年前後には、英国やニュージーランドで電力市場の自由化が進展していた。こうした状況も踏まえ、ノルウェーでも電力システム改革に関する検討がスタートした。改正エネルギー法は発送電分離を示唆していたが、既存の電力会社や国有電源管理局（Directorate for State-Owned Power Plants：発電所・送電網を保有・運用していた）は発送電分離に反対し、激し

いロビー活動を展開した。これに対し石油エネルギー省は、ロビー活動の影響を排したプロジェクトチームを立ち上げ、市場のあり方や発送電分離について多様な選択肢を評価・検討した。これを受け、石油エネルギー大臣は最終的に発送電分離が必要と判断し、新たな送電会社 Statnett（スタットネット）が設立されることとなる。同時期に、大手発電事業者がカルテル行為を行っているのではないか、との疑いが持ち上がり、発電事業者間の競争を実現して安定供給と低廉な価格を実現するために、発電事業者も需要家も系統に対して平等にアクセスできることを制度面で担保することも決まった。

1992年1月に国有電源管理局はスタットネット（送電会社）と Statkraft（スタットクラフト：発電会社）に分離され、発送電分離が実現した。そして1993年に、スタットネットの子会社として、Nord Pool の前身である Statnett Marked（スタットネット・マークト）が創設され、電力市場の運営を担うこととなる。

創設当初のスタットネット・マークトの課題は、いかに事業者を市場へ呼び込むか、というものであった。市場創設以前から続く相対での電力取引が大多数を占め、しかも送電線容量を占有していたことが、電力市場における自由競争を阻害していた。そのため、全ての送電線容量が徐々に市場取引へと開放され、エリア間の送電線容量を相対取引によって占有することが認められなくなった。同時に、事業者側が求める長期的なリスクヘッジの手段として、先渡取引市場の整備も進められ、1993年には実需給の1年前から取引が可能となった。しかし、これらの取組でもなお、市場参加者のニーズを満たすには不十分であったため、電力に関する金融市場（先物取引市場）の創設へと繋がっていく。

創設以降、スタットネット・マークトは徐々に取引量を増やし、電力部門における役割を拡大していった。一方で、人員はスタットネットからの出向者が主で、専属の社員は数名という状態が数年間続いた。この頃、隣国スウェーデンもノルウェーとの国際電力市場に関心を寄せており、新たな取締役社長の下で市場としての長期的な戦略が本格的に検討される。そして、1995年にはスタットネットからの出向者を全てスタットネット・マークトの専属社員とし、オフィスもオスロ中心部から郊外に移転して、より独立性の高い運営が行われるようになった。

スタットネット・マークトの設立時からノルウェー国内で水力発電の過剰な電力を他国に販売したいという要求があり、隣国スウェーデンではノルウェーの安価な水力発電を利用したいという要求があった。またスタットネット・マークト

50

第1章 電力市場の仕組み

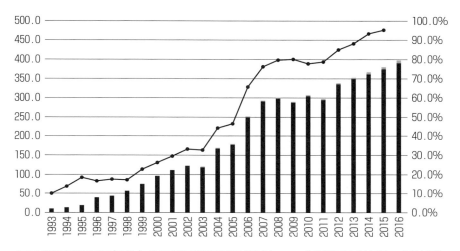

(出所) Bredesen & Nilsen (2013), Nord Pool Annual Report (2002-2016), IEA

図1-5 Nord Poolにおける取引量とシェアの推移

は創設以降、大きなトラブルなく運営実績を積み重ねていた。そこでスウェーデンとノルウェーとの電力市場統合に向けた取組がスタートした。これが1996年に結実し、ノルウェーとスウェーデンによる世界初の国際電力市場としてNord Poolが創設されたのである。

Nord Poolは創設以降、順調に拡大してゆく。1998年にはフィンランドが、2000年にはデンマークがNord Poolに参加し、Nord Poolは北欧諸国を全てカバーするようになった。また、同時期（1999年）にブロック・オーダーも導入されている。さらに、2002年にはそれまでNord Poolが一体となって運用してきた金融市場と現物市場とを分離し、現物市場（前日市場と当日市場）を専門に扱うNord Pool Spotが創設された。金融市場と現物市場とは互いに独立して運営されるべきとの考えのもと、金融市場は後にNasdaqに売却され、Nord Pool Spotは再びNord Poolという名称に戻った。

Nord Poolは図1-5に示すように、創設以降一貫して取引量を増やしてきた。その要因は、市場に参加する国や地域の増加だけではない。近年の動向のうち、特に注目すべき点は、グロス・ビディングの導入（2006年）とリーマン・ショッ

51

ク（2009年）である。

　グロス・ビディング導入以前も Nord Pool の取引量は増加し続けてきたが、グロス・ビディングの導入を契機として一気に北欧諸国の電力消費量に占めるシェアを増やした（2005年：47%→2007年：76%）。

　Nord Pool における取引量や、取引量が電力消費量に占めるシェアは、リーマン・ショックによる世界経済の停滞を経てもほとんど減少していない。リーマン・ショックによって電力消費量は減少したが、市場参加者が相対取引のリスクを認識するようになり、相対取引から Nord Pool における市場取引へと切り替えたことが、その要因である。相対取引は将来の調達量や調達価格に関わるリスクを減じるために有効だが、そもそも取引先が将来も存続しているとは限らない、というリスクをリーマン・ショックが突きつけた。Nord Pool では Nasdaq が運営する電力の先物取引市場があり、価格リスクをヘッジする手段が整備されている。また、リーマン・ショック直前の時点でも Nord Pool のシェアは80%近くとなっており、市場の流動性が高く、必要な調達量を確保できないリスクも小さい。こうした条件が揃っていたことも、より多くの市場参加者が相対取引から市場取引へと移行した理由と考えられる。

1.4　日本の電力市場に対する示唆

　本章では、電力市場の基本的な仕組みについて概説し（1.1）、北欧の電力市場 Nord Pool を例に、具体的な市場設計について見てきた（1.2）。また、Nord Pool のありようやこれまでの歩みについても概観した（1.3）。これらから、日本で電力市場を通じて電力供給の経済効率化を図るにあたり、どのような示唆が引き出せるだろうか。

　Nord Pool の市場設計では、電力市場に参加する多様な主体に対応して、多様な商品が利用可能である。これに対し、日本卸電力取引所（JEPX）では30分単位での入札と、2時間以上のブロック入札の2種類しか商品が存在しない。また、前日市場での取引単位も Nord Pool は1時間あたり0.1 MWh であるのに対し、JEPX では2018年9月末まで、30分あたり500 kWh（1時間あたり1 MWh に相当）と、JEPX の取引単位が Nord Pool のそれと比較して10倍の大きさになっていた。2018年10月以降は JEPX でも取引単位が30分あたり50 kWh となっている

（JEPX, 2018）。

　前日市場の取引単位が大きいと、特に規模の小さな事業者にとっては、市場のみを活用した需給の計画値同時同量の達成が難しくなる。そのため、発電事業者であれば相対取引で任意の電力量を買い取ってくれる事業者を探す他ない。一定の発電容量を持つ発電事業者であっても、30分単位の入札か一様のブロック入札しかできない現状では、市場取引を通じて発電所の効率的な運用ができないリスクを大きく捉え、市場取引ではなく相対取引を選択することも考えられる。いずれにせよ、市場取引は魅力的な選択肢にならない。

　小売事業者の場合も、特に規模が小さい場合は、相対取引で任意の電力量を販売してくれる事業者を探すことが、最も魅力的な選択肢となるだろう。市場のみを活用して計画値同時同量を達成しようとする場合は、当日市場の利用による他ない。しかし、2019年現在は当日市場における取引量が非常に小さく、入札する電源が限られている。そのため、望む量を調達できないリスクが大きく、小売事業者は当日市場に依存した経営を避けようとするだろう。一方で、規模が大きく、発電部門と小売部門の両方を保有する事業者にとっては、取引単位が大きくても問題ない。規模が大きいため、前日市場の取引単位が大きくても計画値同時同量の達成は容易であり、差分が残っても全体から見れば小さな割合に留まる。よって、この差分を取引で埋め合わせようとしなくても、経済的な損失は相対的に小さい。自社電源を保有している場合は、自社電源の活用によって差分を解消することもできる。このように、取引単位の大きな市場は大規模な事業者に相対的に有利だと考えられる。

　前日市場の取引単位が小さくなれば、あらゆる規模の事業者にとって市場が利用しやすくなる。また、発電事業者に対しては、Nord Pool のように多様で柔軟なブロック・オーダーを提供すれば、個々の事業者にとって望ましい運用が市場取引を通じて実現しやすくなる。そうした商品設計は、発電事業者だけでなく製造業などの大規模な需要家や、VPP など供給・消費両方の機能を持つ市場参加者にとってもメリットがある。多様な参加者にとって使いやすい市場であれば、参加者が増えて流動性が高まることも期待できる。

　大規模で、発電部門と小売部門の両方を保有している事業者にとっては、純粋な経済原理で考えれば、グロス・ビディングに対する特別な料金設定があってもなお、内部取引の方が魅力的に映る可能性がある。北欧諸国では、こうした大規

模な事業者はスタットクラフトのように国営である場合も多く、電力市場を活性化しようとする政策的な意図を受けて、大規模事業者がグロス・ビディングに切り替えることもあった。電力市場の活性化においては、このような政治的リーダーシップも重要であろう。

　ノルウェーにおいても電力部門の自由化は簡単ではなかった。独占的な地位を築いてきた電力会社は自由化に反対し、あらゆる手段で自由化を阻止しようと活動した。それでもなお自由化が実現したのは、政治の強いリーダーシップと、電力会社の影響を排除した、客観的かつ中立的な政策評価によるところが大きい。

　Nord Pool そのものの組織形態も、市場が拡大していく上で重要であったと考えられる。Nord Pool は創設当初から送配電事業者の子会社として組織されており、参画する国や地域が増え、市場規模が拡大してもその点は変わりない。すなわち、市場参加者である発電事業者や小売事業者とは資本関係を有していない。

　市場設計を検討する上で、市場参加者とのコミュニケーションは必要不可欠であり、Nord Pool は多様な利害関係者と常にコミュニケーションを取りながら発展してきた。しかし、意志決定では、市場参加者が影響力を及ぼすことはない。どんな制度変更も勝者と敗者を生むが、Nord Pool の意志決定は誰が勝者・敗者になるかで変わることはない。何が市場の発展にとって望ましいか、社会全体にとって望ましいかを基準に判断を下すことができる。一方で、JEPX では旧一般電気事業者を始め、大手の電力小売事業者が社員（株式会社の株主に相当）となっている。専属のスタッフも少ない。JEPX としての意思決定は、出資者たる社員の意思とは独立に行われているとのことではあるが、現在の組織形態では社員以外の市場参加者から意志決定の独立性に疑義を持たれかねない。

　市場を通じて発電や電力小売における競争を促進し、より効率的な電力供給を実現する、という電力市場自由化の本旨に立ち返れば、電力市場そのものをより中立的な組織に再編することが望ましいのではないか。折しも日本では2020年に発送電分離を控えており、北欧諸国と同じく中立的な送配電事業者が誕生することになる。これを機に、市場そのものの組織形態も見直す必要があるだろう。

参考文献

内藤克彦（2018）『欧米の電力システム改革—基本となる哲学—』、化学工業日報

JEPX（2018）『間接オークション実施に伴う取引所利用に関する説明会資料』〈http://
　　www.jepx.org/news/pdf/jepx20180829.pdf?timestamp=1536212677915〉
　　（2018.9.08 アクセス）

EuroStat "Database"〈http://ec.europa.eu/eurostat/data/database〉（2018.7.25 アク
　　セス）

IEA "Statistics"〈https://www.iea.org/statistics〉（2018.7.25 アクセス）

IEA（2017）"Electricity Information"

Bredesen. H-A and Nilsen. T（2013）"Power to the People, The first 20 years of Nordic
　　power-market integration"

Jamasb. T and Pollitt. M（2005）"Electricity Market Reform in the European Union:
　　Review of Progress toward Liberalization & Integration," Working Paper
　　2005-003, Center for Energy and Environmental Policy Research, Massachusetts
　　Institute of Technology.

Joscow, Paul L.（2003）"The Difficult Transition to Competitive Electricity Markets in
　　the U.S.," Working Paper 2003-008, Center for Energy and Environmental Policy
　　Research,Massachusetts Institute of Technology.

LitGrid（2014）"Development of the Lithuanian Electric Power System and Transmis-
　　sion Grids"

National Commission for Energy Control and Prices, Lithuania（2017）"Annual Report
　　on Electricity and Natural Gas Markets of the Republic of Lithuania to the European
　　Commission"

Nord Pool Spot（2002）"Annual Report"

Nord Pool Spot（2003）"Annual Review"

Nord Pool Spot（2004）"Annual Review"

Nord Pool Spot（2005）"Annual Review"

Nord Pool Spot（2006）"Annual Review"

Nord Pool Spot（2007）"Annual Review"

Nord Pool Spot（2008）"Annual Review"

Nord Pool Spot（2009）"Annual Report"

Nord Pool Spot（2010）"Annual Report"

Nord Pool Spot（2011）"Annual Report"

Nord Pool Spot（2012）"Annual Report"

Nord Pool Spot（2013）"Annual Report"

Nord Pool Spot（2014）"Annual Report"

Nord Pool（2015）"Annual Report"

Nord Pool（2016）"Annual Report"

| 第2章 | **柔軟な電力市場の構築** |
| | デンマークとドイツの電力市場制度の比較分析 |

東　愛子

2.1　はじめに

　変動性の高い再生可能エネルギーの拡大に伴って、電力システムの備えるべき
要件も変化している。安定供給を担保することはもちろんであるが、変動電源の
拡大に伴って「柔軟性」が重要な要件になりつつある。この柔軟性とは、電力需
給の変動に迅速に対応することを指す。特に、天候に左右されやすい再生可能エ
ネルギーを活用するためには、細かい出力変動にうまく対応できる電力システム
を構築する必要がある。

　再生可能エネルギーの拡大で先行するドイツにおいても、安定供給と柔軟性の
担保は大きな焦点であり、2014年から進む電力市場改革の中では、この課題に対
処するために2つの策が検討されてきた。第1の策は、長期的な供給力を確保す
るために容量市場をはじめとするキャパシティ・メカニズムを導入する案であ
る[1]。Joskow（2008）が指摘するように自由化の進行する電力システムの下で
は、発電部門の投資が抑制され、将来必要な発電能力を十分に確保することがで
きない可能性が懸念される。キャパシティ・メカニズムは発電所の固定費に対す
る支払いを行うことで投資コストの回収を保障し、長期的な安定性を担保する手
法である。しかしキャパシティ・メカニズムを通じて確保される電源は、必ずし
も「柔軟性」を兼ね備えた電源でない。したがって、電力自由化に加えて、変動
電源の増加という新たな要素が加わった電力市場においては、キャパシティ・メ

---

1 ）ドイツで導入が検討されてきたキャパシティ・メカニズムの制度比較に関しては、後藤ら
（2014）、東（2015）を参照されたい。

カニズムの導入が安定性を確保する上で十分な策ではない（東、2015）。

そこで第2の策としてEU電力市場統合やドイツ電力市場改革で議論されているのは、電力市場を通じて安定性と柔軟性を引き出す方策である。これは、電力市場の価格シグナルに応じて、市場参加者が素早く発電や需要の上げ下げを行うことで、安定供給を担保しようとする考え方である。さらに、短期の価格変動に対応できる電源が市場で活用されれば、柔軟性を持った電源への投資インセンティブが高まると期待されている。このような考え方は、energy only marketと呼ばれ、容量市場の創設とは対をなす考え方である。

では欧州各国は、安定性と柔軟性を引き出すために、どのような電力市場制度を構築し運用しているのであろうか。我が国の新しい電力システムの構築のためにも、諸外国の安定性や柔軟性に対する考え方、および、それに基づく市場設計のあり方を総合的に理解することが非常に重要であると考える。

そこで本章では、風力などの変動電源が主力電源となっているデンマークとドイツを対象にし、両国の安定性や柔軟性に対する考え方が電力市場設計にどのように反映されているかを明らかにする。そしてさらに、安定的で柔軟な電力システムの構築に特に影響を与えると考える制度項目を抽出して比較評価を行い、日本の新しい電力市場設計に対する示唆を引き出すことを目的とする。以下、第2節では、電力市場の基本的な構造について説明する。次に第3節と第4節ではドイツとデンマークの電力市場制度を明らかにし、第5節では、ドイツとデンマークの調整市場制度の相違点を比較しながら、調整市場制度が市場参加者の行動や、ひいては電力システム全体の安定性や柔軟性に与える影響を考察する。最後に第6節で本章の結論と日本の電力市場制度設計に対する示唆を示す。

2.2　電力市場の構造

2.2.1　電力市場の基本的な仕組み

図2-1に示すように、電力市場の構造は、先物・先渡市場、前日市場、当日市場、調整市場に分かれる。このうち、実動時に近い、前日市場、当日市場、調整市場の3つの市場を通じて、実動時の需要と供給が一致するように物理的な電力量の調整が行われている。この需要と供給を一致させるために調整を行うプロ

第 2 章　柔軟な電力市場の構築

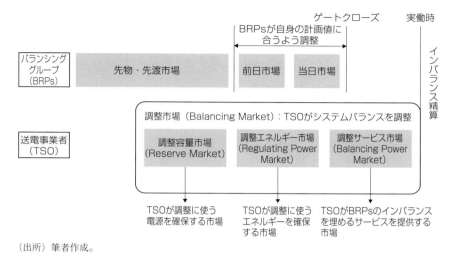

(出所) 筆者作成。

図 2-1　電力市場の基本的な仕組み

セスは、大きく 2 つに区分され、プレーヤーが異なる。第 1 は、発電事業者や需要家や電力取引事業者によって形成されるバランシンググループ (Balancing responsible parties、以下、BRPs と略す) が、前日市場や当日市場での電力の売買を通じて行う調整である。第 2 は、送電事業者 (Transmission System Operator、以下、TSO と略す) が調整市場を通じて行う調整である。

　まず BRPs はグループごとに需給の計画を立て、需給の計画値を TSO に報告し、計画に沿った運用ができるように前日市場や当日市場を使って調整を行う義務を負う[2]。このような制度を「計画値届出制度」という。例えば、実働時に 100 kWh の発電を約束しているにもかかわらず、天候不順で 80 kWh しか発電できそうにない太陽光発電事業者は、不足する 20 kWh を市場から調達する必要がある。

---

2) 計画値の報告とは具体的に、何日の何時に、どの発電設備からどれだけの電力が送電網に注入されるか、送電網のどのポイントからどれだけの電力が引き出されるかの計画である。また、前日市場や当日市場において、他の BRPs との取引がどのように行われたかについても申告を行う。

しかし、予測できなかった天候のエラーや突発的な発電機の事故等によって、当日市場の終了後に計画値と実働値の乖離（インバランス）が発生する可能性がある。この最終的なインバランスは TSO によって調整される。

2.2.2　調整市場の基本的な仕組み

当日市場のゲートクローズ後に残っている需給インバランスは、TSO が調整市場（Balancing Market）を通じて最終的な調整を行う。調整市場は、調整エネルギー市場（Regulating Power Market）と、調整サービス市場（Balancing Power Market）に区分される。調整市場は、需給調整市場もしくはリアルタイム市場とも呼ばれる。

(1)調整エネルギー市場（Regulating Power Market）

需給インバランスが発生しているとき、TSO は upward 調整力や downward 調整力を用いてインバランスを解消する。例えば、供給量が需要量より少ない場合は、upward 調整力（発電の引き上げや需要の引き下げ）が必要になる。逆に、供給量が需要量を上回る場合には、downward 調整力（発電の引き下げや需要の引き上げ）が必要になる。ただし、TSO は発電や需要の設備を持たないので、発電事業者や需要家からこのような調整力を提供してもらう必要がある。したがって「調整エネルギー市場」とは、入札エネルギー（kWh）価格に基づいて、調整エネルギーを TSO が調達する市場である。このような調整力を提供する事業者を、Balancing service providers（以下 BSPs と略す）と呼ぶ。ただし、発電の引き下げや引き上げに要する時間は技術によって異なる。そこで**図2-2**に示すように、調整力は応答時間によって①～③に区分され、それぞれ別個に市場が開設されている。

① The Frequency Containment Reserve（FCR）：　FCR は、電力システムの電力需給バランスが崩れて周波数が当初値から乖離したときに、周波数を安定化するために使われる調整力である。ドイツやデンマークではプライマリと呼ばれる。

② The Frequency Restoration Reserve（FRR）：　周波数を当初値まで戻し、FCR を代替する役割を担う。FRR は 2 種類あり、自動で稼働する aFRR（automatic FRR）と、手動で稼働する mFRR（manual FRR）がある。ドイツ

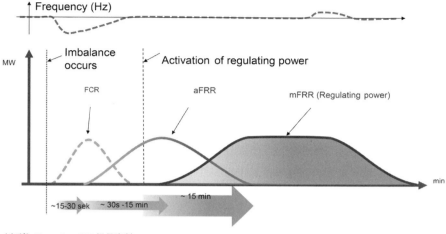

(出所) Energinet.DK 提供資料。

図2-2　調整力の種類と役割分担

やデンマークにおいて aFRR はセカンダリと呼ばれる。また、mFRR をドイツではミニッツ、デンマークではマニュアルと呼ぶ。

③ Reserve Replacement Reserve (RR)：　FRR を置き換えるかサポートする役割を担う調整力である。ただし、デンマークやドイツにおいては、RR にあたる調整力は調達されていない。

　調整力を提供する発電需要の設備容量を、調整エネルギー市場が開く前に TSO があらかじめ確保するケースもある。図2-1に示すように、TSO が入札容量（kW）価格に基づいて事前に容量を確保する市場が Reserve Market である。本稿ではこれを、「調整容量市場」と呼ぶ。調整容量市場で TSO によって落札された BSPs には、容量（kW）価格が支払われる。この容量価格の支払いは、一種の待機料と理解することができる。

(2) 調整サービス市場（Balancing Power Market）

　TSO は、調整エネルギー市場で確保した upward 調整力と downward 調整力を使って、BRPs のインバランスを調整するサービスを提供する。例えば、発電事業者の BRPs が計画値よりも多くの発電をした場合は、TSO が BRPs から余

剰発電量を買い取る一方、downward 調整力を提供する BSPs に発電を引き下げてもらうか需要を上げてもらうことによって、電力システム全体のバランスをとる。一方、BRPs の発電量が計画値よりも少なかった場合には、TSO が確保した upward 調整力を用いて、TSO から BRPs に不足分を売る。このように TSO が BRPs にインバランスを埋めるサービスを提供する市場は、Balancing Power Market と呼ばれる。本稿ではこれを、「調整サービス市場」と呼ぶことにする。BRPs は TSO の調整サービスに対する料金としてインバランス料金を支払う。したがってインバランス料金は、調整エネルギーに要した費用を BRPs から回収するだけではなく、前日市場や当日市場での取引を責任をもって履行させるための価格シグナルとして重要な役割を担っている。このインバランス料金の計算方法については、2.3.3(4)と2.4.2(3)で詳述することとしたい。

以上の基本的な電力市場の構造を踏まえたうえで、次節以降では、ドイツとデンマークの電力市場制度の相違点を比較する。

2.3　ドイツ

ここでは、Federal Ministry（2015）、八田・三木（2013）、八田（2012）、古澤ら（2014）に沿って、ドイツにおける電力市場の仕組みと、需給調整の仕組みを概観する。

2.3.1　ドイツの電力市場の仕組み

図2-3は、Federal Ministry（2015）をもとに、ドイツの電力市場の構造を示したものである[3]。まずライプツィヒの European Energy Exchange（EEX）で、実需給の6年前から先物・先渡し取引が行われる。さらに、パリの European Power Exchange（EPEX）において、前日市場と当日市場が開設されており、当日市場は実運用の30分前まで開かれている[4]。

3）電力市場取引以外に、市場を通さずに売り手と買い手が直接取引を行う相対取引（over the counter trading, OTC 取引）がある。

4）当日市場のゲートクローズは、2015年7月16日以降、実働45分前から30分前に変更されている。

第 2 章　柔軟な電力市場の構築

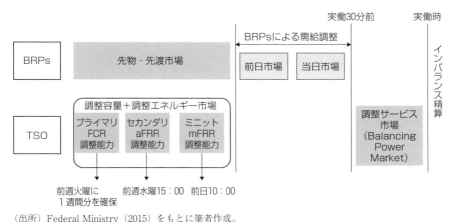

図 2-3　ドイツの電力市場の仕組み

（出所）Federal Ministry（2015）をもとに筆者作成。

また、TSO は、FCR（プライマリ）、aFRR（セカンダリ）、mFRR（ミニッツ）の 3 種類の調整力を前日市場の開く前に確保するという特徴がある。

2.3.2　バランシング・グループ（BRPs）の市場を通じた調整

ドイツではすべての発電事業者や小売事業者が、何らかの BRPs を形成することが求められている。

まず BRPs は前日に、15 分ごとの需給計画値を TSO に報告する。次に BRPs は、前日市場や当日市場での取引を通して計画値とのギャップの調整を行う。2011 年より当日市場は 15 分ごとの売買が可能になっており、2014 年秋からは前日市場も 15 分ごとの売買が可能になっている。修正された計画値は、当日市場のゲートクローズ後に、再度 TSO に報告される。BRPs は、この時に報告した計画値を確実に実行する責任を負っている。

しかし実際の運用時において、需給予測のミスや発電所の脱落、再生可能エネルギーの予想外の変動によって、計画値と実績値に乖離が生じる場合がある。そのような場合には、TSO が確保している調整力を使用して、需給インバランスの調整が行われる。

63

2.3.3 TSO による調整能力を使用した最終需給調整

(1)TSO による調整能力の確保

　当日市場の終了後に発生した需給インバランスは、TSO が調整する責任を負っている。ただし、TSO は発受電設備を保有していないので、調整力は市場を通じて確保されている。

　ドイツには、Amprion、TenneT、TransnetBW、50 Hertz の 4 つの TSO が存在する。以前は 4 つの TSO がそれぞれ別個に、必要な調整電力を調達していた。しかし、調整力の効率的確保を目的として、2006年から2010年にかけて調整力確保に関わる改革が行われ、現在ではドイツ全体で必要な調整能力を確定し、regelleistung と呼ばれる単一市場で調整力を確保する手法に変更されている[5]。

(2)調整能力の技術的要件

　調整能力は、プライマリ、セカンダリ、ミニッツの 3 つに区分されている。この区分は、主に応答時間などの技術的要件によって定められている。表 2 - 1 は、古澤ら（2014）、Muesgens et al.（2014）、Federal Network Agency（2016）に基づき、調整能力の要件についてまとめたものである。

　プライマリ調整力は、瞬時の周波数変動に対応するための調整力である。ドイツでは通常、周波数は50 Hz に保たれているが、需給のバランスが崩れて50 Hz から＋／－10 mHz の乖離が見られた場合に自動的に発動する。瞬時の対応が求

---

　5 ）ドイツでは2002年から入札による調整力の調達が行われている。当初は 4 つの TSO が別個に調整力を調達していた。しかし、調整エリアをドイツ全土で統一し、超過需要と超過供給の発生しているエリア間でインバランスを相殺すれば、調整力の調達量を抑制し、コストを抑制することが可能になる。そこで2006年 7 月にエネルギー事業法（EnWG）に基づき調整電力を全国大で調達するための入札プラットフォーム regelleistung が開設され、単一のメリットオーダーで調整能力の調達が可能になった。また2008年からは Amprion を除く 3 つの TSO が協力して調整力の必要量を確定し、確保を行うようになった。Amprion は単一の TSO で 4 つのコントロールエリアの周波数を調整することを主張していたが、Amprion を除く 3 つの TSO は、 4 つの TSO が協力して調整力を確保する案を主張した。結局、2010年 6 月にドイツ連邦ネットワーク庁（BNezA）によって後者案が採用され、Amprion が既存の調整ネットワークに加わったことで、現在の調整市場の運用形態が確立されるに至っている（Haucapy et al., 2012）。

第2章　柔軟な電力市場の構築

表2-1　ドイツにおける調整力の調達と利用方法

	プライマリ調整力	セカンダリ調整力	ミニッツ調整力
技術要件	30秒以内に最大出力に到達。	5分以内に最大出力に到達。	15分以内に最大出力に到達。
運用方法	周波数変動を自動的に検出して発動。最大稼働時間15分。	メリットオーダー順に自動的に発動。最大稼働時間15分。	メリットオーダー順に自動的に発動。最大稼働時間1時間。
入札時期	前週火曜日に1週間分確保	前週水曜日に1週間分確保	前日10時に1日分確保（前日市場クローズ前）
商品幅	24時間×7日間	ピーク時：平日8時〜20時 オフピーク：それ以外	4時間幅
確保量 （2014年実績）	568 MW	Upward：1992-2500 MW Downward：1906-2500 MW	Upward：2083-2947 MW Downward：2184-3220 MW
入札方法	容量価格（€/MW）のみ入札	容量価格（€/MW）＋エネルギー価格（€/MWh）	容量価格（€/MW）＋エネルギー価格（€/MWh）
BSPsへの支払い （容量価格）	Pay as bid	Pay as bid	Pay as bid
BSPsへの支払い （エネルギー価格）	なし	Pay as bid	Pay as bid
インバランス料金		稼働したセカンダリとミニッツの平均エネルギー価格、Single pricing方式	

（出所）古澤ら（2014）、Muesgens et al.（2014）、Federal Network Agency（2016）に基づき筆者作成。

められるため、周波数の乖離が見られてから30秒以内に最大出力に達する技術的
要件が必要である。

　周波数の乖離が30秒以上続くような場合は、セカンダリ調整力の発動が求められる。セカンダリも自動的に発動されるが、発動から5分以内に最大出力に達する能力を要していることが求められる。

　さらに、事前に予測されるような需給変動に対しては、ミニッツ調整力の発動が要請される。ミニッツ調整力は発動要請から15分以内に最大出力に達する能力を要していればよい。この稼働に関しては、手動で行われる。ミニッツ調整力の稼働時間は最大で1時間である。

(3) 調整能力の入札方式

　ドイツにおける調整力入札の最大の特徴は、図2‐3に示したように、前日市場のゲートクローズ前に、TSO が必要とする調整力を確保してしまう点にある。表2‐1に示すように、調整力は、プライマリ調整力から順に確保される。まずプライマリは、月曜日から日曜日の1週間分（24時間×7日間）の調整能力を、前週の火曜日に確保する。upward と downward 方向の調整力は区別されずに同時に調達される。調整力として落札された事業者には、入札した容量価格が報酬として支払われ（Pay-as-bid 方式）、エネルギーに対する支払はない。

　セカンダリは、前週の水曜日に次の1週間分の入札が行われ、upward と downward、ピークとオフピークに分けた合計4商品の取引が行われる。ピークは平日の8時〜20時まで、それ以外はオフピーク期間になるので、特に週末は長い期間にわたって調整力を提供することが求められる。

　ミニッツ調整力は、前日10時に1日分が確保される。upward と downward の方向別に4時間幅で確保することになっており、計12商品の取引を行う。

　さらにドイツの特徴は、入札額の提出方法にもみられる。セカンダリとミニッツの入札参加者は、調整能力の容量価格（MW/€）とエネルギー価格（MWh/€）の2種類の入札額を提出し、入札された容量価格の安い順に、必要量が落札されていく。つまり、調整力として落札されるか否かは、容量価格のみに依存し、エネルギー価格には左右されない。調整力として TSO に落札された事業者には、入札した容量価格が待機料金として支払われる（pay-as-bid 方式）。この待機料金に関しては、TSO が送電料金を通じて電力消費者から広く回収している。

　当日市場のゲートクローズ後、TSO がインバランス解消のために調整力を発動しなければならない場合、TSO は入札されたエネルギー価格の安い順に発動を要請する。Federal Network Agency（2016）によれば、2014年に確保された調整力の年平均稼働率は、セカンダリの upward で6.5%、downward で9.3%、ミニッツは upward と downward ともに11.0%となっている。使われた調整エネルギーにかかる費用も、入札価格に基づく pay-as-bid 方式を用いて TSO から事業者に支払われる。このエネルギー費用は、インバランスを発生させた BRPs からインバランス料金を通じて回収される。

第2章　柔軟な電力市場の構築

(4)調整サービス市場とインバランス料金

　調整力を発動したことによって発生したエネルギーコストは、インバランス料金精算を通じて調整サービスを受けた BRPs が負担する。TSO は、当日市場の終了後に BRPs が TSO に対して報告した計画値と、実働時の需給量の乖離を計算し、インバランス料金を徴収する。システムインバランスの方向にかかわらず、BRPs が受けた upward と downward 調整サービスに対して単一の料金を適用することから、ドイツのインバランス料金の徴収方法は Single pricing 方式と呼ばれている[6]。インバランス料金は、実際に稼働が要請されたセカンダリ調整力とミニッツ調整力のエネルギーの平均費用で、以下のように計算される。

$$インバランス価格＝\frac{セカンダリ＋ミニッツのエネルギー価格}{セカンダリ＋ミニッツの使用エネルギー量}$$

　このように、ドイツのインバランス料金は平均費用で計算されているため、リアルタイムの需給ひっ迫状況を的確に反映したものではない。また、調整エネルギーの入札は前日市場の開かれる前に終了するため、調整エネルギー市場の終了後から実運用時までの期間に、電力システム全体の需給状況が大きく変化する可能性がある。例えば、前日市場や当日市場で急に需給ひっ迫が発生し、電力価格が高騰しているにもかかわらず、調整電力市場のエネルギー価格が安いという価格逆転現象が起きることもある。当日市場価格と調整エネルギー価格の逆転が生じると、BRPs がスポット市場で取引を行って計画値を守ろうとするインセンティブを損ない、TSO の調整に対する依存度が上がってしまう。また、裁定取引の機会も増大する。さらに、TSO の調整量が増えれば、事前に確保する調整用電源の確保にかかる費用が増加し、送電料金が上昇する。このような事態を回避するために、ドイツでは2012年12月に連邦ネットワーク庁によってインバランス料金に上限下限値を設ける改訂が行われている。例えば供給不足が発生してスポット市場の電力価格が調整電力価格を上回るような場合には、インバランス料金の下限値は当日市場価格に設定される。また逆に、供給過多が生じてスポット市場の電力価格が調整電力価格を下回る場合には、インバランス料金の上限値は当日市場価格に設定される（Federal Ministry、2015、古澤ら、2014）。また、調達

　6）これに対して、デンマークは dual pricing 方式を採用している。Single pricing 方式と dual pricing 方式の違いについては、2.4.2(3)節で詳述する。

67

された調整力の80%以上が実際に運用されるような多大なインバランスが生じた場合には、BRPs に対して通常よりも高いインバランス料金を課すように変更されている。この場合のインバランス料金は、当日市場価格の1.5倍と定められており、スポット市場を通じて需給調整を行わなかった BRPs に対するペナルティとしての役割を果たしている（Federal Ministry、2015）。

2.4 デンマーク

2.4.1 デンマークの電力市場の仕組み

(1)市場参加者

　デンマークでは、発電事業者、需要家、電力取引事業者に分かれて BRP を形成することになっている（Energinet. DK、2016）。発電事業者の BRP は17、需要家の BRP は18、取引事業者の BRP は42存在する。ドイツと同様に、BRP は、あらかじめ TSO に提出された発電量や取引量計画値（notification）と、実働時の発電量や取引量を一致させる責任を負っている。デンマークの送電事業者は国営の Energinet. DK であり、最終的な電力システム全体の需給バランスを保つ責任を負っている。

(2)前日市場（Elspot）

①前日市場価格の決定

　図2-4は、Energinet. DK（2011）に基づき、デンマークにおける電力市場の流れを示したものである。北欧諸国（ノルウェー、スウェーデン、フィンランド、デンマーク）の電力市場（ノルドプール）では、前日市場は Elspot、当日市場は Elbas と呼ばれる。送電容量は基本的に、当日市場や調整のために取り置かれることはなく、利用可能なすべての送電容量が前日市場の取引に使われる。前日市場で利用可能な送電容量は、前日10:00までに、TSO によって各送電線の接続ポイントにおける送電可能容量が設定されることとなっている[7]。

7）前日市場、当日市場では、成立した電力取引に送電容量が付随する implicit allocation 方式が採用されている。

第 2 章　柔軟な電力市場の構築

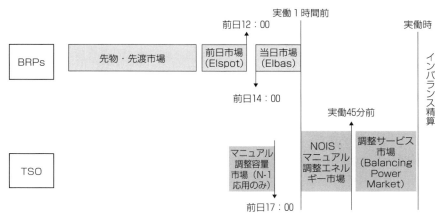

（出所）Energinet. DK（2011）を参照に筆者作成。

図 2-4　デンマークの電力市場構造

　前日市場の市場参加者は、前日8：00から12：00までの間に入札額を取引所に送信する。前日市場は12：00に閉まり、12：00から13：00の間に、翌日1時間ごとの電力価格が決定する。電力価格の決定はまず、北欧全体を一つの市場とみなして、システム価格を決めることから始まる。システム価格は、送電容量の制約を考慮せず、北欧全体の電力需要曲線と供給曲線の交点で決定される価格である。もし、送電容量に制約が生じた場合は、エリアごとの需要曲線と供給曲線の交点でエリア価格が決まる[8]。価格は12：42に公表され、14：00から15：00の間に取引の決済が行われる。

② BRP の計画値申告（Notification）と運用計画（Operational Schedule）の提出

　前日市場での取引を終えた BRP は、15：00から16：00の間に、次の日24時間分の1時間ごとの計画値（energy notification）を Energinet. DK に提出する。この計画値は、BRP のインバランスの計算を行う際のベースになる。計画値に加

---

8) デンマークの電力価格がドイツと北欧諸国すべてと同じ価格であるのは全体の20％、北欧諸国と同じだがドイツと価格が異なるのは全体の50％、デンマークとドイツの価格が同じで北欧諸国と異なるのは全体の20％、ドイツとも北欧諸国とも異なるのは10％である。

69

えて、発電や需要の BRP は、保有する設備の5分ごとの運用計画24時間分を17：00までに提出する。運用計画は、Energinet. DK が5分ごとの物理的なシステムバランスを計算し、需給インバランスを効率的に制御するために使用される。

(3)当日市場（Elbas）

前日市場終了後、Energinet. DK は当日市場で利用可能な送電容量を計算し、14：00に情報を開示する。当日市場は14：00に開き、実働の1時間前まで取引が可能である。Elbas には北欧諸国とドイツが参加しており、売り入札と買い入札がマッチした順に取引が成立していく。このように、市場全体の需要と供給の均衡点で価格が決まるのではなく、売り入札と買い入札が合致した順に取引が成立する形態はザラバ方式と呼ばれる[9]。

当日市場の取引結果を経て、BRP の計画値や運用計画は修正され、再度、Energinet. DK に提出される。

2.4.2　調整市場

北欧諸国では、マニュアル調整力を NOIS と呼ばれる共通市場で調達している[10]。マニュアル調整力とは、セカンダリ調整力を置き換え、システムバランスを復旧するために使われており、北欧エリアで最も多く利用される調整力である。マニュアル調整力の調達は、調整容量市場と調整エネルギー市場に分けられる。以下では、Energinet. DK（2017）をもとに、マニュアル調整力の調達とインバランス精算の手法についてまとめる。

(1)調整容量市場

調整容量市場は、マニュアル調整力に使う容量を事前に確保する市場である。デンマークでは N-1事故に必要とされる量のみを事前に確保しており、東デンマーク（DK1エリア）では268 MW、西デンマーク（DK2エリア）では600 MW

9）将来的には当日市場も、XBID と呼ばれるヨーロッパ共通エネルギー市場を構築することになっている。

10）プライマリやセカンダリに関しては、東デンマーク（DK1エリア）と西デンマーク（DK2エリア）で確保する調整力の種類や調達方法が異なる。

に限られる。リザーブ市場の入札は前日に開催される。参加者は前日の9：30までに1時間ごとの容量価格（DKK/MW）を入札する。入札規模は10 MW から50 MW である。Energinet. DK は入札価格の安い順に、upward と downward 調整力に分けて落札し、落札された中で最も高い入札価格が BSPs に支払われる容量価格となる（marginal pricing 方式）。Energinet. dk は10：00に落札量と1時間単位の容量価格を参加者に知らせる。この調整容量市場で調整力として落札された事業者は、当日に開催される調整エネルギー市場に必ず参加し、エネルギー価格の入札を行わなくてはならない。

(2)調整エネルギー市場（Nordic Operational Information System, NOIS）

　NOIS は、マニュアルの調整エネルギーを TSO が確保するための北欧共通市場である。ドイツとの最大の相違点は、調整エネルギーを提供する事業者は、電力システム全体の需給バランスを助けるために入札を行うように市場制度が設計されている点にある。

　表2-3には、NOIS の特徴をドイツと比較しながら示している。調整エネルギー市場は、当日市場クローズ後から実働45分前までの15分の間に、エネルギー価格（DKK/MWh）の入札が行われる。前日にマニュアル調整力として落札された事業者に加えて、調整エネルギー市場のみの入札に飛び入りで参加することも可能である。このように、TSO と調整力提供の契約を事前に結ぶことなく、調整エネルギーの入札を自由に行う方式は、reactive bidding 方式もしくは voluntary bid や free bid と呼ばれる。調整エネルギー市場にのみ入札を行った事業者に対しては、待機料は支払われない。

　調整エネルギー市場で調達されるエネルギーは、upward と downward の2種類である。Upward 調整力の最低入札価格は前日市場価格と定められている[11]。前日市場同様に、調整エネルギー入札価格の安い順に共通メリットオーダーNOIS が作られ、安い順から落札されて稼働が要請される[12]。調整エネルギーを

11）同様に、downward 調整力の最高入札価格は前日市場価格と定められている。

12）送電混雑が発生している場合は、地域別に調整エネルギーが調達されることになる。送電混雑がない場合は、北欧全体で upward か downward のどちらかが使われることになるが、送電混雑が生じている場合は、地域によって upward か downward のどちらかが調達されて使われることになる。

提供した事業者には、その時間に提供された最も高いエネルギー価格が報酬として支払われる（Marginal pricing 方式）。稼働の要請は、実働の30分前から15分前の間に TSO から行われる。TSO から調整エネルギーの提供を要請された場合、前日市場や当日市場終了後に BRPs が提出した計画値や運用計画は変化してしまう。計画値を変更しないと、調整エネルギーを提供した事業者がインバランスを発生させたと判断される可能性がある。そこで、調整エネルギーの稼働命令は、即座に追加スケジュール（supplementary schedule）に転換され、新しい計画値として反映される。

(3)調整サービス市場とインバランス料金

　BRPs の調整サービスの利用量は、BRPs から提出された計画値および調整エネルギー提供後の追加スケジュールと、実働時の発受電データを用いて計算される。

　発生したインバランスは、その時間の限界調整エネルギー価格で精算される。ドイツのように平均エネルギー価格での精算ではないので、インバランス料金はその時間の需給状況を的確に反映した料金となっている。また、前節で述べたように、upward 調整エネルギーの入札価格は前日市場価格を下回らないように（同様に downward 調整エネルギーの入札価格は前日市場価格を上回らないように）規制されているので、インバランス料金は必ず前日市場価格を上回り、前日市場と調整市場の間で裁定取引が起こらないように配慮されている。このようにインバランス料金が前日市場価格を上回ることが制度的に保障されているので、市場参加者にはできるだけインバランスを発生させないようにスポット市場で行動するインセンティブが生じる。

　インバランス料金の計算方法は、発電事業者 BRPs と、需要家や取引事業者の BRPs で異なる。需要家や取引事業者の BRPs は、single pricing 方式が使用され、発生したインバランスは、その時間に利用された調整エネルギー価格で精算される。つまり、需要量が計画値よりも少なかった場合には、発電の引き下げや需要の引き上げによる downward 調整サービスによってインバランスを埋め合わせることになるので、downward 調整エネルギー価格がインバランス料金に適用される。一方、需要量が計画値よりも多かった場合には、発電の引き上げや需要の引き下げによる upward 調整サービスを利用することになるので、upward 調整

エネルギー価格がインバランス料金に適用される。

　一方、発電事業者の BRPs に対しては、dual pricing 方式を使用してインバランス料金が計算される。dual pricing 方式とは、システム全体のインバランスと同じ方向のインバランスを発生させた BRPs に対しては、その時間に使用された調整エネルギー価格でインバランス料金を設定するが、システム全体のインバランスと逆方向のインバランスを発生させた BRPs に対しては、前日市場価格を用いて精算を行う方式である。**表 2 - 2** は、dual pricing 方式を用いたインバランス料金の計算方法を示している。

　例えば、ある発電事業者が前日市場において、価格0.3 EUR/kWh で200 kWh の電力を販売する契約を結んでいるとしよう。しかしケース 1 とケース 2 のように、実働時には計画値を超過した300 kWh の発電が行われたとする。ここでケース 1 のように、システム全体が供給過多の状況にあれば、この事業者の発生させた余剰発電はシステムインバランスをさらに悪化させる。したがって、余剰発電分の100 kWh は downward 調整エネルギー価格で TSO に買い取ってもらうことになり、この事業者の収入は70 EUR となる。一方、ケース 2 のようにシステム全体が供給不足の状況にあるときは、この事業者の余剰発電はシステムバランスの改善に寄与する。そこで、TSO は前日市場価格で余剰発電を買い取ってくれるのである。したがって、この事業者の収入は90 EUR に上昇する。このように、dual pricing 方式の下では、計画値と実績値が乖離した場合でも、その乖離がシステムインバランスと逆方向で、システム全体のバランスを助ける方向に働けば、前日市場価格で買い取ってもらえる。

　またケース 3 やケース 4 のように、実際の発電量が計画値を下回り100 kWh に留まったとしよう。この事業者は前日市場で200 kWh を販売する契約を結んでいるので、不足する100 kWh を TSO から購入して契約量を守らなければならない。ケース 3 ではシステム全体で電力が余っている状況であるので、この事業者は前日市場価格の0.3 EUR/kWh で不足電力を購入することができる。したがって、この事業者は自身が発電した100 kWh の販売収入である30 EUR を得ることができる。一方ケース 4 ではシステム全体も電力不足の状況であるから、不足電力は upward 調整エネルギー価格で購入しなければならない。したがって、この事業者の販売収入は20 EUR に減少する。

　Dual pricing 方式を用いたインバランス料金は、TSO には追加的な利益をもた

表 2 − 2　デンマークにおける発電事業者のインバランス料金計算方法

		システムインバランスの方向	
		Positive、downward 調整エネルギー価格＝0.1 EUR/kWh	Negative、upward 調整エネルギー価格＝0.4 EUR/kWh
BRPs の インバランス スの方向	Positive、 余剰発電を TSO が買 い取る。	■ケース 1 ・システムインバランスを悪化 ・計画値は0.3 EUR/kWh で販売 ・余剰発電は0.1 EUR/kWh で販売 ・0.3×200＋0.1×100＝70 EUR	■ケース 2 ・システムインバランスを改善 ・計画値も余剰発電も0.3 EUR/kWh で販売 ・0.3×200＋0.3×100＝90 EUR
	Negative、 発電不足を TSO から 購入。	■ケース 3 ・システムインバランスを改善 ・実発電量は0.3 EUR/kWh で販売 ・不足発電は0.3 EUR/kWh で購入 ・0.3×200−0.3×100＝30 EUR	■ケース 4 ・システムインバランスを悪化 ・実発電量は0.3 EUR/kWh で販売 ・不足発電は0.4 EUR/kWh で購入 ・0.3×200−0.4×100＝20 EUR

＊前日市場価格＝0.3 EUR/kWh を想定。

（出所）Energinet. DK 提供資料をもとに筆者作成。

らす。例えばケース 2 とケース 4 のように、電力システムの中でポジティブとネガティブのインバランスを発生させている事業者がいる時、TSO はポジティブのインバランスを0.3 EUR/kWh で買って、ネガティブのインバランスを発生させた事業者に0.4 EUR/kWh で売ることになる。このようなインバランスの売買を通じて物理的なインバランスを相殺しながら、差分の0.1 EUR/kWh を収入として得ることができる。Energinet. DK はこのように得た利益をリザーブの待機料金支払いに使用し、送電料金の軽減を図っている[13]。

---

13) Chaves-Avila et.al（2014）は、このような利点がある一方で、dual pricing 方式は短期的にポジションを変化させにくい小規模事業者には不利な制度であることを指摘している。

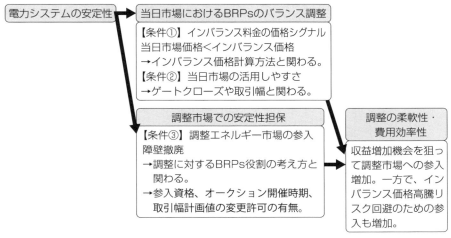

(出所) 筆者作成。

図2-5　電力システムの要件と電力市場制度要素の関係

2.5　ドイツとデンマークの調整市場制度の比較

2.5.1　電力システムの要件と電力市場制度の関係

　安定性や柔軟性や費用効率性を兼ね備えた電力システムを形成するにあたっては、電力市場制度の構成要素がどのように相互に影響しあうのかを総合的に理解する必要がある。図2-5は、安定性や柔軟性や費用効率性といった電力システムに求められる要件が、電力市場のどのような制度要素によって影響を受けるかを考察したものである。

　電力システムの安定を図るためには、前日市場や当日市場での取引を活性化し、できるだけ各BRPsのインバランスを抑制するとともに、調整市場で最終的なシステム全体の安定性を担保できる制度を設計する必要がある。

　まず、BRPsが前日市場や当日市場を積極的に活用して、自身の計画値と実働値のバランスを取ろうとするインセンティブを付与するためには、2つの条件が重要である。第1に、インバランス料金がBRPsの計画値を責任をもって履行さ

せるための価格シグナルとして働いている必要がある（図2-5条件①）。BRPs
がインバランスを発生させたときに支払うインバランス料金が安ければ、前日市
場や当日市場を活用してできるだけ計画値と実働値のバランスを取ろうとするイ
ンセンティブはなくなる。また、前日市場で電力を売る契約をしながら実際には
発電せず、TSOの調整サービスから安く電力を買って儲けようとするような裁
定取引の機会が生じてしまう。インバランス料金がリアルタイムの需給ひっ迫状
況を正確に反映すれば、このようなスポット市場価格とインバランス料金の逆転
現象は生じない。しかし、インバランス料金の計算方法によっては、ドイツのよ
うにインバランス価格がリアルタイムの状況を反映しない。

　また当日市場の活用のしやすさもインバランスの発生を抑制する重要な条件で
ある（図2-5条件②）。特にリアルタイムに近づくほど予測精度の上がる変動電
源にとっては、当日市場のゲートクローズが実働に近ければ近いほど調整がしや
すい。また短期間で発電量が変化しやすいため、取引幅が短い間隔で設定される
ことも、インバランスを発生させないために重要である。

　次に、調整市場で最終的なシステム全体の安定を効率的に達成するためには、
さまざまな技術を持った事業者が分け隔てなく調整エネルギー市場に参加できる
ことが必要である（図2-5条件③）。多くの参加者を呼び込むためには、BSPs
の技術に関わらず自由に調整エネルギー市場に入札できることが法的に認められ
ている必要がある（Hirth and Ziegenhagen, 2015）。そのうえで、変動電源も含
めて調整エネルギー市場に参加しやすい制度を設計する必要がある。調整エネル
ギー市場はBSPsにとって収益増加の機会や、リスク回避の保険として働くので、
法的、制度的な障害がなければ多くのBSPsが入札を行うはずである。

　ここで改めて、調整エネルギー市場へのBSPsの入札インセンティブがどのよ
うに形成されているかを確認しておきたい。**図2-6**に示されるように、前日市
場で契約を結んでいる発電事業者は、前日市場の市場均衡価格と自身の限界発電
コストの差分を利益として受け取ることができる。例えば、限界発電費用の高い
火力発電技術は、システム全体が供給力不足でupward調整力が必要とされると
きに調整エネルギーを売って、収益の機会を増やすことができる（図2-6右）。

　また発電量を上げるだけではなく下げることによって収益を上げることもでき
る（図2-6左）。例えば当日市場のクローズ後、電力システム全体では最終的に
downwardの調整力が必要となる状況を想定しよう。Downward調整力の価格

第2章　柔軟な電力市場の構築

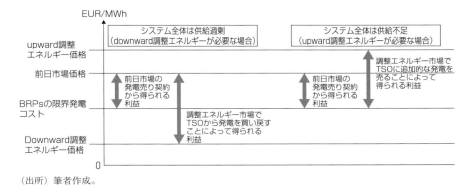

(出所)　筆者作成.

図2-6　スポット市場価格と調整エネルギー市場における市場参加者の行動

がプラスであれば、downward 調整力を提供する事業者は、TSO にお金を払って発電を引き下げること（発電量の買戻し）を意味する。前日市場で電力を販売する契約をしていた事業者が、downward 調整力を提供し TSO から発電量の買戻しを行った場合、前日市場価格と downward 調整エネルギー価格の差が事業者の収益となる。つまり、downward 調整力価格が自身の発電コストよりも安ければ、事業者は TSO にお金を支払って発電を引き下げるインセンティブが生じる。したがって、火力など燃料費のかかる電源は、downward 調整力をプラス価格で入札することが可能であり、調整エネルギー市場への入札を行うことで、当日市場以上の収益を得る選択肢を増やすことができる。Downward 調整力の価格が安ければ安いほど利幅が増えるが、あまり安い価格で入札すると調整エネルギーとして落札されない可能性が高くなるので、結果的に発電事業者は自身の発電コストよりも少し安い価格で調整エネルギー市場に入札をすることになる。

　風力発電など、可変費用がゼロである事業者は、downward 調整力にプラス価格で入札することはできず、マイナス価格での入札になる。downward 調整力価格がマイナスであるということは、TSO が事業者にお金を支払って発電を引き下げてもらう状況を意味し、このような状況はめったに生じない。しかし、風力発電事業者はマイナス価格でも downward 調整力に入札しておく意味はある。例えば、非常に風況がよく、計画値よりも風力の発電量が増えている状況を想定しよう。大量の downward 調整力が必要となれば、downward 調整力の価格は

77

ネガティブになる。このとき、風力発電事業者が調整エネルギー市場で入札をしておけば、風力発電事業者は発電を止めて downward 調整力を提供することによって、前日市場価格で発電を売るよりも大きな利益を得ることができる。すなわち、再生可能エネルギーも、市場価格シグナルを受けた事業者の判断によって自主的な発電量の引き下げが行われ、電力市場価格がネガティブにもかかわらず再生可能エネルギー事業者が発電を続けるような事態は生じない。このように発電事業者が価格シグナルに基づいた行動を行う結果、電力システムの安定性がおのずと担保される。

また、再エネ事業者を含めて、BRPs が調整エネルギー市場に入札しておくことは、他の事業者の投機的な入札によるインバランス料金の高騰を抑制する保険としての働きも持っている。例えば風況が予想よりもよくなり、大量に downward 調整力が必要でネガティブの調整エネルギー価格が付くような状況を想定しよう。ここで風力事業者 A が投機的に非常に高い価格で downward 調整力の入札をして落札されると、インバランス料金は高騰する。しかし風力発電事業者 B がゼロに近いネガティブプライスで downward 調整力の入札をして、発電事業者 B の入札価格が downward 調整力の価格となれば、もし自身が実働時に予測外のインバランスを発生させることになっても、インバランス料金が高騰するリスクを回避することができる。

このように理論的には、調整エネルギー市場は、市場参加者の収益増加の選択肢を増やすとともに、投機的な行動によるインバランス料金高騰リスクを抑制する保険としての機能を果たしている。したがって法的、制度的障害がなければ、多くの市場参加者が自ずと入札に参加し、結果的に、費用効率的かつ柔軟に電力システムのバランスを取ることが可能になる。

では実際に、ドイツやデンマークの調整市場制度は、電力システムの安定性、効率性、柔軟性にどのような影響をもたらしていると評価できるであろうか?

2.5.2　ドイツとデンマークの調整市場制度の比較

表 2-3 は、ドイツとデンマークのマニュアル調整力市場制度を比較し、主要相違点をまとめたものである。

まずドイツとデンマークでは、BRPs のシステムバランスに果たす役割が大きく異なる。ドイツでは BRPs がシステムインバランスの解消に柔軟に寄与するこ

第2章　柔軟な電力市場の構築

表2-3　マニュアル調整力市場制度に関するドイツとデンマークの違い

		ドイツ	デンマーク
①市場参加者の調整に対する役割		BRPs：計画値を守る TSO：システムバランス	BRPs：システムバランス にも寄与
②当日市場	商品幅	15分幅	15分幅
	ゲートクローズ	実働30分前	実働1時間前
③調整容量市場	確保のタイミング	前日市場前	原則確保しない
④調整エネルギー市場	入札時期	前日市場前	当日市場後
	商品幅	4時間幅	15分幅
	価格付け方式	Pay-as-bid	Marginal pricing
	調整エネルギー稼働による計画値変更	想定されていない。	追加スケジュールとして、計画値変更。
⑤調整サービス市場	インバランス価格計算方式	Single Pricing方式 平均調整エネルギー価格	Dual pricing方式 限界調整エネルギー価格
評価	安定性	○：調整力事前確保、インバランスを発生させないインセンティブ	△：調整力が事前に確保しないが、調整力を提供するインセンティブは高い。
	柔軟性 費用効率性	×：入札時期や商品幅→調整市場の競争を限定。pay-as-bid方式→最も安い技術が選択されるか不透明。	○：入札時期や商品幅→多様な電源から調整力を確保。

（出所）筆者作成。

とを認めていないが、デンマークは、BRPsが市場を通してシステムバランスの維持に対しても寄与することを期待している。このようなバランシングに対する考え方は、市場設計に大きな相違をもたらしている。

　デンマークでは、BRPsが価格シグナルに応じて、システムバランスの維持にも寄与できるように市場が設計されている。BRPsは当日市場のクローズ後に調整エネルギー市場にも入札をすることができ、当日市場のクローズ後に提出されたBRPsの計画値は、調整エネルギーを提供した場合にTSOがきちんと記録して変更するようなシステムになっている。このような制度設計によって、再エネも含めたBRPsが市場価格に応じながら自主的に発電の引き上げや引き下げを行うインセンティブが付与されており、システム全体の安定性が市場を通じて保たれると考えられているので、TSOは非常用のリザーブを除いて事前に調整力を

79

確保することはない。実際、デンマークにおいては、TSO が強制的に変動電源をシャットダウンするような事態は生じていない。

　一方ドイツでは、TSO が事前に調整力をきちんと確保して、システムバランスに保とうとする考え方が強い。そのため調整容量市場や調整エネルギー市場は、前日市場よりも前に開催されている。また調整力を提供するためには、定められた資格要件を満たしていなければならず、そもそも再エネは調整力として市場に参加する資格を与えられていない。このような方式は、柔軟性や費用効率性の点でデメリットがある。Hirth and Ziegenhagen（2015）は、事前に確保するリザーブの容量を決めて入札が行われるので、必要以上の調整力を確保している可能性があることを指摘している。また、表 2 - 3 に示したように、調整力として落札されるどうかは調整容量価格のみに依存し調整エネルギー入札価格に左右されないことや、調整エネルギーの報酬が marginal pricing 方式ではなく pay-as-bid 方式で支払われることが、費用効率性を妨げていると考えられる。Pay-as-bid 方式の場合、入札者は限界発電コストにマージンを上乗せして入札するので、限界発電費用の安い順に調整力が使われるかが不確実になり、費用効率性が保証されない。さらに、調整エネルギー市場の規模や技術があらかじめ限定されることによって、調整エネルギー間の競争が狭まりエネルギー価格の高止まりの問題も生じる。加えて、調整エネルギーの商品幅が 4 時間幅にしか区分されていないことも、調整市場への参加者を制度的に限定することにつながる。つまりドイツの場合、前日市場の開く前に調整力を提供できると判断でき、かつ、長い時間調整エネルギーを提供し続けることのできる事業者のみが調整市場に参加することができる制度設計となっているため、調整市場で柔軟かつ効率的に電力システムの安定性を担保することが難しい。

　ただしドイツでは、TSO による需給調整を減らし、できるだけ当日市場を使って市場参加者が調整を行う仕組みづくりに重点を置きつつある。Just（2015）によれば、実際にドイツでは、システムインバランスを解消するための調整市場の利用が減少し、当日市場の利用が増加している。このような変化は、当日市場制度の改革に起因する。当日市場取引は、2011年 9 月以降45分前から30分前までに変更されているほか、2014年12月からは15分幅で取引が可能になっている[14]。また、2.3.3節で述べたように2012年12月にインバランス料金の改定が行われ、インバランス料金に対して罰則的要素が加えられたことも、当日市場の利用を促

80

第2章　柔軟な電力市場の構築

す要因となっている。

　システムの安定性を効率的に担保するために、調整市場をきちんと規制しながら当日市場の利用を促すドイツ方式がよいのか、調整市場も自由度を持たせるデンマーク方式がよいかについては、さらなる市場データを用いた評価が必要である。ただし、需給の調整が市場に任されているデンマークでは、TSO が強制的に変動電源をシャットダウンするような事態は生じていない[15]。したがって、デンマークの調整市場は、市場参加者の収益を上げる選択肢を与える制度設計を行うことによって市場参加者の入札を呼び込み、再生可能エネルギーを含む全ての市場参加者が市場メカニズムの中で柔軟に発電量の調整を行うことで電力システムの安定性がおのずと担保されていると判断できる。

2.6　結論

　電力システムの安定性を費用効率的かつ柔軟に担保するためには、電力市場が需給状況を的確に反映した価格シグナルを出し、この価格シグナルに応じて市場参加者が発電や需要の引き上げ引き下げの意思決定を行うことのできる制度を作ることや、すべての電源が、全く区別されることなく市場で競争できる環境を作ることが必要である。このような共通認識はあるものの、欧州各国の電力市場制度をみると、さまざまな制度上の相違点がみられる。したがって、電力市場制度の相違点が、各国のどのような考え方の相違から生じるのか、また、再エネの拡大を可能にする柔軟な電力システムを確立するうえでどのような新しい市場制度が必要なのかを、欧州の先行事例から総合的に判断することが重要である。

　そこで本稿では、変動電源の拡大で先行するドイツとデンマークを取り上げ、各国の安定性や柔軟性確保に対する考え方や制度の組み合わせ方を総合的に検討し、どのような電力市場制度が、安定性と柔軟性を同時に確保していくうえで優

14）2014年から進む電力市場制度改革ではさらに、15分前まで当日市場で取引できるように改革を進めようとしている。

15）もちろん、2.4.1（2）で述べたように、デンマークの前日市場は、送電の混雑が生じる場合はエリア間で値差が生じるシステムになっているが、ドイツは、送電混雑を反映しない全国単一価格になっているため、TSO による事後的な、発電のシャットダウンや置き換えが頻発しているという違いもある。

81

れた制度であるかについて比較評価を行った。比較評価の結果、特にドイツとデンマークでは市場参加者に求められる役割に対する考え方の違いに起因して、デンマークの方がより市場を活用しながら電力システムの安定性を柔軟に担保する制度設計が行われていることが明らかとなった。特にデンマークの調整市場は、再エネを調整力としても活用する仕組みを備えており、再エネの変動や需給調整はTSOではなく、市場を通じて自主的に行われうると確信されていることが、変動電源の拡大を後押ししているといえよう。つまり、再エネは「変動するので誰かがきちんと調整をしなければならない」といった一種の迷惑電源の考え方がないことが、再エネ拡大のハードルを下げている。

　わが国でも、再生可能エネルギーの普及拡大と、電力自由化を同時進行で推し進める中で、安定供給・コスト効率性・柔軟性をいかに同時に担保するかが課題になる。すでに九州地方で太陽光発電のシャットダウンが要請されていることを考慮すると、再エネを調整力としても活用しうる調整市場を構築し、再エネが電力システムの安定性に負の影響を与えるものではないと社会の認識を高めることも、さらに変動電源の拡大を進める上で必要不可欠であると考える。

参考文献

東愛子（2015）「ドイツにおけるキャパシティー・メカニズムの制度設計—Strategic Reserve と Capacity Market を中心に—」諸富徹編著『電力システム改革と再生可能エネルギー』第4章、113-133頁。

後藤美香・古澤健・服部徹（2014）「欧州における容量メカニズムの動向と課題—イギリス、フランス、ドイツの事例を中心に」電力中央研究所調査報告 Y13013。

古澤健・岡田健司・後藤美香（2014）「ドイツ・イギリスの需給調整メカニズムの動向と課題—需給調整能力の確保と費用決済—」電力中央研究所調査報告 Y13018。

八田達夫（2012）『電力システム改革をどう進めるか』日本経済新聞社。

八田達夫・三木陽介（2013）「電力自由化に関わる市場設計の国際比較研究〜欧州における電力の最終需給調整を中心として〜」RIETI Discussion Paper Series 13-J-075。

Chaves-Ávila J. P., Hakvoort, R. A., Ramos, A.（2014）"The impact of European balancing rules on wind power economics and on short-term bidding strategies," *Energy Policy*, vol.68, pp.383-393.

Energinet.DK（2011）"Regulation C3 Handling of notifications and schedules," https://en.energinet.dk/-/media/AB3438A178F445489E32EA330C7470A2.pdf.

第 2 章　柔軟な電力市場の構築

Energinet.DK（2012）"Ancillary services to be delivered in Denmark Tender conditions," http://pierrepinson.com/31761/Literature/Energinet-ancillaryservicesindenmark.pdf.

Energinet.DK（2016）"Terms of balance responsibility," https://en.energinet.dk/-/media/1A6F1C8A27C646DA86B5F84675213B9D.pdf.

Energinet.DK（2017）"Regulation C2 The balancing market and balance settlement," https://en.energinet.dk/-/media/Energinet/El-RGD/El-CSI/Dokumenter/ENGELSKE-DOKUMENTER/Markedsforskrifter_EN/Regulation-C2-The-balancing-market-and-balance-settlement.pdf.

Federal Ministry for Economic Affairs and Energy（BMWi）（2015）"An Electricity Market for Germany's Energy Transition," https: //www. bmwi. de/BMWi/Redaktion/PDF/G/gruenbuch-gesamt-englisch,property = pdf,bereich = bmwi2012,sprache = de,rwb = true.pdf.

Federal Network Agency for Electricity, Gas, Telecommunication, Post and Railway （BNetzA）（2016）"Monitoring report 2015," http://www.bundesnetzagentur.de/SharedDocs/Downloads/EN/BNetzA/PressSection/ReportsPublications/2015/Monitoring_Report_2015_Korr.pdf;jsessionid=165CFFE4A6EB871C52EC718033FDF4A2?__blob=publicationFile&v=4.

Haucapy, J., Heimeshoff, U., and Jovanovicx, D.（2012）"Competition in Germany's Minute Reserve Power Market: An Economic analysis," DICE Discussion Paper Series, No.75.

Hirth, L., and Ziegenhagen, I.（2015）"Balancing power and variable renewables: Three links," *Renewable and Sustainable Energy Reviews*, vol.50, pp.1035−1051.

Müsgens, F., Ockenfels, A., Peek, M.（2014）"Economics and design of balancing power markets in Germany," *Electrical Power and Energy Systems*, vol.55, pp.392–401.

Joskow, P. L.（2008）Competitive electricity markets and investment in new generating capacity, In: Helm D（ed）*The new energy paradigm*, Oxford University Press, Oxford.

第3章　電力市場に分散型電力と柔軟性を供給するVPP（バーチャル発電所）

中山琢夫

3.1　はじめに

　VPP（Virtual Power Plant: バーチャル発電所）とは、自ら物理的な実際の発電所を所有することなく、比較的小規模分散型の発電所と契約し、これらが発電する電力をまとめて、電力卸売取引市場や需給調整市場で直接取引する主体のことをいう。VPPには様々な事業形態があり、既存の屋根上の太陽光発電パネル用の蓄電池を販売して顧客コミュニティを形成するものもあれば、事業用の太陽光発電所・風力発電所・バイオガス発電所・非常用電源などを顧客に持つものなどが見受けられる。

　ドイツにおいてVPPと呼ばれる主体が顕著に見られるようになった背景には、再生可能エネルギーの固定価格買取制度における調達価格が安くなり、グリッドパリティが言われるようになったと同時に、2012年の再生可能エネルギー法改定により、再生可能エネルギー発電による電力も、直接市場取引することが推奨されたことがある。比較的小規模な再生可能エネルギー発電所は、単体では電力卸売取引市場や需給調整市場には参画できない。そこで、それらをまとめて直接市場取引する、直接市場家とも呼ばれるVPPが必要になった。

　日本においても、2009年11月に開始された住宅用太陽光発電の余剰電力買取制度から10年間が経つ。この制度のもとでは、10年間は固定価格（48円/kWh）で電力を購入してもらうことができたが、その期間を満了することで、新たな販売方法を探ることが必要となる。これは、2019年問題と呼ばれる。このような固定価格買取制度を卒業した電源は、小売事業者と直接相対取引するか、卸売電力市場に販売しなければならないが、単体の発電所だけではこうした取り組みを行う

ことはその規模から考えると困難である。そこで、こうした電力をまとめて取引するVPPのような事業者が必要となってくる。

こうしたVPPによる新しい電力の市場参入によって、これまでとは異なった系統運用が必要とされる。伝統的に、系統運用者は、いわゆるメリットオーダーに基づいて、可能な限り最も安い費用で系統の需要に合わせるように、様々な発電所に給電指令を送っていた。このパラダイムでは、負荷は一定であると仮定され、供給は時間・日・季節ごとに継続的に追跡されるようになっていた。通常大きな原子力や石炭・褐炭火力発電によって賄われるベースロード発電は、ユニットあたりのコストが最も安かったため、年間を通した最低限の負荷をカバーするように、一定出力で運転されていた。

ベースロードとピークロードの中間のミッドレンジの発電所は、時間・日・季節毎の様々な需要に適合させるように給電指令されていた。ピーク時の発電ユニットは、夏の暑い日、暑い場所でエアコンの負荷が高くなる時や、冬の寒い時期、寒い場所で電気の暖房負荷が高くなる時のピーク需要をカバーするために、限られた期間だけ限定的に給電指令されていた。伝統的なメリットオーダーでは、安い順に原子力、水力、褐炭・石炭火力、ガス火力の順に発電ユニットが並んでいた。

これまで、多くの系統には、水力を除く再生可能エネルギー発電は接続されていなかった。水力発電は、利用可能な水の量に基づいて利用されるが、その貯水能力は、火力発電所の出力を補完するようになっていた。揚水発電は、利用可能な時には需要の変動を管理し、余剰発電量を蓄えるためにも利用されていた。

2017年末、ドイツ、デンマーク、カリフォルニア、テキサスや南オーストラリアでは、多くの時間・日において、全発電量の半分以上が再生可能エネルギーによって占められるようになってきた。こうした場所では時折、再生可能エネルギー発電量が、系統の全需要量を超えることもある。たとえばドイツでは、再生可能エネルギーの割合は継続的に上昇しており、現在では電源構成を支配的する日も多くなっている。

ドイツでは、約11GWの設備容量を有する原子力発電が2022年までに段階的に廃止され、さらに近年導入された炭素削減政策によって、7GW以上の設備容量を有する褐炭・石炭発電所が市場を離れることで、この傾向はさらに顕著になっていくと予想される。ドイツのピークロードが約80GWであることを考える

第3章　電力市場に分散型電力と柔軟性を供給するVPP（バーチャル発電所）

と、この数値は重要である。

このように、再生可能エネルギーがエネルギー市場において支配的になってくると、もはや、かつての発想に基づいたメリットオーダーによる給電指令は適応できない。変動性の太陽光や風力といった再生可能エネルギー発電は、利用できる時に利用する必要がある。もしくは出力抑制することになるが、これは、安価で二酸化炭素を排出しない電力を無駄にすることを意味している。もし、系統運用者がこのような資源を利用可能な時に利用しないならば、それは社会的に見て不経済である。

伝統的な給電指令パラダイムとのもう一つの大きな違いは、「変動性」の再生可能エネルギー資源が多いということである。流込式水力発電もこのカテゴリーに分類される。柔軟性を持った地熱、大規模貯水池式水力、バイオマス、バイオガス発電とは異なり、変動性の再生可能エネルギー資源は、給電指令が困難である。

変動性の再生可能エネルギーは、入手できる時には使えるが、入手できないときに、系統運用者が発電するように指令することはできない。このことは、将来の発電の大部分が、再生可能エネルギーに移行している国において需要と供給をバランスし、系統の安定性と信頼性を維持するための代替的なスキームが必要になってきていることを示唆している。

このチャレンジの考え方の一つの方法は、これまでと根本的に異なる運用と給電指令パラダイムを考えることである。所与の負荷によって時間毎に発電量を調整するという具合に、片方が片方を追うのを強制するのではなく、需要と供給の双方を柔軟的にすることで、双方がダンスを舞うように調整することができる。

これは、まさに電力市場とネットワークの将来を、柔軟な負荷と変動する発電の振り付けとして見る、革新的な多くの企業によって開発されたアプローチである。そのいくつかは、分散型や集中型の蓄電池である。これらは、系統の安全性と信頼性を保ちながら、変動性発電源の使用を最大限に高めるものである[1]。

このアプローチでは、しばしば価格に応答した需要を行うデマンドレスポンス（DR）や、デマンドサイドマネジメント（DSM）が用いられる。ここではバー

1）例えば、オーストラリアにおける AGL 社によって開発されている大規模 VPP プロジェクトがあげられる（Orton et al.）。

チャル発電所（VPP）が電力卸売取引市場価格に基づいて、知的に需要をシフトする。産業界では、系統から購入する電力料金を抑えるために、すでに長きにわたって電力需要を管理している。最近のVPPでは、変動性の需要と変動性の発電をバランスすることで、ほとんどの電力市場において有望視される、優れた代替案を提案している。蓄電池をそのアセットに取り入れることは、VPPにとって一つの重要な選択肢になる。

　本章では、Steiniger（2017）をもとに、ドイツのNext Kraftwerke社ビジネスモデルに注目することで、有望なアプローチの原則を描写する。同社は、過去数年間で実質的に成長したドイツにおけるデジタルユーティリティ[2]であり、VPPオペレーターである。2016年後半までに、彼らは4,000以上の発電所と需要家をアグリゲートし、その結合容量は2,700 MWである。これは、おおよそ大規模石炭火力発電所2基分に相当する。本章では、電力システムの将来における給電指令の形態について、柔軟性を持たない需要に合わせる火力発電所への給電指令を送るよりも、むしろ、柔軟な需要側の負荷制御と変動性の再生可能エネルギー発電をアグリゲートする方が効果的であることを議論する。

3.2　変動性再生可能エネルギー発電と柔軟性

　すでに上述したとおり、世界中の多くの電力市場において、現実的に変動性の再生可能エネルギーの支配力が高まってきている。それは、ドイツでは、政策誘導要因であったり、一般的に意図されるような発電源からの二酸化炭素排出削減の試みの結果である。概ね2016年のドイツでは、3分の1が再生可能エネルギー発電が占めており、その大部分は、風力と太陽光発電である。これらはともに本質的に変動性電源である。

　とりわけ、風力発電をはじめとする変動性の再生可能エネルギーの問題として、火力発電の再給電指令と再生可能エネルギーの出力抑制のための費用の増加が挙げられる。これらの措置は、系統運用者によってしばしば取り上げられる。つまり、風況のよいドイツ北部の陸上・洋上風力発電が多くの電力を発電し、それを南部の産業地域向けに送電しようとする時、系統に混雑が発生する。

　2）コンピューター等の情報通信技術を積極的に利用して電力取引を行う公益事業体。

第3章　電力市場に分散型電力と柔軟性を供給するVPP（バーチャル発電所）

　この問題は、ドイツ北部と東部の火力発電所が、ネガティブプライス[3]になったときでも完全に止められないことによって、さらに大きくなっている。このような場合、系統運用者は混雑エリアの火力発電所や再生可能エネルギー発電所にお金を払って解列する。同時に、南部の火力発電所にお金を払って発電量を増加させる。

　この現象は、最近数年間でドイツ国内における共通の認識と捉えられてきており、今後さらに悪化することが予想される。例えば、ドイツの4つの高圧系統運用者（TSO）は、2014年に330日の再給電指令を実施しており、その費用は1億8700万ユーロにおよぶ。2013年は232日の再給電指令を実施しており、その費用は1億3200万ユーロである（BNetzA, 2015）

　一方、再生可能エネルギー発電所の出力抑制や解列に伴う保証コストは、2013年には4370万ユーロだったのに対し、2014年には8270万ユーロに上昇している。このコストの増加には注目しなければならない。

　もちろん、ドイツだけがこのチャレンジに直面しているわけではない。例えば、カリフォルニアやニューヨークでは、2030年までに再生可能エネルギー50％目標を掲げている。ハワイでは、2045年までに100％再生可能エネルギー目標の達成に向けて努力している。

　南オーストラリアやデンマーク、テキサスでは、風況のよい期間には送電線が再生可能エネルギーによって日常的に圧倒されている。ノルウェーやアイスランドを含むいくつかの国は、仮想的に100％再生可能エネルギーである。これらの多くは、必ずしも系統に負荷をかけない水力発電である。なぜならば、発電のための水は必要に応じて貯水池に貯めておけるからである。

　変動性電源の割合が高いということは、必ずしも系統の信頼性を低くするということはない。ドイツやデンマークは、ともに大きく成長した再生可能エネルギー供給国であるが、決してそのようなことはない。

　2013年、デンマークの年間平均停電時間は12分、ドイツは15分であった。2014年は12分を少し超えていた。対照的に、原子力が支配的なフランスでは、2013年の停電時間は68分である。アメリカやその他の多くの国における年間平均停電時間は、1時間を超えている（Steiniger, 2017）。

　3）負の価格。具体的には、電力卸売スポット市場価格がマイナス価格になる状況を指す。

89

ネットワークにおいて、もっとも顕著に変動性再生可能エネルギーによってもたらされるインパクトは、以下2点である。

第1に、卸売取引市場の全体価格を引き下げる。なぜならば、風力や太陽光、流込み式水力発電は、限界費用がほぼゼロなので、火力発電を置き換える。また、通常火力発電容量は、再生可能エネルギー発電容量の新設よりも遅い速度で停止されるため、市場における過剰容量をもたらす。

第2に、変動性の再生可能エネルギー発電は、卸売取引市場価格の変動をもたらす。なぜならば、風力発電や太陽光発電の大きな出力変動は、全体の市場価格のスプレッド（価格差）にインパクトを与えるからである。

3.2.1　変動性再生可能エネルギーの問題

第1のインパクトについては、再生可能エネルギー発電量が増加しているドイツの電力卸売取引市場において容易に観察される。近年、卸売価格が下落しており、従来型電源を多く持つドイツの4大電力会社に大きな影響を与えている。

再生可能エネルギー発電の増加は、全体の卸売市場価格に影響を与えるだけでなく、発電所のメリットオーダー曲線にも変化を与える。太陽光と風力発電は、限界費用がゼロである。これらは、限界費用がより高価なベースロード発電所を置換する。ベースロード発電所には、原子力、褐炭・石炭火力、ガス火力が含まれる。

このことは、火力発電所に給電指令がいく頻度が低くなり、稼働時間が少なくなることを示している。多くの火力発電所は、出力をゼロまで下げることができないため、最低負荷運転がしばしば起こる。その結果、さらに価格が落ち込む。給電指令を受けた時としても、平均的に低い価格を受け取ることになる。これが、ドイツにおける火力発電所が近年難しい状況にある原因である。

この傾向はさらに悪化している。McKinsey（2014）では、ヨーロッパにおける230 GW の化石燃料発電容量は、2020年までに収益を生まなくなると見積もっている。火力発電の大幅な過剰容量によって、市場価格は投資回収の不足の状況を十分に反映できない。そこで、フレキシブルなピークロード資産の価値がとても低くなり、分散型の環境親和型の柔軟性への投資インセンティブが低くなっているという。

多くの原子力発電所や石炭・褐炭発電容量は、直接的、間接的補助金によって、

第3章 電力市場に分散型電力と柔軟性を供給する VPP（バーチャル発電所）

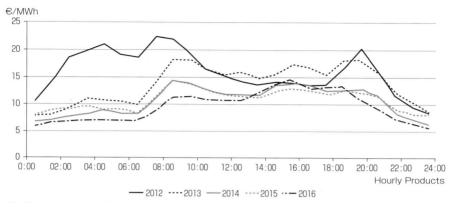

（出所）Steiniger (2017) p.342, European Power Exchange (EPEX SPOT 2016) を基に Next Kraftwerke 社作成。

図3-1 EPEX SPOT における前日市場の価格変動（標準偏差）

未だ市場に留まっている。これは、2050年までにエネルギー部門を脱炭素化するというEUの目標と矛盾する、逆説的な結果となっている（EC, 2012）。EUの目標を達成するためには、数十年に渡って風力と太陽光の変動性発電をバランスするための、環境親和型発電オプションへの投資が直ちに必要である。

3.2.2 電力卸売市場の価格推移

　卸売価格がより変動的になるという、第2に予測されるインパクトは、変動性の再生可能エネルギーのシェアが増加するにつれて、直感的に卸売価格の変動も高まると想定されるものである。しかしながら、ドイツの場合、少なくとも風力と太陽光発電の大部分が取引される前日市場の平均価格の変化を見る限り、そのような傾向は観察されない。むしろ、前日市場における価格変動の標準偏差は、2012年以来減少している傾向が見られる（**図3-1**）。

　この発展の理由の一つは、前日市場の流動性が明らかに高まったからであるといえる。それは、2012年に始まった再生可能エネルギーの市場プレミアムモデルの導入以来、顕著になっている。以後、再生可能エネルギー電力は、通常前日市場もしくは当日市場で取引される。ここでは、天気予報精度の向上により、実供給時間前の短期間で、予想誤差が補正される。

　結果として、少なくともドイツでは、電力スポット市場が風力や太陽光の変動

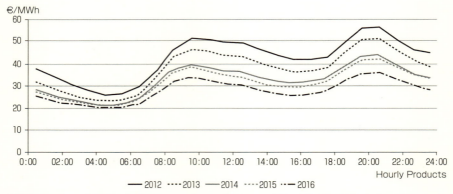

(出所) Steiniger (2017) p.3423, European Power Exchange (EPEX SPOT 2016) を基に Next Kraft-werke 社作成。

図 3-2　EPEX SPOT における前日市場の平均価格

性の性質に効率的に対処できており、必ずしも、変動性の再生可能エネルギーが価格変動を大きくしているとはいえない。一方で、再生可能エネルギーは、卸売取引市場の価格構造を大きく変えた。たとえば、太陽光発電が最も著しい日中の時間帯の価格の崩壊は、古い時代の電力業界の、ピーク、オフピークのパラダイムが、実質的に排除されたことを示している。

図 3-2 が示すように、ドイツにおいて丸一日を通しての平均的な前日価格は、5 年間で減少している。現在のピークは、通常、朝と夕方の時間に発生し、日中の価格は深夜の価格に近くなっている。同様のケースとして、カリフォルニアにおける、ダックカーブの現象がよく知られている。

これは、屋根上の太陽光発電の増加によって日中の電力需要が減少し、一方で夕刻の急激な電力需要の増加によって、アヒルが右側を向いているような形状の需要曲線を描くことを示している。需要量に応じて電力スポット市場価格も同様の形状になる。

カリフォルニアのダックカーブの現象は、現在では日常的に世界中で経験されている。例えば、日射量の多いオーストラリアや、風の強いテキサス、デンマークなどが含まれる。こうした地域では、太陽光発電や風力発電が過剰になる期間において、しばしばネガティブプライスが発生している。

以上、これらの 2 つのインパクト、つまり卸売取引価格の急落と、ピーク、オ

第 3 章 電力市場に分散型電力と柔軟性を供給する VPP（バーチャル発電所）

フピークの変化によるネットの影響をまとめると、以下 2 点になる。第 1 に、火力発電、とりわけ柔軟性のない運用特性を持つものは、収益性が低くなる。そして、第 2 に、需要と供給のバランスを常時維持するという課題は、新しい思考、新しいツール、そして新しいアプローチを必要とするため、これまでよりも複雑となり、系統運用者の仕事をよりチャレンジングにする。

　次節では、まず、ドイツのように変動性の再生可能エネルギーが系統上に増えていく状況で、変動性発電と変動性の需要をどのようにバランスさせるのか、というソリューションを提案することで、第 2 の効果を検討する。

3.3　VPP とアグリゲーターの役割

　これまで議論してきたように、変動性発電が圧倒し始めている市場において、系統運用者の伝統的なツールボックスやソリューションによってこれまで日常的に用いられてきたビジネスが、持続可能で実用的かつ費用効率的ではなくなってきているように明らかに示されている。

　太陽光発電や風力発電の変動によって引き起こされる大きな問題は、火力発電がほとんど毎日のように、最低限の動作レベルまで出力を下げなければならず、一方で、夕方のピーク需要に合わせるために、午後の遅い時間に全開で発電を再開しなければならないことである。

　カリフォルニアにおけるダックカーブの場合、その上昇と下降の出力変動量は 13-14 GW に達し、これを 3 時間の間に実行されなければならない。そのことは、火力発電所の設備に多くの摩擦や断裂をもたらすだけでなく、大変非効率で費用が高く、また大気汚染をもたらす。

　カリフォルニアやドイツが直面している、いわゆる最低負荷（minimum load）問題のような問題に加え、涼しくて晴れた日中や風の強い夜間には、系統運用者が単純に火力発電所を止めてしまう、という状況をもたらしている（EEnergy Informer, 2016）。

　多くの火力発電所は、様々な理由から、合理的な制限を超えて出力を落とすことができないため、必要のない日中でも、最低負荷で運転しなければならない。この問題は、カリフォルニアやドイツをはじめとする地域において、時間とともに深刻になってきている。

そのために、専門家は、系統運用者の伝統的なツールボックスを超えて、変動性発電と負荷をバランスする、実用的かつ費用効率的で、大気汚染をもたらさない代替案を模索しているのである。

明確な解決策は、以下 3 点である。第 1 に、可能な限り変動性の発電をより適切に管理すること、第 2 に、変動性の再生可能エネルギーと同時に柔軟な再生可能エネルギー発電を育てること、そして第 3 に、需要側において、より柔軟的に価格応答性を高めることである。

3.3.1 変動性電源の管理

Next Kraftwerke 社は、ドイツのデジタルユーティリティであり、これらの解決策をすべて実践しようとしている革新的な会社である。そして、系統運用者、柔軟性をもった需要家、出力を調整できる発電事業者にとって、Win-Win-Win の方法を提供している。

この会社の基本的なビジネスモデルは、VPP 内において、喜んで価格シグナルに対応することができる多くの参加者を集約することによって、柔軟性をもった発電と負荷のポートフォリオを形成している。

同社は、発電事業者、需要家、卸売取引市場、そして系統運用者に対し、Next Box と呼ばれる遠隔管理ユニットを使用することによって、収益性の高いビジネスを開発した。このビジネスモデルは、リアルタイムで当事者間が相互に取引することを可能にする。2016年後半までに、4,000の発電所と需要家を結んでおり、その結合容量は2,700 MW を超えている。

Next Box は、当時者間を高度に自動化された Machine to Machine（M to M）通信で結びつける。これによって、需要と供給が価格シグナルに対応できるようになる。

とくに、アンシラリーサービス[4]やコンロトールリザーブ[5]の供給に大きく関連している。欧州では、49.8ヘルツから50.2ヘルツの間で系統を安定させるように、送電事業者（TSO）によって調整力が入札される。一般的に、発電事業者

4）周波数制御や瞬動予備力などによって電力の品質を維持するために行う補助的な運用サービス。

5）TSO によって募集される需給調整力。

第3章 電力市場に分散型電力と柔軟性を供給するVPP（バーチャル発電所）

と需要家は、正と負の容量を入札することができる。入札で選ばれた時には、その容量は他の場所で販売してはならず、TSOは系統にインバランスが生じた時に、給電・出力抑制の指令をすることができる。

電力市場が、少数の大規模火力発電によって支配されていた時代には、このバランシング機能の役割は些細なものであった。何百万もの分散型発電所がある今日のシステムでは、はるかに多くの変動性の電源が含まれており、複雑な最適化問題への解が必要とされている。

この問題を解決するために、Next Boxは、VPP内の各分散型発電所と需要家の運用データを収集する。たとえば、入手可能性、最近の容量レベル、そして柔軟な容量に関するデータである。これらのデータは暗号化され、Next Kraft-werke社の制御システムに送られる。ここで復号化され、処理される。

この制御システムは、すべてのNext Boxから送信されたデータを検証することで、プール内で使用可能なMW数を把握している。気象データや価格シグナルとともに、Next Boxからの検証データは、各発電所の最適な出力を決定する、最適化スキームにフィードバックされる。その後、この制御システムは各Next Boxに信号を送り返し、それに応じて分散型ユニットは出力を適合させる。

3.3.2 変動性電源と柔軟性電源

Next Karaftwerke社は、フレキシブルなポートフォリオによって構成されており、その価値は顧客の多様性にある。このポートフォリオには、バイオマス、バイオガス、といった柔軟な発電事業者や、柔軟に負荷を変動することができる大規模需要家（DSM顧客）が含まれている。同時に、変動性の太陽光や風力発電を集約し、発電量を予測し、電力取引所で販売する。市場の状況が義務づけるならば、出力を抑制する。

これまで、同社は電力取引、ユーティリティや変動性発電所のバランシングサービス、大口産業需要家向けの柔軟な電力の供給を含むサービスの提供を拡大してきた。同社のビジネスモデルの背景にある基本的なアイデアは単純である。つまり、電力が足りないときに発電し、豊富なときには消費する、ということである。

欧州では、電力システムにおける太陽光や風力発電のシェアの増加によって、電力の過不足が決まる状況になっている。天気予報が、価格変動予測にとって、

非常に重要な要素となっていることを示している。

　同社では、自身で解析した天気予報に基づいて、実供給の1日前にVPP内での発電事業者と需要家のための時間毎のスケジュールを提案する。その後、欧州の電力取引所の前日市場で、時間毎に対応する電力量を取引する。予測エラーや予期しない発電量低下によるフィードイン予測からの偏差は、風力や太陽光発電の変化量とともに、その日の当日市場において15分ごとに市場取引される。

　前日市場と当日市場の価格シグナルは、その順番に、柔軟な発電所と需要家に、15分ごとに最適な価格によって、発電と電力消費する時間をシフトさせるインセンティブを与える。発電事業者に対しては電力が不足し価格が高い時に、需要家に対しては供給過剰となり価格が低い時間帯にシフトするようになる。

　同社が、様々な参加者間の相互作用の微妙な違いを、どのように管理しているかについては実に複雑であるが、基本は単純である。需要と価格が高いときには、CHPプラントやバイオマス、といった柔軟な発電事業者は、できるだけ多く発電することが推奨される。柔軟性をもった需要家は、逆のことが推奨される。つまり、最低限まで消費を減らす。

　一方で、価格と需要が低い時には、逆のインセンティブが働く。つまり、柔軟な発電事業者は、実現可能な限り発電量を減らすことが推奨される。柔軟な需要家には、実用的にできるだけ電力消費を増やすことが推奨される。

　これは、同社が提供している価格シグナルに顧客が対応できるように、M to Mコミュニケーションをとおして自動的に実施される。同社は、卸売市場における需要と供給の状況を常にモニタリングしており、価格やその他の重要な変数も、同時にリアルタイムで予測している。

3.3.3　よりフレキシブルな柔軟性と価格対応

　多くの需要家は、電気を使用する時間帯に、十分な柔軟性をもっている。とりわけ揚水（ポンピング）[6]や加熱、溶融、粉砕、処理・加工などのプロセスを伴う顧客である。これらの顧客は、電力を多く消費する時間帯を調整することで、操業に影響を与えることなく、電力価格が低い時間帯にシフトすることができる。これが、需要家側で具体的に募集している顧客のタイプである。

6）ポンプによる水のくみ上げ。

第3章　電力市場に分散型電力と柔軟性を供給するVPP（バーチャル発電所）

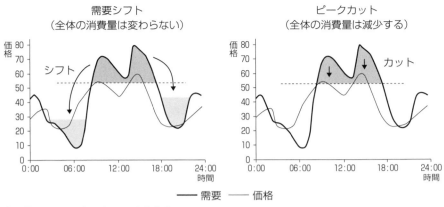

(出所) Steiniger (2017) p.351より作成。

図3-3　DSMの原則（需要シフトとピークカット）

　これらの顧客は、時間の経過とともに、価格シグナルにうまく対応する方法を自ら学ぶ。彼ら自身、次第に管理がうまくなり、多くの電力を節約すると同時に不便さを少なくしてゆく。

　同社にとってのDSMとは、その伝統的なアプローチのように、高価格時間の需要ピークを削減するだけでなく、継続的な最適化プロセスによって需要を高価格帯から低価格帯にシフトさせることを意味する。その結果、顧客は電気の総使用量を削減することは滅多にないが、電気を使用する時間については活発かつダイナミックに最適化させる（図3-3）。

　例として、同社の顧客の一つとして、ドイツの低地沿岸地域における、沿岸管理協会があげられる。ここでは、堤防の水位を維持するために揚水の大きな電力需要がある。彼らは、雨水を海にくみ上げて、水位を維持している限り、絶えずポンプを動かす必要はない。これは、貴重な柔軟性を示している。

　この最適化スキームでは、同社は、洪水を避けるため水位を一定の限度内に維持する必要があるなど、事前に決められた一連の制限を踏まえた上で、最も電力価格の安い15分間を、毎日決めていく。顧客が、安い電気を利用するために、ポンプ稼働時間スケジュールを変更することに同意すれば、水量の管理に悪影響を及ぼすことなくポンプの負荷時間が調整され、その結果、電力料金が削減される。

　この商品は、Best of 96と呼ばれている。一日は、96個の15分で構成され、同

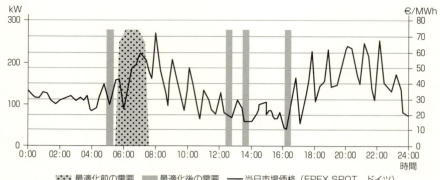

（出所）Steiniger（2017）p.352より作成。

図3-4　価格変動と需要管理

社が、需要家にとって最も安い15分類を選び出すからである。**図3-4**は、顧客が低価格を利用して、電力消費時間帯をスケジュールするためのスキームを示している。この例では、最適化前では、午前5時30分から午前7時30分まで2時間ポンプが稼働していた。しかしながら、同社による最適化分析では、午前5時から30分間、午後0時30分から30分間、午後1時30分から30分間、午後4時から30分間ポンプを稼働することが提案された。このプロセスによって、この顧客は2015年に電力料金を30%節約することができた。

　ポンピングによる電力負荷については、ほとんどの場合、同じ原理を適用することができる。こうした顧客は、通常、大量の電力を消費する大型工場用ポンプを使用している。電力使用料は最低ラインまで削減したとしても、通常の操業には影響を与えることはない。これは、分かり易いスキームであるが、電力が消費される時間が正確には要求されない多くの産業や商業にも当てはまる。

　15分ごとの需要をシフトできる柔軟性を、さほど持っていない電力需要に対して、同社はあらかじめ1年間全体を通した価格ゾーン設定を提供している。Take Your Time と呼ばれる商品である。**図3-5**は、Take Your Time の様々なオプションによって、柔軟性がどのように向上し、Best of 96でピークに達するかを示している。

　同様の原則が、バイオマスなどの、柔軟性を持つ発電事業者にも適用される。発電側の顧客の一つは、オペレーターが柔軟性に関して設計を最適化したバイオ

第 3 章　電力市場に分散型電力と柔軟性を供給する VPP（バーチャル発電所）

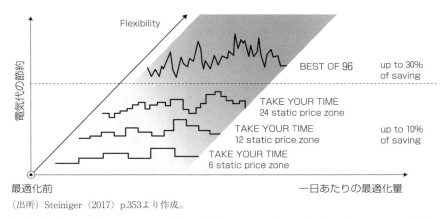

（出所）Steiniger（2017）p.353 より作成。

図 3-5　Next Kraftwerke 社の DSM 商品（柔軟性が高いほど、電気代が節約できる）

ガス発電所である。これは、近年のドイツの再生可能エネルギー法の改定によってインセンティブが与えられている。

　発電所の所有者は、TSO への柔軟性の供給にともなうプレミアムを受け取る。一方で、全開運転のためのフィードインプレミアムは、半年間分だけ受け取ることができる。結果として、プラントのオペレーターは、1 日につき、12 時間（48 ユニット×15 分）のうち、最も価格の高い時間に発電機を作動させることになる。

　図 3-6 は、同社の顧客であるバイオガス発電に対して行っている運転方法を示している。前日スポット市場価格に比べて、当日スポット市場価格は変動が大きいが、その価格が最も高い時間帯を狙って、できるだけ多く発電するように運用していることが分かる。

　もちろん、すべての需要家が電力消費プロセスを 15 分ベースで変更することができないように、すべての発電所がこのことを実施できるわけではない。いくつかのバイオガス発電所は、最小の発電と関連させながら熱供給のための契約を有しているか、あるいはバイオガス貯蔵タンクが比較的小さい。発電所の柔軟性の範囲を決定するために、プラントの運転に関わるすべてのプロセスを分析する必要がある。

　ボトルネックや制約が特定されれば、より大きなタンクや発電機の継ぎ目のない運転に投資することで、これらの問題を克服することができる。プラントのオ

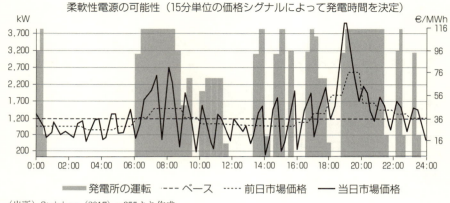

(出所) Steiniger (2017) p.355より作成。

図3-6　価格シグナルによる発電

ペレーターにとっては、これらの投資は早急に償還する必要がある。変動の大きな市場では、一般的に投資回収期間を見積もるのが難しくなる。

一方で、従来型の原子力と石炭・褐炭発電容量は、ドイツだけでも2025年までに、18GWが市場を去る。このことから、今後数年の間、しばしば価格スパイクが起こることは明らかである。なぜならば、風力や太陽光発電の設置が増えたとしても、風が吹かず、太陽も照らない時期があるからである。

このような時代になると、柔軟性を持ったランプアップできる再生可能エネルギーと、柔軟な需要家への要求が高まってくるだろう。言い換えると、同社のようなビジネスモデルは今日確固とした物になってきており、将来的により価値が高まる可能性が高い。

3.4　変動性電力の将来

現在では、電力セクターの将来は、変動性の再生可能エネルギー資源の増加から、より分散型の発電にシフトしていくと一般的に受け入れられており、おそらく、顧客レベルでのエネルギー管理や制御システムが増強される可能性が高い。それは、系統からの電力依存度を減らし、柔軟性と自立性を提供する、分散型の蓄電池のようなものである（Shioshansi ed., 2016）。

第3章　電力市場に分散型電力と柔軟性を供給する VPP（バーチャル発電所）

そのような未来に向かってどのように進化するのかは、どこにいるのか、どの種類の規制に属しているのかによって異なってくる。現在ドイツ、ニューヨーク、カリフォルニアで起こっていることは、次の10年間のインドネシア、サウジアラビア、マリなどには適用されない可能性がある。

しかし、これらの現実は、すでにニューヨーク、カリフォルニア、オーストリアの一部の規制当局が取り組むべき優先事項の最前線にあり、中心事項である。近い将来、世界の他の地域でも、同様の問題に直面する可能性が高い。

ドイツやデンマークのような地域での再生可能エネルギーの急速な増加は、すでに系統運用者の仕事を過去よりもチャレンジングなものにしている（Probert, 2014）。VPP やその関連産業が登場したことが示唆するように、このチャレンジは、発電事業者、需要家、系統運用者によって求められる新しいサービスを提供する機会を作り出した。

問題は、このような新しいビジネスモデルが、どのように出現し、進化し、どのくらいの速さで成長するのか、ということである。同時に、発電事業者、配電事業者、その他の理解が関係者のいずれであっても、現在の電力会社がどのような役割を果たすのかも重要になってくる。

今後明らかに、分散型の発電容量と需要をアグリゲートして VPP を形成し、アンシラリーサービスを含む無数の製品やサービスを TSO に供給する会社が増えてくる。Next Kraftwerke の経験が示唆するように、このような企業は指数関数的に成長する可能性がある。さらにサービスを強化し、他の市場にも拡大する可能性もある（Steinger, 2017）。

2009年に設立された同社は、爆発的な成長を遂げているという。2013年には2400の施設から1 GW の容量をアグリゲートし、主にバイオガス、バイオマス、CHP プラントから2.5 TWh を取引している。わずか1年前、400の施設から1 TWh 取引していたのと比べると、大きな成長である。最近では、同社4,000の分散型施設を管理しており、9 TWh を取引しているという。

同社の急速な成長と商業的な成功要因は、再生可能エネルギーへの高い洞察による将来の市場で要求される2つのサービスに遡ることができる。第1に、発電された電力をアグリゲートして、EPEX-SPOT[7]をはじめとする様々な卸売市場で販売することと、第2に、発電側と需要家側の両方の柔軟な容量を、様々にバランシング市場（需給調整市場）とスポット市場で最適化することである。

101

同社の自動化された集中管理室はドイツのケルンにある。ここでは、独自の Next Box システムを使用して、市場価格、系統混雑、天気予報データに基づいて集計された発電量と負荷を調整している。発電事業者、需要家はいずれも、同社のスキームに参加することで便益を受けることができる。もっとも典型的な節約は、柔軟性と価格シグナルに、どれだけうまく対応できるかにかかっている。

　需給調整市場のために、同社は二次調整力と三次調整力に積極的である。これは実際の供給力だけでなく、入手可能性についても支払われる。最近では、ベルギーとドイツにおいて、一次調整力の供給も始めた。こうした料金は、最終的には需要家負担であるが、供給コストはインバランスを引き起こした市場参加者が支払うことになる。同社の顧客は、通常柔軟性に応じてバランシング契約の価値を共有することになる。

　同社が2009年に設立されたとき、変動性の再生可能エネルギーの供給が急速に増加したため、TSO によって要求されるアンシラリーサービス、とりわけコントロールリザーブ（調整力）の要求量が増加すると予想していた。その後 7 年たった2016年、彼らは、2009年には存在しなかった当日市場の重要性の爆発的な増加を過小評価していたことに驚いた。実際に、TSO によって要求される調整力の量は減少している。一方で、EPEX-SPOT をはじめとする当日のスポット市場で取引される電力は増加している（**図 3 - 7**）。

　風力や太陽光発電によって電力市場にもたらされる変動性は、現在では当日市場でバランスされ、系統全体のインバランスを減少させたことで、TSO による需給調整市場の要求が減少しているといえる。同社は、ドイツのエネルギー安全保障の高水準を確保する一方で、変動性の再生可能エネルギーの発展に最も効率的に対応できるのは、スポット市場のシグナルだと解釈している。

　こうした VPP にとって、期待される成長はいったい何なのだろうか。同社の共同設立者であるヘンドリク・ザミッシュ氏は、同社のビジネスモデルに自信を持っている。彼は、VPP によって、ドイツが100％再生可能エネルギーという究極の目標に、合理的な価格で達成することを可能にすると考えている。

　7）フランスに本部を置く2008年設立の電力スポット市場。ドイツ、フランス、イギリス、オランダ、ベルギー、オーストリア、スイス、ルクセンブルグなどを対象にしている。（http://www.epexspot.com/en/）

第3章 電力市場に分散型電力と柔軟性を供給するVPP（バーチャル発電所）

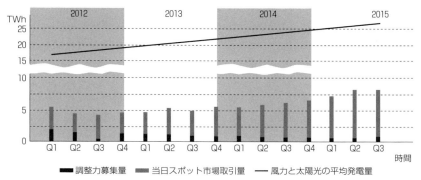

（出所）Steiniger（2017）p.360より作成。

図3-7　柔軟性要求量の変化

　同社は、原子力や石炭・褐炭発電所が徐々に閉鎖され、市場価格が自由に動くようになったとき、分散型の再生可能エネルギーの柔軟性のオプションを設立する市場インセンティブが十分になり、系統の過不足状況が、より柔軟な需要と、短期間の相互間の柔軟な発電によって吸収されると信じている。

　時間や場所を越えた、風力や太陽光発電の変動性を考慮すると、特定の技術が、どのくらいの頻度で必要になるかについては、実に高い不確実性がある。ただし、従来型発電所の固定費用の高い資産は、少なくとも政府の支援なしには、償却期間にわたって十分な安全性を確保できない可能性が高い。

　その代わりに、固定費が低く、変動費が低い資産は、将来の大部分の柔軟性を供給するために、最も効率的である。それらは、すでに設置されており、償却が終わったものである。もしくは、エネルギー市場以外の主要な利用用途があるプラントである。

　これらのアセットには、CHPやバイオガスプラント、電気自動車の蓄電池、家庭用・産業用・商業用設備、そしてもちろん、一般的にDSMも含まれる。同社によれば、将来のエネルギー市場の柔軟性の原則は、まずシフトし、次に蓄えることになる。

3.5 まとめ

　欧州の電力取引市場は、徐々にひとつの市場に収束していくだろう。そこには、ノルウェーやオーストリア、スイスの水力、イベリア半島やイタリアの太陽光発電が含まれるが、これらの国々から、風力発電が少なく、電力不足を起こす中欧に電力を供給することになるだろう。

　同時に、欧州の電力需要家による柔軟な容量は、長年にわたって活性化されるが、ピーク需要という考え方が、時間の経過とともに消滅する。発電は、固定化された需要を追いかけることはもはやないが、発電と需要はダンスのように、常に完璧なバランスを見つけることができるようになるだろう。

　何百万もの分散型ユニット間の、複雑かつ繊細なダンスは、需要と供給のバランスを確保しながら系統の信頼を維持しなければならない。その中央で、デジタルユーティリティによって振り付けされる必要がある。

　本章では、欧州の VPP を代表する Next Kraftwerke 社のビジネスモデルを中心に、価格シグナルをもとに、需要家側の DSM や DR、発電側の柔軟性を活用した系統安定に貢献しうる取り組みと、今後の展開について議論してきた。

　同社のビジネスモデルが示唆することは、とりわけ多くの変動性再生可能エネルギーが大量導入され、系統を圧倒するような状況下で、卸売取引市場の価格シグナルを基準にしながら、需要家側と発電側の柔軟性を積極的に活用することで、社会経済的にも安価なシステムを構築していることである。

　一方、日本における VPP の議論では、卸売取引市場の価格シグナルをもとに、需要家側や発電事業者にインセンティブを与えるような展開が未だみられない。それは、現在の日本における VPP プロジェクトが、大手電力会社によって主導されることが一因として考えられる。日本の VPP によってまとめられた（アグリゲートされた）分散型の電力は、主として、需給バランスの調整サービスとして提供されることが想定されている。この調整力は、VPP のアグリゲーターと同じ電力会社に供給されることになるから、電力卸売取引市場を介さない。日本では、需給調整市場の整備もまだ議論の段階である。

　ドイツの VPP は、バーチャルな発電所として、TSO による需給調整市場に柔軟性を供給するだけでなく、分散型発電所や需要家からの電力を集めて、直接市

104

第3章　電力市場に分散型電力と柔軟性を供給するVPP（バーチャル発電所）

場家として積極的に卸売取引市場で取引を行うプレーヤーである。彼らは、既存の大手電力会社でなく新規参入者であるから、こうした市場において激しい競争にさらされている。同時にそこで得られる価格シグナルをもとに、ビジネスを展開している。

　日本においても、発送電分離によって、発電事業者と、TSOの役割を担う送配電事業者が別主体となれば、電力卸売取引市場に参入する発電事業者が増え、競争が激化するだろう。また、TSO部門によって募集される調整力もまた、参入者が増え競争的になる。ドイツの経験では、火力発電において、需給調整市場における二次調整力・三次調整力の募集量も落札価格も低下する。

　こういう時代になると、変動性の再生可能エネルギーの導入費用も安くなり、導入量も同時に増えていることが想定されるから、こうした電力をいかにして直接電力卸売スポット市場で取引するかが重要になる。そこで活躍が期待されるのがVPPである。VPPは、分散型の再生可能エネルギーを集め、直接市場家として、いかにして発電事業者の利潤を最大化させるかによって、競争的な市場において戦っていくことになる。一方で、分散型の需要家や発電所もまた、どのVPPと契約するかを選ばなければならない。

　このように、VPPは市場のプレーヤーとしての役割が期待される側面を持っている。彼らは電力卸市場の価格シグナルを活用し、透明性をもって彼らのアセット（需要家や発電所）に経済的インセンティブを与えるデジタルプラットフォームとして活躍している。

【謝辞】
　本研究は、JSPS科研費15H01756の助成、および、公益財団法人旭硝子財団2018年度研究助成人文・社会科学系研究奨励を受けたものです。記して謝意を表します。

参考文献

Appunn, K.（2016）"Re-dispatch cost in the German power grid," *CLEAN ENERGY WIER*, Berlin

　　https://www.cleanenergywire.org/factsheets/re-dispatch-costs-german-power-grid

BNetzA（2015）*Monitoring Report* Bundesnetzagentur und Bundeskartellamt, Bonn, ht

tps://www.bundesnetzagentur.de/SharedDocs/Downloads/EN/BNetzA/PressSec
tion/ReportsPublications/2015/Monitoring_Report_2015_Korr.pdf?__blob=publicat
ionFile&v=4

BNetzA（2014）*Monitoring Report* Bundesnetzagentur und Bundeskartellamt, Bonn, ht
tps://www.bundesnetzagentur.de/SharedDocs/Downloads/EN/BNetzAkoo/Press
Section/ReportsPublications/2014/MonitoringReport_2014.pdf?__blob=publication
File&v=2

EEnergy Informer -The International Energy Newsleter（2016）"What Does CAISO
Crave The Most? Flexibility," *EEnergy Informer*, August 2016 Vol.26, No.8, http://
www.menloenergy.com/wp-content/uploads/eei/EEIAug16.pdf

European Commission（2012）*Energy roadmap 2050*, doi:10.2833/10759

Loßner M., Böttger D., Bruckner T.（2017）"Economic assesment of virtual power plant
in German energy market," *Energy Economics*, 62 pp.125-128,

McKinsey（2014）*Beyond the storm-value growth in the EU power sector*, https://www.
mckinsey.com/~/media/mckinsey/global%20themes/europe/beyond%20the%20st
orm%20value%20growth%20in%20the%20eu%20power%20sector/beyond_the_stor
m_value_growth_in_the_eu_power_sector.ashx

Sioshansi F. P. ed.（2016）*Future of Utilities – Utilities if the Future- How Technological
Innovations in Distributed Energy Resources Will Reshape the Electric Power
Sector,* Academic Press

Steiniger, H.（2017）"Virtual Power Plants: Bringing the Flexibility of Decentralized
Load and Generation to Power Market," *Innovation and Disruption at the Grid's
Edge- How distributed energy resources are disrupting the utility business model-* ed.
by Frereidoon P. S., Academic Press, https://doi.org/10.1016/B978-0-12-811758-3.
00017-6

Probert T.（2014）"Are virtual power plant the future of European utilities?" *Energy
Central*, https://www.energycentral.com/c/iu/are-virtual-power-plants-future-euro
pean-utilities

Wille-Haussmann B., Erge T., Wittwer C.,（2010）"Decentralised optimisation of
cogeneration in virtual power plants," *Solar Energy*, 84, pp.604-611.

第4章 EUにおける電力市場の結合と連系線の活用

杉本康太

4.1 はじめに

"電力・ガス業界の自由化は、第一に理論的かつ知的な冒険であり、エコノミストたちを熱狂させる問題だった。わかりやすい例は電力部門だ――自由化を掲げる理論家は、電力市場こそ、自由主義のあらゆる仮説が妥当するたぐいまれな機会であると考えた。つまり、リアルタイムで機能し、需要と供給を瞬時に均衡させるような市場を構築することによって、純粋かつ完全な競争状態にある市場をコントロールするという説である。"

トマ・エマニュエル（2014）「序文」 pp.iv

　本章では、欧州連合（EU）における統合エネルギー市場（Integrated Energy Market）形成の経緯を辿りながら、なぜEUは（国際）連系線を活用した電気の取引を、市場を通して行おうとしているのか明らかにする。連系線（Interconnector, cross-border capacity）とは、送電系統運用者[1]（Transmission System Operator: TSO）の間に引かれている送電線のことだ。次に、市場結合（Market Coupling）[2]の成果と今後の課題を、最新の欧州エネルギー規制機関

---

1) 発送電分離のうち法的分離か所有分離の実施により、垂直統合の電力会社から分離され独立した送電会社のことを指す。

2) 日本では「FITなどによる再エネへの政策的補助を打ち切り、卸売市場において他の電源と同様に扱うこと」を再エネの市場統合（Market Integration）と表現するが（朝野 2016；諸富 2015など）、本章における市場結合（Market Coupling）とは意味が異なることに注意。この和訳は電力広域的運営推進機関（2017）や服部（2017）に従っている。

（ACER）の市場監視レポートを用いて紹介し、日本の電力市場制度への示唆を得る。

EUの電力市場のしくみを理解するためには、多くの読者にとって馴染みの薄い金融・電力系統上の数々の専門用語の意味と、ミクロ経済学の考えに基づいた市場取引のルール、そして電気という財の輸送手段である送電網の運用のしかた、特に連系線の容量の配分方法を理解する必要がある。重要な用語には英語表記を付してあるので、理解を深めるためにネットで検索するときの参考にしてほしい。

物理的なエネルギーとしての電力が取引される卸売市場は、開催されるタイミングごとに3つに分けられる。1つ目が前日市場（Day Ahead market）、2つ目が当日に開催され、実際の需給の約1時間前に取引が完了する当日市場（Intra-day market, 時間前市場）、そして3つ目が微細な周波数の変動を調整するためのエネルギーをやりとりする調整力市場（Balancing market）[3]だ。

EUの市場運用者・取引所（Market Operator, Power Exchange）は前日市場において、入札ゾーン内[4]の市場参加者の入札（Bid）を、入札の締め切り時間（Gate Closure Time: GCT）後に集計し、入札した電源を限界費用の安い順に約定させ、必要な発電量に達した段階での限界費用を卸売市場価格として決定している。入札の処理と連系線の容量の計算には、各国共通のコンピュータープログラム（アルゴリズム）を用いている。

市場結合とは、連系線の送電容量を用いて、市場間の値段の差（Spread）をなくすための市場取引をゾーンを超えて行うことだ。取引所はTSOとの契約に基づき、利用可能な連系線の送電容量（Available Transmission Capacity: ATC）を最大限用いて、安い入札をした発電事業者のいるゾーンの余剰の電気を、相対的に高い入札をした別のゾーンへ流す（輸出する）ことで、両市場の価格を一致させる（Ondřich 2014）。

図4-1は、連系線の容量に制約がなく、完全に市場結合がなされたとき、市

3）字数制約の関係上、本章では調整力市場については言及しない。

4）市場参加者が連系線容量配分なしで取引できる最大の地理的領域のこと（八田・池田 2018）。国境と一致する場合が多いが、一国が複数ゾーンに分割されている場合（北欧・イタリア）や、複数国からなる場合（ドイツ・オーストリア・ルクセンブルク）もある。

第4章 EUにおける電力市場の結合と連系線の活用

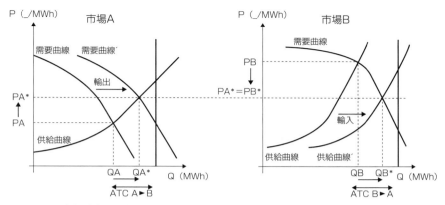

PA：市場結合前の市場Aでの価格
PB：市場結合前の市場Bでの価格
PA* and PB*：市場結合により等しくなった市場価格
Q：取引電力量

（出典）Elia（2016）Day-Ahead Market Coupling ensuring better market liquidity.

図4-1　市場結合

場間の入札を反映して取引量と統一価格が形成される様子を示している。縦軸は電気の市場価格、横軸は取引される電気の量を示す。異なる市場AとBは右上がりの供給曲線と、右下がりの需要曲線を持ち、曲線同士の交点がゾーン内の均衡価格（それぞれPA、PB）を示す。市場結合がなされない場合、市場Aの方が市場Bよりも低い域内価格を持っている（PA＜PB）。市場結合がなされる場合、高い価格を持つ市場Bの需要の情報を反映して、市場Aの需要曲線は右にシフトし、市場Bと価格が等しくなる量（QA*－QA）まで電気が輸出される。市場Bでは供給曲線が右にシフトし、市場Aと価格が等しくなる量（QB*－QB）まで電気が輸入される。この取引の結果、両市場の価格は等しくなる（PA*＝PB*）。両ゾーンで一致した価格をシステム・プライス（またはSingle Price）といい、価格結合（Price Coupling）がなされたともいう。このとき、市場Aにある安い電源が市場Bへも電気を追加的に供給（輸出）することになり、市場結合される前に市場Bで電気を供給することになっていた電源は発電量を減らすことになる。システム・プライスを形成するのに必要な電力取引量を流すだけの連系線容量が不足していた場合、ゾーン間の市場価格は一致しな

いまま（Price Splitting）に留まる。この状態を市場分断の発生という。このとき、連系線はそれ以上電気を輸送できないので、混雑（Congestion）状態にあるという。値差の発生は所有者に利益をもたらすと同時に、連系線容量の価値を金銭的に表しており、どこに連系線をつくることで利益をあげることができるかを示すシグナルの役目を果たす。市場結合は連系線の利用を増加させ、連系線への投資を促す（Newbery et al. 2018）。

連系線の送電容量という財自体を直接取引することなく、電力エネルギーの入札によって市場参加者が連系線の容量を自動的に獲得するこの容量配分方法を、間接オークション（Implicit Auction）という。間接オークションでは、市場参加者はエネルギーを売買する前に連系線の容量を確保する必要性がない。この方法は前日市場で一般的だ。2016年末の段階で、欧州の前日市場はスイスにつながる4つの国境を除き、22カ国で結合している。

反対に、連系線の容量を直接取引する方法を、直接オークション（Explicit Auction）という。直接オークションでは、実際に連系線に電気が流れるかに関わりなく、あらかじめ連系線の容量を予約することになる。この方式は、前日市場が開催される1年～数カ月前に開催されている先渡し市場[5]などで採用されている。ここでの送電容量は長期送電権とも呼ばれる。時系列でみると、連系線の容量はまず先渡し市場で配分され、残りが前日・当日市場で配分されることになる。当日市場では、売り手と買い手のエネルギー入札価格・量の条件が一致するごとに連系線の容量の取引を成立させていく連続取引・配分方式（Continuous Trade/Allocation）[6]が採用されていることが多い。

このようにEUは、連系線の容量という稀少な財を効率的に配分する方法として、市場を活用していると言える。市場結合が完全に進めば、各国が単一の価格に直面する統合エネルギー市場が実現する。さらにEUの一部では、連系線の容

5）先渡し市場での送電権の取引制度は八田・池田（2018）を参照のこと。

6）前日市場で一般的な、締め切り時間後にすべての売り買い注文を集約し、メリットオーダーで取引を成立させるオークション方式（板寄せ）と異なり、売り手と買い手の価格・量の条件が一致するごとに早い者勝ちで取引を成立させていく方式（ザラバ、pay-as-bidとも）のこと。なお、スペイン―ポルトガル間の当日の連系線容量は間接オークション方式で取引され、間接的な連続取引方式に比べ高い利用率を記録している（ACER/CEER 2017）。日本語での電力取引用語の説明は、山木・池田（2008）などを参照。

量計算を実潮流ベース（後述）で行うことで、連系線の容量を一層効率的に活用しようとしている。

4.2 EU での市場結合の背景

4.2.1 経済学的背景

EU の電力市場結合政策は、伝統的な経済学の考え方で理解できる。アダム・スミスは国富論で、貿易黒字だけではなく、輸出と輸入の両方が国を豊かにすることを説いた。この発見は今日の経済学にまで受け継がれ、通商政策の基礎になっている。国際貿易は理論上、取引参加者双方の総余剰を増やし、資源配分を改善する（効率性を増す）。ある財の生産に対して比較優位を持つ A 国の生産者は、遠隔地 B 国に高い価格で輸出できる。遠隔地 B 国の需要家は、国内の生産者から買うよりも安い価格で A 国から財を買える（輸入できる）。市場メカニズムにより、2 国間の価格差は収斂（Converge）していく。両国の価格が完全に一致したとき、資源配分は最適化され、総余剰も最大になったと考えることができる。このように EU は、スミスに始まり英国の経済学者リカードが基本的な骨格をつくった国際貿易の理論を忠実に実践していると言える。

EU 結成時以来の理念である「財・サービスの統一市場形成」の目的は、まさにこの資源利用の最適化にあり、国境を越えて、需要家が望むところで商品を自由に購入できるようにするという理想に基づいている（トマ・エマニュエル、2014）。電力に即して言えば、需要地や発電所の立地に関係なく、最も限界費用の安い電源から順に電力を供給することが、統一ヨーロッパの狙いだ。逆に各国が自給自足した場合は、オランダの需要家にとってはフランスの原子力にアクセスできないため、国内の高価な石油火力発電に頼らなければならず、フランスの発電事業者にとっては、生産余力があっても国外の需要を満たすことができない。これを「非ヨーロッパ化のコスト[7]」といい、EU で繰り返し述べられてきた。

ただし重要なのは、貿易は取引する双方の総余剰を増加させるが、生産者と消

---

7) Cost of non-Europe というフレーズは、早くも Commission（1988）の中に見つけることができる。

111

費者がそれぞれ受け取る余剰の配分まで変えてしまうということだ。理論上、比較劣位を持った国の生産者は輸入によって、比較優位を持った国の消費者は輸出によって、それぞれ生産者余剰と消費者余剰を減らすことになる。ここから予想されるのは、彼らが貿易推進政策の主要な反対者になることであり、このような事態は日本や欧米でもしばしば観察される。電力という財の取引でも同様に、EU 大では貿易により総余剰の最大化が達成されるとしても、国レベルで利害を考えた場合は、比較劣位を持つ発電所を抱える国は電力市場の結合を喜ばない。市場の国境をなくし、加盟国全体を豊かにしようとする試みは、一国レベルの利害と衝突する。

4.2.2　歴史的背景

　1957年に設立された欧州経済共同体（European Economic Community: EEC）の使命である共同市場[8]の形成は、各国内の市場をできる限り単独市場に結合するため、共同体内部の貿易に関する全ての障壁を除くことを目的としていた。1986年に発表された単一欧州議定書（Single European Act）は、1992年までに人・物・サービス・資本の自由な移動が保障される域内市場を完成させるという宣言をした。1988年に出された欧州委員会（European Commission）の作業文書は、エネルギーを単一市場のコンセプトに含めるための一般的な問題とテーマ、ガイドラインについて調査している（Commission 1988）。1992年の EC 条約（マーストリヒト条約）では、エネルギー分野における措置を EC の活動に含めることを明記した（小畑、2011）。2014年6月の欧州理事会（European Council）では、「エネルギー同盟」を長期戦略の一つとして採用した。従来エネルギー供給問題は、基本的に各国の権限に任されていたが、現在 EU が直面している諸問題に対応するためには、EU がエネルギー分野においても単一の市場として機能し、EU 全体として統一された政策を実施する必要があるため、域内のエネルギーの移動を、人・物・サービス・資本の4つの移動に並ぶ、第5の移動の対象に改め

8）本章では共同市場（Common Market）、域内市場（Internal Market）、単独・単一市場（Single Market）を同じ意味で用いる。EU では公式文書では域内市場という用語を好んで使ってきたが、2010年のモンティ報告は、より意味をわかりやすくするために、単一市場の使用を提案している（田中 2012）。

第 4 章　EU における電力市場の結合と連系線の活用

て位置づけた。

4.2.3　再エネ導入の手段

　2007年に欧州委員会は、気候変動に対応するために再エネとエネルギー効率を2020年までにどちらも20％増やすという「戦略エネルギーレビュー」を発表し、固有の政策文書となった。前述した2014年のエネルギー同盟という長期戦略では、「再生可能エネルギー技術の研究開発への積極的な投資」を取り組むべき優先課題の5本の柱のうちの一つとして位置づけ、2030年までに EU の総エネルギー生産量のうち、再生可能エネルギーによる生産の比率を27％に高めるという決定をした（駐日欧州連合代表部 2015）。

　このように、EU 全体で推進している再エネの大量導入という目的達成の手段としても、国際連系線を活用した広域での市場結合と系統運用は有効である。揚水発電や蓄電池がオフピーク時に電気を貯め、需給ひっ迫時に発電することで電力の需給を時間的にずらすことができるように、連系線は、電力の需給を空間的にシフトさせ、全体のバランスを保つことができる。具体的には、連系線を使えば、ある国の再エネが発電しない時間帯に、隣国にあるバックアップ電源からの電気を届けることができ、風力発電のような再エネは発電のタイミングが場所により異なることを利用して、再エネの出力変動の大きさを低下させ、市場価格の乱高下を抑えることができる（EC 2014, ENTSO-E 2017）。さらに、予備力を共有することで、信頼性（後述）を確保するための費用を低下させることができる（Newbery et al. 2018）。

4.2.4　エネルギー安定供給の手段

　統合エネルギー市場は、さまざまな資源を共有にし、各国が共通の市場を利用できるようにすることで、供給途絶に対する不安を除去しようとしている（トマ・エマニュエル、2014）。各国が自給自足するのではなく、貿易を通じて相互に依存することにより、経済効率性を向上させつつ、エネルギー安定供給も達成するという考えだ。さらに、再エネのような国内の資源を活用したエネルギーが大規模に導入されることで、域内でエネルギー自給率を上げ、ロシアのような隣国からの天然ガス輸入依存度を減らすことができる。2006年にロシアの国営ガス会社ガスプロム（Gazprom）が輸送費の支払いに関する意見の不一致を理由に

113

EUへのガスの供給を止めてから、EU内でエネルギー安定供給の達成を望む声は大きくなった（Eikeland, 2011）。他方で、各国が一国レベルでのエネルギーの安定供給を重視するために、EU大のエネルギー安定供給と経済効率性が損なわれる懸念も生じているが、欧州委員会は各国が連系線を用いて輸出入を活発に行うことで、アデカシーを充実させようと努めている。

アデカシー（Adequacy）とは、需給バランスを評価したもので、電力供給の信頼性（Reliability）を示す重要な概念だ。石亀（2013）によると、電源を含む系統設備の計画停止や故障停止を考慮した上で、需要家に電力を供給できるだけの能力が確保されていることを意味する。EIA（2014）によると、近年ではピーク需要時に瞬間的に負荷を提供できる発電技術・能力も含める傾向にある。これを系統柔軟性（System Flexibility）という。後述するように、欧州ではアデカシーの評価に連系線の容量をカウントしようとしている。各国が連系線を介して活発に電力を輸出入することで、需給を一致させつつ、必要な調整力を少なくすることができるからだ（ENTSO-E 2017）。

以上から、EUの市場結合は、当初は広域メリットオーダーによる資源配分上の効率性の追求とエネルギー安定供給上の戦略として目指され、さらに気候変動対策と再エネの導入という目標が加わったものとして理解できる。

4.3　市場結合の最新の成果と今後の課題

前述したように、EUは約20年かけて統合エネルギー市場の構築を進めることで、電力を安価にかつ環境への負荷を抑え、エネルギー安定供給を実現しつつ供給しようとしてきた。本節では、その最新の成果を紹介する。資料として主に用いたのは、Agency for the Cooperation of Energy Regulators（ACER）とCouncil of European Energy Regulators（CEER）の最新版（2016年）の「市場監視レポート」だ。

ACERとは2010年にEU各国のエネルギー規制機関が集まってできた組織である。この組織の目的は、電力とガスの域内市場の監視と、各加盟国の規制者間の調整だ。CEERは、各国の規制機関が自発的に集まって2000年にできた非営利組織だ。ACERとCEERは、エネルギー市場の監視は透明性を増し、市場参加者と消費者にとっての利益になると考えている。彼らは共同で2012年から毎年市

114

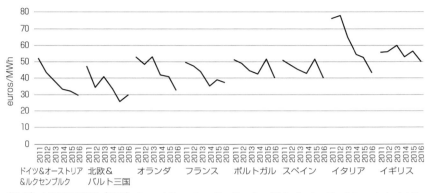

(出典) ACER/CEER (2017) Annual Report on the Results of Monitoring the Internal electricity and Gas Markets in 2016（以下の全ての図も同様）

図 4 - 2　EU での電力取引所別の年間平均前日市場価格（ユーロ/MWh、2011-2016年）

場監視レポートを発行し、域内エネルギー市場の状態を理解し、政策立案者に市場統合の実現のために残るバリアを認識させ、適切な施策がつくられる手助けをしている。レポートの対象は、電力とガスの卸売市場と小売市場、そして消費者の権利保護とエンパワーメントだ。

今回主に参照した卸売市場に関するレポートでは、2016年までの電力市場の主要な発展、取引に利用可能になった連系線容量の水準と容量計算方法の評価、先渡・前日・当日・調整市場ごとの連系線活用状況、各国の容量メカニズムの履行状況と、発電アデカシー評価における連系線の評価について書かれている。

4.3.1　前日市場

卸売市場とは、生産者が商品を小売事業者に販売するための市場を指す。卸売市場のうち、実際にエネルギーが消費される時点の前日に取引が行われるものを前日 (Day Ahead) 市場と呼ぶ。**図 4 - 2** は EU の主要国別で前日市場の年間平均価格を示している。2011年から2016年にかけて、市場結合の進展と平行して、EU 主要国では前日市場の価格が下がり続けているのがわかる。

2016年には、多くの加盟国で前日市場の価格が過去最低の水準にまで低下した。ACER はこの低下傾向を、2016年のガス価格が前年比30% まで低下したことが大きな要因だと考えているが、同年度に太陽光と風力発電による発電量が5% 増

加していることも関連していると分析している。北欧ゾーンはわずかに上昇しているが、北欧の電力市場の価格水準は30ユーロ/MWhとEU内で既に最低水準にある。北欧・バルト海ゾーンで前日市場価格が前年比で16%も高くなった背景には、風力と太陽光と水力発電の発電量の減少があるとACERはみている。

　2016年には、価格スパイク[9]の頻度が増加した。2016年には、価格スパイクは過去4年間のEUの平均値の五倍の頻度を記録した。需給ひっ迫時に発生する価格スパイクは、市場参加者による市場支配力の行使や価格操作がなければ、資源配分上効率的な価格形成の証だと考えられる。発電事業者は価格スパイク時に高価格で電気を販売することにより発電所の固定費用の一部を回収でき、発電事業者と需要家は価格をシグナルとして、アデカシーを確保することで得られる便益を知ることができる。再エネが普及するにつれて、既存の火力発電の稼働率は低下する傾向にあるが、太陽光や風力のような自然変動電源が発電できないタイミングに、電力需要のピークが重なる場合がある。そのような需給ひっ迫時に火力発電機が高価で電気を供給できるためには、価格スパイクの頻度は増すことが望ましいとACERは述べている。

　他方で、需給ひっ迫の頻度の増加は、エネルギーの安定供給を確保する必要性も示している。ただし各国が足並みを揃えなければ、域内市場の実現にとって有害であるだけでなく、エネルギーの安定供給も達成されないとACERは警告している。最小の費用でエネルギー供給の安定供給を確保するためには、信頼できる発電アデカシー評価を行う必要があり、後述するように連系線の貢献分を現実的に評価し、一国を超えた地域単位、またはEU単位でアデカシー評価をすべきだとACERは述べている。

4.3.2　前日市場価格の収斂度

　ゾーン間での市場価格の値差は、市場結合の度合いを示す指標である。連系線が十分に取引に利用され、送電混雑が起きなければ、値差は小さくなる。前日市

　9）ここでの価格スパイクは、「オランダの天然ガス卸取引市場（Title Transfer Facility）における前日市場のガス価格の実績値により算出される、ガス火力発電の運転に必要な理論上の可変費用の三倍を超える値」だと定義されている。欧州の仮想ガス市場制度の詳細は、三菱総研『平成23年度広域ガスパイプライン等整備実態調査（天然ガス取引市場の導入可能性調査）報告書』を参照）

場の2016年の平均価格は、ポルトガル―スペインの間のように値差が0.5ユーロ/MWhととても小さく、市場結合が非常に進行していることを示しているゾーンがある一方で、値差が10ユーロ/MWhを超えるオーストリア―イタリア間やフランス―イギリス間などのゾーンもある。

　2008年からの時系列データによると、エストニア・ラトビア・リトアニアを含むバルト海ゾーンや、ベルギー・フランス・ドイツ・オーストリア・ルクセンブルク・オランダが属する欧州中核ゾーン、フランス・ポルトガル・スペインを含む南西ゾーンの卸売市場では、完全な価格収斂がみられる時間帯が増えた。前日市場の値差が1MWhあたり1ユーロ未満の時間帯が、バルト三国では年間の71％、欧州中核ゾーンでは39％の頻度を記録した。これは過去最大の高さであり、その要因をACERは、国際連系線の新設投資によりゾーン間での取引可能容量が増えた点と、実潮流ベース（Flow Based）[10]での市場結合が進んだ点の2つに求めている。

　欧州中核ゾーンでは、2015年5月20日から従来の容量計算方法である正味送電容量（Net Transfer Capacity: NTC）ベースから、実潮流ベースの容量計算方式に移行した。NTCは、総託送容量（Total Tranfer Capacity）から信頼性マージン（後述）を引くことで連系線ごとに算出される。市場からの入札情報を得る前にTSOがあらかじめ取引可能な容量を連系線ごとに決定する点で、実潮流方式と異なる。実潮流ベースの場合は、TSOが連系線ごとに容量を分割することなく、連系線の物理的な限界量までが最大限市場取引で利用可能になるという（Luickx & Marien 2014）。

4.3.3　当日市場

　図4-3は2011年から2016年のEU主要国での当日での取引量を、電力需要量との比率で表しており、当日での流動性を計る指標として用いられている。スペイン以外では、年々当日での取引量が増加していることがわかる。ACERはそ

　10）市場での時間ごとの入札情報を想定潮流に変換し、セキュリティ・マージンの範囲内で市場の価値が最適化されるように潮流と価格・数量を同時に決定する、連系線の容量を最大限に活用した市場取引の計算方法。メッシュ型の系統において最も効率的な容量計算方法だという。理論面の理解には電気工学の専門的な知識が必要なため、本章では詳細な説明は省く。

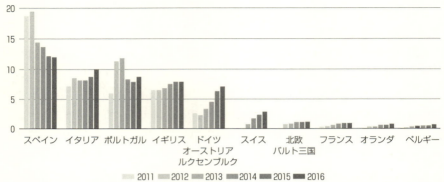

（出所）*Power exchanges, Eurostat, CEER National Indicators Database and ACER calculation*（2017）.

図 4-3　EU 主要国の当日市場での取引量（電力需要との比率。2011-2016年）

の要因として、再エネの導入が実需給直前に発電量を調整するニーズを増加させた点を挙げている。オランダ・ベルギーの取引量の増加は、2016年に新しく当日に連系線の容量を間接的に取引できるプラットフォームを開設し、フランス・ドイツ・スイス・オーストリアの当日市場と結合したことが部分的な理由だとACER は述べる。スイスの当日市場取引量の増加は、当日の連系線容量をドイツ・オーストリア・ルクセンブルクと一緒に連続取引で配分できるようにしたことでほぼ説明できると ACER は述べている。ポルトガルの増加は、固定価格買取制度によって再エネ電気を購入した最終供給責任者が、当日市場に直接販売したことと、水力発電による販売量の増加が主要因だと ACER はみている。ドイツ・オーストリア・ルクセンブルクでの当日市場の流動性は、過去 5 年間で 3 倍に増加した。この要因について ACER は、再エネの当日市場への販売や、再エネ発電事業者が従来免れていた需給調整責任を負わせる割合を増やしたこと、インバランス料金が実際のコストより安くならないようにしたこと、当日市場で15分単位の製品を用意したことなどを挙げている。

　ACER は当日市場の取引終了時間を、実際に電気が流れる時点から 1 時間前に設定することを各国に期待している。ドイツやオーストリア、フランスのように実需給の30分前に取引終了時間を設定している国もあるが、スペインやポルト

第4章　EUにおける電力市場の結合と連系線の活用

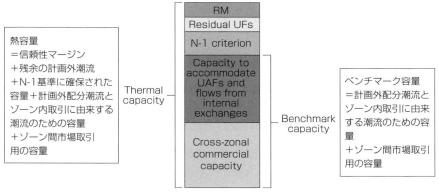

(出所) ACER.

図4-4　熱容量とベンチマーク容量の内訳

ガルでは135分前、イタリアでは195—540分前と取引終了時間が早い国もある。取引終了時間が遅くなればなるほど、市場参加者はより正確に（再エネの発電量を含む）需給量を予測できるようになり、調整力サービス調達のニーズを減らすことができる。ただし取引終了時間を遅くすることで、運用上のセキュリティ[11]や調整力市場の統合に不都合が出てはならないとACERは注意している。

4.3.4　連系線の容量

各国の電力市場を結合し、広域での取引を可能にするのは、連系線の十分な容量と活用である。連系線が効率的に利用できなければ、国境を越えたエネルギーの自由な市場取引は制限されてしまう。2016年のACERの市場モニタリングレポートでは、「最大限の連系線容量を市場参加者に利用可能にすること」や「容量計算や混雑管理において、ゾーン内外の取引を不当に差別[12]しないこと」などの原則を掲げた勧告（Recommendation）[13]に基づき、これらの原則が厳格に適用されれば市場で利用可能になるであろう連系線容量を「ベンチマーク容量」

---

11) 電力システムに何らかの事故や乱れが発生した際に耐え得ることができるかという指標（安田 2018）。
12) ここでの「差別」という発想は日本人にとっては一見わかりにくいが、欧州の目指す域内統合市場を理想とした場合、特定の国の電気を合理的な理由なしに優先的に流し、本来安く利用できた外からの電気を利用しないことは差別に該当すると考えられる。

と定義し、2016年の実績値と比較することで、連系線の活用の余地がまだ存在することを定量的に明らかにしている。**図4-4**が示すように、ベンチマーク容量は以下の要素から成り立つ。

信頼性マージン（RM）とは、計画外潮流（Unscheduled Flows）[14]のような不確実性に対応するためにとっておく容量のことだ。N-1基準とは、カスケード現象（電力系統の構成要素が連鎖的に崩れていく現象）から系統を保護し、セキュリティを維持するためにあらかじめ確保されている容量のことだ。高圧直流の連系線のベンチマーク容量は、連系線の熱容量に等しくなると想定されるが、高圧交流の連系線のベンチマーク容量は、熱容量からRM、N-1基準と残余の計画外潮流を除いた分になる。

ACERは容量計算地域ごとに高圧交流の連系線のベンチマーク容量を計算し、2016年度の取引に利用可能だった連系線容量の実績値と比較した場合に、全ゾーン平均でまだベンチマーク容量の半分以下しか連系線が利用されていないことを明らかにしている（**図4-5**）。なお欧州中核ゾーンでは実潮流ベースで容量計算が行われているゾーンと、従来通りの運用容量を算出しているゾーンが併存しているため、双方が別々に表示されている。

ベンチマーク容量との乖離を起こす主な原因としてACERは、既存の入札ゾーンの配置により構造的に発生する混雑を指摘する。容量計算方法の改善が不十分な理由としてACERは、取引に利用可能な連系線容量を算出する過程でTSO同士の協調が不十分な点と、TSOがゾーン内取引をゾーン間取引より優先する傾向がある点に求めている。

TSO間の協力の欠如は計画外潮流を生むが、ベンチマーク容量との差の約3分の2は、ゾーン内取引の優先が原因だと本レポートは述べている。たとえば、2016年度の市場間値差が約7.5ユーロ/MWhと最大の区間の1つであるドイツ―

13）Recommendation of the Agency for the Cooperation of Energy Regulators No 02/2016, of 11 November 2016, On the common capacity calculation and redispatching and countertrading cost sharing methodologies.

14）ACER/CEER（2014）によると、計画外潮流＝実潮流－計画潮流。ループフロー＝実潮流－配分潮流。計画外配分潮流＝配分潮流－計画潮流＝計画外潮流－ループフローとなる。これら潮流の用語を図と日本語でわかりやすく解説したものとして、古澤（2016）を参照（URL: http://www.jaif.or.jp/norg_vol-04）。

第4章 EUにおける電力市場の結合と連系線の活用

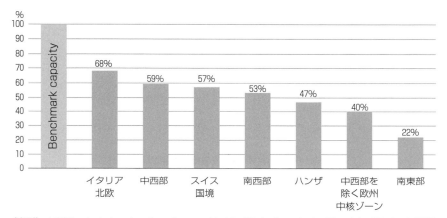

（出所）ACER calculations based on data provided by NRAs through the Electricity Wholesale(EW) template(2017), ENTSO-E and Nordpool Spot.

図4-5 高圧交流の連系線容量の地域別利用率（ベンチマーク容量との比率）

ポーランドの連系線においては、76％のベンチマーク容量が、計画外潮流を収容するためだけに用いられている。

　TSOがゾーン内取引をゾーン間取引より優先する傾向とは、ゾーン内取引で発生する混雑や計画外潮流を収容するために、ゾーン間で利用可能な連系線の容量を削減する行為を指す。ゾーン内取引がどれほど優先されているかをACERが正確に把握するには、より多くの情報が必要であるが、前述した実潮流ベースで容量計算をすれば、計算過程がより透明なものになるとACERは言う。例えば、実潮流ベースで容量計算をしている欧州中核ゾーンでは、混雑発生時において、利用可能な連系線容量の72％がゾーン内の送電線が原因で制約されており、特にドイツのTSOであるアンプリオン（Amprion）の管轄ゾーン内の送電線がドイツの混雑の原因になっていることが、公表されたデータに基づいて特定されている。

　ACERはTSOに対し、連系線容量を系統のセキュリティを維持するための調整の変数としてみなすのではなく、ゾーン間取引のための容量を増やすことを優先するべきだと述べている。運用上のセキュリティのために市場取引で利用できる連系線の容量を減らすのは、他の方法がない場合に限るなど例外であるべきだという。現状ではゾーン内での調整余力を十分に確保するために連系線容量が制

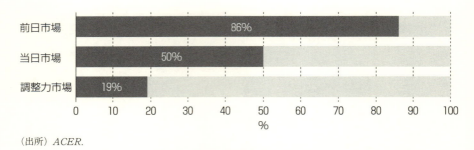

(出所) ACER.

図4-6　市場別にみた連系線の効率的活用度

限されているが、これは本来不要な措置で、別にできることがあると ACER は言う。ただし TSO が連系線を使いたくなるような制度的インセンティブを用意しないと、事前に連系線容量を制限することになってしまうとも警告している。

他にも ACER は、構造的な送電混雑を解消するためには入札ゾーンを再構成するべきだ、市場で利用可能な最低限の連系線容量の目標を地域レベルでつくるべきだなどとアドバイスしている。

4.3.5　連系線容量の効率的活用の水準

図4-6にあるように、2016年度では前日市場で連系線が効率的に活用された水準(市場間で1ユーロ以上の値差が起きたときに、市場取引に利用可能な連系線容量のうち、相対的に市場価格が安いゾーンから高いゾーンに電気を流すように物理的に容量が用いられた比率)は86％を記録し、最適に近いと ACER は評価している。

当日市場での連系線活用の効率性レベルはまだまだ低く50％だ。当日市場のうち、間接オークション方式で容量を配分している連系線における効率性レベルは100％だが、連続取引により間接的に連系線容量を配分している連系線では49％、直接配分方式を採用しているところの利用率は40％程度となっており、間接オークション以外の方式が採用された連系線容量の効率性レベルは低くなることがわかる。ACER は TSO と NRA に対し、当日市場で連系線容量を間接オークション方式で配分することは、単に価格付けをする手段であるというだけではなく、当日に効率的な連系線利用を促進する方法でもあることを考慮するべきだ

第 4 章　EU における電力市場の結合と連系線の活用

と述べている。

4.3.6　市場結合と連系線の活用による便益

　ACER は、これまでに前日市場を結合してきたことによる粗厚生便益（Gross Welfare Benefit）は、EU 全体で2016年だけで180億ユーロ（約2.3兆円）以上だと推定している。この値は、過去の系統の混雑状況や取引参加者の入札情報と、連系線容量の詳細なデータを集めて消費者余剰と生産者余剰を計算し、仮に連系線が全く利用不可能であった場合、成立したであろう仮想的な市場価格の元での消費者・生産者余剰との差をとって求められる。消費者と生産者の余剰は基本的なミクロ経済学の考え方をそのまま用いて計算されており、｜入札価格 − 市場価格｜×取引電力量で求められる。また、市場間の値差×市場間の累計通知量で計算される混雑レントも含んでいる。なお粗厚生便益には費用は含まれていない。2016年末の段階で前日市場は22の国を含む、3 分の 2 の国際連系線で結合しているが、ACER は残り14％の国際連系線で市場結合がなされれば、年間203万ユーロ（約2.63億円）の粗厚生便益の獲得が可能であると試算している。したがって ACER は、スイス国境を含む残り16の国境の連系線容量の配分方法を、間接オークションを用いることで市場結合し、EU 全土で前日市場の統一を完成させるべきだという。

　ACER は複数の電力取引所に推計を依頼し、欧州中核ゾーンが実潮流ベースの容量計算に移行したことで一年間に得た便益は132万ユーロ（1.7億円）だと試算している。ACER は欧州中核ゾーン以外でも実潮流ベースで容量計算をすれば、連系線をもっと有効活用できるため、NRA と TSO は、実潮流ベースの容量計算の迅速な実行を保障するべきだという。

4.3.7　連系線容量計算における透明性について

　ACER は容量計算作業の透明性を確保するべきだという。現状 ACER は、TSO や NRA、そして ENTSO-E による自発的なデータ提供に依存している。これは ACER だけでなく市場参加者も取引に利用可能な連系線の容量を予測できないという問題を引き起こしている。したがって、NRA または欧州委員会は TSO に対し、連系線容量計算に関する情報を、迅速かつ閲覧者が見やすいような形で公表するように TSO に対し要請するべきだと勧告している。ACER が市

場監視という業務を達成できるように、欧州委員会または欧州議会は、ACERにデータ収集のより強い権限を提供するべきだとも述べている。

2016年の市場モニタリングレポートでは、実潮流ベースで容量計算を行っている欧州中核ゾーンにおける、ゾーン内取引によりゾーンの内外で流れると想定される物理的な潮流の1時間ごとのデータをENTSO-Eから得たため、実潮流ベースにより連系線容量を決定する際の制約条件を知ることができた。ただしACERが欧州中核ゾーンから実潮流方式のデータを得るには半年以上かかったという。

4.3.8　需給ひっ迫時の連系線の活用について

EUの多くの加盟国で容量メカニズムが導入されている（基本的な意味は服部（2015）などを参照）。ACERは、容量メカニズム導入の是非を各国が判断する際には、連系線の容量をアデカシーの評価に適切に反映させるべきだと説いている。ある国で需給がひっ迫した時間帯に、隣国から電気を輸入することで十分な供給が得られるケースは多々あるからだ。ACERは国内の発電アデカシー評価に連系線をどの程度考慮しているかを国ごとに調査し、EU加盟国のうち10カ国のアデカシー評価においては、連系線がアデカシーに貢献することを無視していることを指摘し、これらの国では、エネルギーの安定供給という概念が「一国内の自給率」と等しいものとしてみなされているという。このことを示すために、ACERは興味深い事例を紹介している。寒い1月にギリシアとブルガリアが、自国の消費者を保護するためという理由で連系線を介した電気の輸出を禁じた。このことは、EU内で需給ひっ迫時の連系線の利用について加盟国間で相互不信がまだ存在し、結果的に国境をまたいだ協調的な取引が妨げられており、ゾーンの内外で電気の流れに差別が存在する可能性を示している。

ACERは、視野の狭い一国レベルでのアデカシー評価は、連系線がエネルギー安定供給に貢献することを過小評価しているという。本来市場結合がすすめば、卸売市場で効率的な価格形成がなされ、追加の発電所や連系線投資のシグナルになり、アデカシーの必要性にも応えるという。

ACERはアデカシー評価において保守的な前提を採用すると、結局は消費者への負担が増加する過剰な発電投資につながりかねないことを注意し、確率的モデル技術の採用により、連系線のアデカシー貢献分を適切に評価することを加盟

国に求めている。2016年時点で確率的方法に基づかず、確定論的にアデカシーへの連系線の貢献分を評価している国が6つあるが、確定論ではどうしても連系線の実力を過小評価してしまうという。たとえばギリシャでは、需給ひっ迫時に連系線の3割未満しか輸入に用いることができないと試算している。イギリス、フランス、オランダなど9カ国では既に確率的手法を導入している。しかし確率論的に連系線のアデカシー貢献度合いを推計しているイギリスでさえ、アイルランドからイギリスへの電気輸入は可能であるにもかかわらず、「イギリス内で需給がひっ迫したときは、電気をアイルランド（から輸入するのではなく）へ輸出する」という非現実的な想定を採用しており、結果的にアデカシーの必要性を約1GW多めに見積もっているとACERは推定している。実際、2016年にイギリスで最大の価格スパイクがみられた8つの時間帯のうち6つでは、連系線の容量はアイルランドからイギリスへ流れ、残り2つのケースでは、そもそも連系線が利用可能ではなかったためにイギリスからアイルランドへ電気が輸出されることはなかった。したがって過度に保守的な前提だったとACERは主張している。

　したがってACERは、容量メカニズムを導入する前に、他にできることを全て実施するべきだという。たとえば、価格上限規制の撤廃、デマンド・レスポンスの活用、全ての発電技術の均等待遇、卸売市場での効率的な価格形成を妨げるバリアの除去などだ。一国ごとではなく地域・EU大でアデカシーを評価し、連系線のアデカシーへの貢献度合いを考慮した上で、容量メカニズムの設立の是非を判断するべきだとしている。その際に年間平均・季節平均の連系線の期待利用率を用いるのではなく、需給ひっ迫時の連系線の期待利用率に基づいて推計するべきだという。

4.3.9　小売市場について

　2016年のEUとノルウェーでの家庭用の平均小売価格は、8年ぶりに2.1%減少して約20¢/kWhになった。産業用の小売価格は3年連続で低下傾向にあり、2016年度は約10¢/kWhだ。EUとノルウェーの最終エネルギー価格に占める競争部分である発電費用は、卸売市場の価格が低下したことで年々低下傾向にあり、2016年には平均で家庭用の35%を占める。残りは競争のはたらかない送電・配電などの規制部門であるネットワーク費用と税金から構成されている。したがって、小売供給者間の競争による価格低下の余地は小さくなってきている。ネット

ワーク費用、諸税が占める比率にほとんど変化はないが、再エネ導入のための賦課金が2012年から徐々に増加している。2016年では全体の13%を占め、EUの消費者は1kWhに対して平均2.6¢を支払っていることになる。

4.4　おわりに―日本への示唆―

西村（2015）が述べているように、安定供給と市場競争のトレードオフが電力産業の宿命的な課題だった。これまで日本のエネルギー政策は、前者を重視するがゆえに、自由化をブレーキする傾向があった（橘川、2012）。しかしEUの取り組みは、市場競争は必ずしも対価として安定供給を損なうことはないどころか、改善し得ることも示している。特に連系線を用いることで、アデカシーを広域で改善することができるというACERの指摘は興味深い。連系線容量の計算と配分を確率的方法を用いた実潮流ベースで行うことで、さらに安定供給を向上させられるという。

市場競争に関しても、EU全体で見れば、2016年には前日市場価格の低下を受け、数年ぶりに小売価格が下がった。つまり欧州は安定供給を維持し、競争の便益も享受しつつある。日本の電力自由化改革の議論では、小売価格の低下が消費者の便益を表す主要な指標として用いられているが、ACERは消費者余剰と生産者余剰を市場結合および連系線活用の便益として用い、市場結合を推進しているのも興味深い。ただしこの便益には費用が含まれていないことに注意する必要がある。

これまで日本のエネルギー政策論議では、ドイツ、フランスなどの個々の主要国に注目することは多く、「ドイツの脱原発・再エネの導入は、隣国のフランスから原発の電気を輸入しているからできる」という風にのみとらえがちであった。しかし国家間の電気の潮流は時々刻々と変化していることや、リアルタイムで変化する需給を単一市場でマッチングさせるというEUの壮大なビジョンに鑑みれば、一国単位でEU加盟国のエネルギー政策を論じるのはあまり適切ではないのではないかと思う。日本が学ぶべきは、一国単位の取り組みよりも、EU加盟国が協調し合うことで全体として何をしようとしているかを理解し、学べるところを適宜参考にすることではないか。

EUと加盟国間の関係を日本に引き移すならば、日本全体と各旧電力会社（法

的分離後は送電会社）間の関係になる。日本全体での資源配分上の効率性を向上させ、増加する再エネの変動を相殺するためには、電力会社間の連系線を介した広域な電力取引を活発にすることが重要になる。しかし欧州の主要国際連系線と日本の会社間連系線の利用率の国際比較を行った安田（2016）によると、2014年時点では日本の連系線の利用率は関西→四国間の阿南紀北直流幹線を除き、40％未満と高くない。また、国内電力需要量に占める取引所取引量の比率が英国では2016年で60％以上あるのに対し、日本では2017年12月時点で7.8％である（電力・ガス取引等監視委員会 2018）。

　電力広域的運営推進機関（2017）の「電力需給及び電力系統に関する概況」によると、2010年から2016年の間の前日市場・当日市場の連系線の利用量は微増してきている。また、2018年の10月から日本でも前日市場に本格的に間接オークション方式が導入される予定であり、電力広域的運営推進機関（2017）によれば、前日市場の年間取引量が約4.9倍増加することが期待されている。ただし、連系線の活用を経済学的に評価する上で大事なのは、ゾーン間の値差がどれだけ減少するか、市場分断の頻度がどれほど減り、便益が増加するかである。取引増加による便益を考慮し、適宜連系線の投資を行う必要がある。

　ENTSO-E（2016）は、「EUは世界最大の統合電力市場を構築することを目指しながら、再エネを大規模に導入しようと挑戦している」と述べている。再エネを「主力電源」と位置づけたこれからの日本のエネルギー政策にとって、市場と連系線の活用が電力の安定供給や再エネの導入にどのような効果を持つか知る上で、EUの取り組みは今後も参考になるだろう。

参考文献

朝野賢司（2016）『欧州における再生可能エネルギー普及政策と電力市場統合に関する動向と課題』、Y15022、電力中央研究所。

石亀篤司（2013）『電力システム工学』オーム社。

小畑徳彦（2012）『EU電力市場の自由化とEU競争法』流通科学大学論集―経済・情報・政策編―、第20巻第2号、25-49頁。

橘川武郎（2012）『電力改革　エネルギー政策の歴史的大転換』講談社現代新書。

田中素香（2012）『EU単一市場―統合以前と以後、そして現在の挑戦―』日本EU学会年報、29-52頁。

駐日欧州連合代表部（2015）「EU が目指すエネルギー同盟とは？」Question Corner

電力・ガス取引等監視委員会（2018）『垂直統合が市場へ与える影響の評価』 第7回競
　　争的な・電力ガス市場研究会　平成30年5月15日（火）経済産業省資料。

電力広域的運営推進機関（2017）「地域間連系線利用ルール等に関する検討会　平成28
　　年度（2016年度）中間取りまとめ」

電力広域的運営推進機関（2017）「地域間連系線の利用ルール等に関する調査（平成28
　　年度下期―海外調査）」最終報告書。

トマ・ヴェラン＆エマニュエル・グラン、山田光監訳（2014）『ヨーロッパの電力・ガ
　　ス市場　電力システム改革の真実』日本評論社。

西村陽（2015）『電力システム改革をめぐる議論』「電力システム改革の検証」第1章、
　　白桃書房。

八田達夫・池田真介（2018）「欧州 TSO による調整電力市場と送電権市場の運用状況
　　調査：日本における電力改革への示唆」RIETI Policy Discussion Paper Series 18-P-
　　001。

服部徹（2015）「欧米における容量市場の制度設計の課題」諸富徹（編）『電力システム
　　改革と再生可能エネルギー』日本評論社。

服部徹（2017）「欧州主要国の卸電力市場の流動化とスポット市場の取引量」Y16003、
　　電力中央研究所。

諸富徹（2015）『再生可能エネルギー政策の「市場化」: 2014年ドイツ再生可能エネルギ
　　ー改正法をめぐって』経済学論叢 67(3)、583-608頁、同志社大学経済学会。

安田陽（2016）「再生可能エネルギー大量導入のための連系線利用率の国際比較」、電気
　　学会、新エネルギー・環境 / メタボリズム社会・環境システム合同研究会、電気学
　　会研究会資料。

安田陽（2018）『世界の再生可能エネルギーと電力システム　電力システム編』インプ
　　レス R&D。

山木要一・池田元英（2008）『よくわかる電力取引入門　改訂版』エネルギーフォーラ
　　ム。

ACER/CEER（2017）Annual Report on the Results of Monitoring the Internal
　　electricity and Gas Markets in 2016.

Commission（1988）The Internal Energy Market, COM（1988）238 Final.

Commission（2014）COMMUNICATION FROM THE COMMISSION TO THE
　　EUROPEAN PARLIAMENT, THE COUNCIL, THE EUROPEAN ECONOMIC
　　AND SOCIAL COMMITTEE AND THE COMMITTEE OF THE REGIONS

Progress towards completing the Internal Energy Market, COM（2014）634 Final.

David Newbery, Michael G. Pollitt, Robert A. Ritz, Wadim Strielkowski（2018）Market design for a high-renewables European electricity system, *Renewable and Sustainable Energy Reviews*, Volume 91, Pages 695-707.

EIA（2014）Resource Adequacy Requirements, Scarcity Pricing, and Electricity Market Design Implications, IEA Electricity Security Advisory Panel（ESAP）Paris, France.

Eikeland, Per O.（2011）The third internal energy market package: New power relations among member states, EU institutions and Non‐state actors?, *JCMS: Journal of Common Market Studies*, 49(2), 243-263.

Elia（2016）Day-Ahead Market Coupling ensuring better market liquidity.

ENTSO-E（2016）Annual Report.

ENTSO-E（2017）Mid-term Adequacy Forecast.

Jan Ondřich（2014）Will market coupling lead to one European power market? An Initiative of the Heinrich Böll Foundation.

Patrick Luickx, Alain Marien（2014）Principles of Flowbased Market Coupling, CREG Workshop, Brussel.

| 第5章 | 送電線空容量問題の深層 |

安田　陽

「送電線空容量問題」は、変動性再生可能エネルギー（以下、VRE）の導入政策を阻む最も喫緊の課題として、現在クローズアップされている。本章では、この送電線空容量問題がなぜ発生するか？どのようにして解決すべきか？について、特に経済的・政策的な観点から論考する。

結論から述べると、送電線空容量問題の発生原因は、決して技術的に乗り越えられない限界があるからではなく、単に制度設計の不備・不調和に起因する問題である。また、単に当該送電線が空いているかいないかの問題でもない。

5.1節では、送電線空容量問題の技術的背景について簡単に述べ、続く5.2節ではこの問題が発生する要因について、経済学的観点から考察する。さらに5.3節では法体系や政策的視点からこの問題の原因と解決方法の糸口を探り、5.4節で問題発生要因の深層をまとめ、解決に向けての議論のあり方を提案する。

5.1 送電線空容量問題の技術的背景

現在、日本各地で送電線の「空容量」がゼロになったということが電力会社から公表されつつあり、VREの発電所を計画・建設しても送電線に接続するには数億円規模の莫大な工事費用を電力会社から請求され、何年も待たされる状態が全国で多く発生している。

送電線空容量問題は、つい最近にわかに発生したものではなく、既に2014年頃にはいくつかの送電線で「空容量がゼロ」になったことが電力会社より発表され、当該のエリアで発電所の建設を考えていた事業者や地域の市民が困惑するという状況は散発的に発生していた。2016年5月30日に東北電力が青森・秋田・岩手の3県の地域全域に亘って「空容量がゼロ」であることを発表したが[1]、業界内

で深刻に問題視されるものの依然としてこの問題を取り上げるメディアも多くなく、この送電線空容量問題が新聞、テレビなどに登場し社会問題として大きくクローズアップされるようになったのは、ようやく2017年9月、10月になっていくつかの定量的な分析結果[2]-[4]が公表されてからである。

5.1.1 送電線の空容量とは？

そもそも、送電線の「空容量」とは何だろうか。

送電線の空容量は、簡単に言うと「**運用容量**から**実潮流**を差し引いたもの」ということができる。ここで運用容量とは、**電力広域的運営推進機関**（以下、広域機関と略）によって定められた定義によると、

- 電力設備（送電線、変圧器、発電機等）に通常想定し得る故障が発生した場合でも、電力系統の安定的な運用が可能となるよう、予め決めておく連系線の潮流（電気の流れる量）の上限値のこと[5]

と表すことができる。

さらに、この運用容量の上限値は、

- 電力系統を安定的に運用するためには、熱容量等、同期安定性、電圧安定性、周波数維持それぞれの制約要因を考慮する必要があり、4つの制約要因の限度値のうち最も小さいものを連系線の運用容量としている[5]とも定められている。この関係を図5-1に示す。

ここでは電力工学上の専門用語を詳細に説明することはしないが、運用容量は、周波数や電圧などの様々な安全上の制約がある中で、安全側の最も小さい値を基

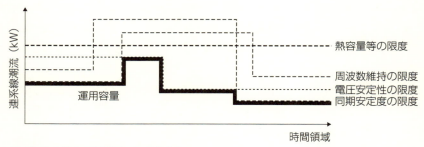

（出所）広域機関の諸資料を元に筆者作成。

図5-1　運用容量の考え方

第5章　送電線空容量問題の深層

準に選ばれるため、時々刻々と変化することに留意が必要である。いくつかの安全上の制約のうち、最も小さい値を運用容量と定めることにより、送電線で万一事故が起こった時にも、停電を発生させず電力の安定供給を維持することが可能となる。

また、図5-1中に**熱容量**という用語が登場するが、これは送電線が物理的（熱的）な観点から安全に電流を流せる上限値で、**設備容量**と呼ばれることもある。

一般に発電機やモータ（電動機）で設備容量に対して100％の出力で運転することも当然想定されており、このことを定格運転というが、送電線は万一の事故の際も電力システム全体で安定度を損なわないようにある程度余裕をもたせた冗長性の設計思想で建設されているため、通常時は設備容量の100％をフルで使うわけにはいかない。ある送電線で雷や台風などの影響で突発的に回線故障が発生するときにもそのまま安全に電力を送り続けるようにするためには、常時ある程度空けておかなければならない。これが運用容量の考え方である。また、「万一1回線故障したとしても安定的に電力系統全体の運用が継続できる」という系統運用の考え方は、**N-1（エヌ・マイナス・ワン）基準**と呼ばれる。

図5-1のように運用容量が決まると、運用容量から実潮流を差し引いた量が「空容量」として計算できる。**図5-2**に広域機関で議論された運用容量と空容量の考え方を示す（ただしこの図はあくまで会社間連系線における空容量の考え方であり[1]、地内送電線と呼ばれる各電力会社管内の空容量の考え方は、各電力会社から必ずしも明示的に開示されているわけではないことに留意）。

上記の空容量の算出方法を数式で表すと順方向と逆方向の両方向で算出され、それぞれ図5-2に示すように、

1）ここで、送電線の両端の母線・エリアに接続された発電機や負荷（モータや照明など需要家設備）の大きさのバランスを考慮して、さらに安全裕度を見越したマージンが設定される場合がある。前述の広域機関では、会社間連系線の空容量を算出する際、マージンを設定しており、それをどれくらいの値に見込めばよいかについては、「マージン検討会」で議論し、ウェブサイトに議事録や審議資料を公開するなど、ある程度透明性の高い手順を踏んで決定している。但し、本章の議論の対象である各電力会社管内の送電線（地内送電線）については、各電力会社からマージンについて明示的な公表がないため、ここではマージンに関しては考慮せず、マージンはゼロと仮定している。

133

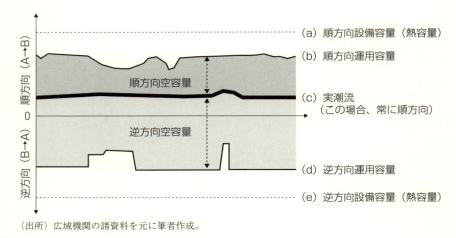

（出所）広域機関の諸資料を元に筆者作成。

図5-2　空容量の考え方

$$順方向空容量 = |順方向運用容量 - 実潮流| \quad (5.1)$$
$$逆方向空容量 = |逆方向運用容量 + 実潮流| \quad (5.2)$$

で算出される。これが広域機関が会社間連系線で定める空容量の定義となる。図5-2に見る通り、運用容量や空容量は一つの線路でただ一つ決まるのではなく、時々刻々と変化するものである。広域機関では運用容量は1日ごとに公表され（欧州では1時間ごと）、実潮流では30分ごとの値が公表されている（欧州では1時間ごと）。

なお、前述の通り、これはあくまで電力会社通しを結ぶ特殊な送電線である会社間連系線の場合のルールであり、各電力会社管内の地内送電線における空容量の算出ルールはこれとは同一ではない。それが本章の主題である空容量問題の透明性に関する核心的根幹に直結する。この点は、5.3節で詳述する。

5.1.2　送電線空容量の実態調査

筆者は送電線の空容量およびそこから算出される実際の送電線利用率について、広域機関から公表された統計データを用い、分析を行った[6],[7]。詳細な説明は文献[7]に譲るとして、本項では実潮流データに基づく送電線空容量の分析について概観する。

分析に用いたデータは、電力広域的運営推進機関（広域機関）のウェブサイト

第5章　送電線空容量問題の深層

表5-1　分析対象路線[10]

エリア	路線数	詳細
北海道	38	275 kV：6 路線、187 kV：32線路
東北	34	500 kV：4 線路、275 kV：30線路
東京	77	500 kV：26線路、275 kV：51線路
中部	77	500 kV：16線路、275 kV：61線路
北陸	10	500 kV：4 線路、275 kV：66線路
関西	50	500 kV：23線路、275 kV：27線路
中国	20	500 kV：3 線路、220 kV：17線路
四国	25	275 kV：4 路線、187 kV：21線路
九州	53	500 kV：11線路、220 kV：42線路
沖縄	15	132 kV：15線路
全国計	399	

「系統情報サービス」[8]からダウンロード情報として入手可能なものとして、以下の1年間分（2016年9月1日～2017年8月31日）の2つのデータセットを用いている。

●**地内基幹潮流実績**

●**地内基幹送電線運用容量・予想潮流（実績）**

　地内基幹送電線とは、各電力会社の管内で電圧が最も高い上位2階級（多くの電力会社では、500 kV および275 kV）の基幹となる送電線のことである[2]。文献[7]では、全国電力会社10社399路線の基幹送電線が分析されている。**表5-1**に各電力会社のエリアの対象送電線の線路数を示す。

　一般に電気機器（発電機・モータなど）は設備容量（定格容量）が一意的に定められ、それを基準とした**設備利用率**を比較的簡単に求めることが可能であるが、送電線の場合は前節で説明した通り、熱容量だけでなく系統運用の観点からさまざまな制約があり、「運用容量」が時々刻々と変化する。そのため、基準となる一定の値がなく、他の電気機器と同じように単純に求めることは簡単ではない。

　2）本来であれば、一般に太陽光や風力発電が接続することが多い上位2つの階級より、低い電圧の送電線（154 kV、66 kV など）を分析すべきであるが、本章執筆時点では広域機関からも各電力会社からもデータは開示されていないため、上位2階級の分析を行っている。

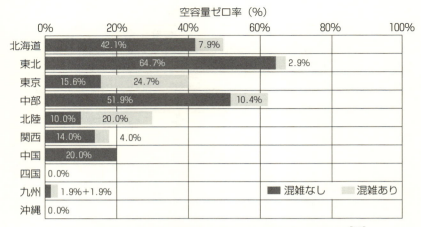

図5-3　各電力会社の空容量ゼロ率（基幹送電線上位2系統）[10]

したがって、多くの入手可能な公開データから客観的な連系線の利用状況を算出するため、文献[9],[10]に従って、運用容量実績の年間最大値を基準にした利用率を算出している。

　また、一般に送電線に事故や故障が発生した場合に供給支障が広域に波及しないかどうかはピーク時（最過酷時）が問題になるため、送電線の利用状況は年間の平均値である利用率だけでなく、瞬間的なピークについても調べる必要がある。各時刻（ここでは30分ごと）の利用率の中で年間で最も大きいものを年間最大利用率と呼ぶ。また、実潮流が運用容量を上回っている状態は**送電混雑**と呼ばれる。現在、電力会社の運用ルールでは、送電混雑が発生しないように運用することになっているが、実際にはいくつかの送電線では、年間わずかな時間であるが送電混雑が発生している。年間で送電混雑が発生する時間の総和は「混雑時間」、また年間8,760時間に対する混雑時間の比率は「混雑率」と一般に呼ばれる。

　利用率の分析に先立ち、各電力会社のウェブサイトで公表されている送電線の「空容量状況」を調査した結果、**図5-3**のような各電力会社の空容量ゼロ率のグラフとして表すことができる。ここで空容量ゼロ率とは、各電力会社の基幹送電線の中から「空容量ゼロ」と公表された路線（ただし2018年1月末時点）の割合と定義している。

　このグラフから、以下の情報を読み取ることができる。(i)空容量率ゼロが最

第5章　送電線空容量問題の深層

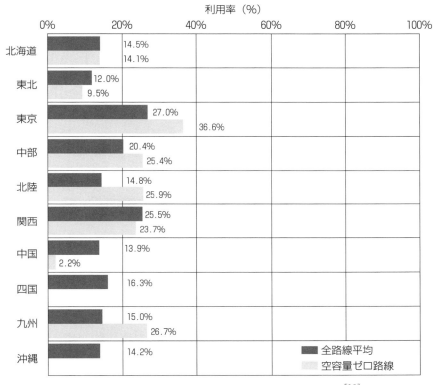

図5-4　各電力会社基幹送電線上位2系統の平均利用率[10]

も高いのは東北電力で、基幹送電線の67.6%で「空容量ゼロ」が発生している（管内の3分の2のエリアで再エネが接続できない状態）。(ii) 東北では、「空容量ゼロ」なのに実際に混雑が発生している路線の割合は2.9%しかなく、残りの64.7%は混雑していない。(iii) 東日本は概して空容量ゼロ率が高く、西日本は概して空容量ゼロ率が低い。

次に図5-4に示すように、基幹送電線上位2系統の各路線の利用率の電力会社ごとの平均値を比較する。このグラフから、(i) 全路線平均の棒グラフを比較すると、中三社（東京・中部・関西）がいずれも20%を超えており、残りはいずれも10%台である。(ii) 東北、関西、中国は全路線平均よりも空容量ゼロ路線の平均の方が明らかに低い結果となっている、などの情報を得ることができる。

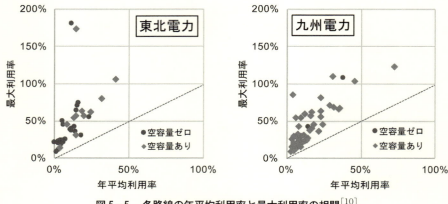

図5-5　各路線の年平均利用率と最大利用率の相関[10]

中三社が相対的に高い利用率となっている理由としては、これらのエリアが大きな需要地を持ち、需要地ではそもそも電力潮流が大きくなる傾向にあること、また需要地では系統構成がメッシュ状になっているため、万一の送電線事故などの際にも迂回路を多数持つことができ、安全のために開けておく容量が相対的に少なく見積れること、などが推測できる。逆に、それ以外のエリアでは、相対的に送電線に空きがあり、むしろVREの導入に向いている可能性があることが示唆される。

また、「空容量ゼロ」の路線は、まだ空容量がある路線に比べ利用率が高くなって余裕がないため空容量がゼロになるのだと考えるのが自然であるが、全体平均よりも空容量ゼロ路線の平均の方が却って利用率の平均値が低くなるのは不可解といえる。5.1節でも指摘したとおり、「なぜ空容量がゼロなのか？」そして「なぜそれが理由に再エネの接続が制限されたり、系統増強費が請求されるのか？」について、合理的で透明性の高い説明が望まれよう。

図5-5は、東北と九州の2つのエリアの今回分析対象となったすべての路線の年平均利用率と最大利用率の相関をプロットしたものである。両図から一瞥してわかる通り、年平均利用率と最大利用率は比較的弱いながらも相関を持ち、プロットが一定の範囲に固まっている傾向を示している。両エリアともその傾向は似たような形となる。

第5章　送電線空容量問題の深層

　ここでは興味深いことに、プロットの分布自体は似ているものの、空容量ゼロ路線の取り扱いが全く異なることがわかる。東北では、年平均利用率も最大利用率もそれほど高くないところに多くの空容量ゼロの路線が集中しており、実際に混雑が発生しているので空容量がゼロになっているという路線はわずか1路線しか見られない。

　一方、九州は年平均利用率および最大利用率ともに低い領域ではほとんど空容量があるという結果となっており、平均利用率が比較的高い領域でもまだ空容量はあるという路線も存在する。

　もちろん、各電力会社の電力系統の構成は全く同一ではないので、系統構成などさまざまな条件も加味しなければならないが、この傾向の大きな違いはなぜ発生するのか？ということは、高い説明責任を持って公表されるべきであろう。

　一連の分析結果から透けて見える傾向は、VRE の大量導入に対する取り組みや系統運用方法に関して、電力会社間でも差異が生じている可能性がある、ということである。問題は、VRE 電源の接続の可否がどのような根拠で意思決定されたのか？という透明性の問題の方がむしろ重要である。透明性の問題に関しては、次節で詳しく掘り下げていく。

5.1.3　送電線空容量の決定方法の実態

　図5-4で示された通り、日本の基幹送電線の利用率は、どの電力会社もほとんど20% 台あるいはそれを下回る水準であることが明らかになった。しかし、本質的な問題はこの数値の多寡ではない。5.1.1項で紹介した通り、安全面の点からは、送電線の容量が空いているからといっていつでも100% 定格で運用できるわけではない。また、送電線はそれ単体ではなく、電力の安定供給の観点からは電力システム全体の電気的構成のバランスを考えなければならない。そのため、全国一律の推奨値や基準値があるわけではなく、それを元に利用率の多い少ないや良し悪しの評価が決まるものではない。それでは、一体何が問題なのだろうか？

　既に図5-1で説明した通り、電力会社同士をつなぐ会社間連系線の利用に関しては、広域機関が安定供給の裕度を見込んだ運用容量やマージンを公表している。広域機関ではこのような運用容量やマージンを「運用容量検討会」や「マージン検討会」という検討会（委員会）で議論している。会社間連系線の運用容量

139

やマージンについては、どのように検討するか広域機関で資料や議事録が公開されある程度透明性高く決められている。

しかしながら、電力会社管内の送電線（地内送電線）では、運用容量などがそもそもどのように算出されたか、その根拠や意思決定の過程はこれまで十分に明らかに公開されていなかったという経緯がある。また、広域機関からダウンロードできる地内基幹送電線の運用容量のデータでは、運用容量の決定要因の欄には、ほとんど「熱容量」と「熱容量（作業）」の2つの要因しか見当たらず、「周波数維持」や「電圧安定度」が決定要因に記載されている線路は極めてわずか（さらにそのうちそれらの決定要因が記載されている時間帯も極めてわずか）である。図5-1で見た通り、運用容量の決定には本来「周波数維持」や「電圧安定度」も重要な要素になるはずであるが、少なくとも公開されたデータにはそれが含まれていない。

つまりこのことは、なぜ普段から80%以上も空けておかなければならないのか？という理由がどのように議論されどのように意思決定されたのか、合理的な説明が十分公開されておらず、ブラックボックスになっている状況だと換言できる。ここで問題なのは、利用率の数値が大きいか小さいかという数値の大小の問題ではなく、それがどのように決定されたか？という透明性や公平性の問題である。

地内送電線の空容量の決定方法について公式の文書は、筆者が調査した限りでは、2017年10月の山形県エネルギー政策推進プログラム見直し検討会が最初である。同検討会では県内の再エネ推進政策を提言しており、その中で系統接続問題が取り上げられている。再エネの系統接続について、検討会から地元の東北電力に質問状が送付され、それに回答する形で公開された資料[11]によると、そこではローカル系の空容量の評価は「全ての電源を定格出力にて算出」と明記されている。

また、経済産業省が2017年12月26日付で送電線空容量問題に対して公表したウェブ資料（スペシャルコンテンツ）[12]では、**図5-6**のような図も見ることができる。このような図はしばしば最過酷断面を想定している場合に用いられ、ここでは太陽光・風力・火力・原子力などの全ての電源のピークが1点で揃えられており、「全ての電源を定格出力にて算出」の発想が色濃く出ている図となっている。

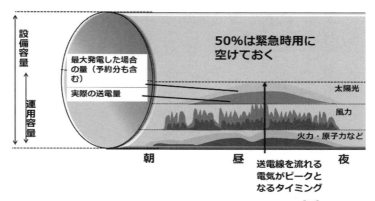

図5-6　経済産業省による送電線のイメージの説明[12]

　このような「全ての電源を定格出力にて算出」する算出方法は、本当に科学的に妥当と言えるだろうか？　ある送電線に接続された電源が全て一つ残らず定格出力で運転する可能性は本当にあるのだろうか？　例えば、風力発電協会が公表した論文[13]によると、ある年に東北地方で計測可能なすべての太陽光発電所が出力した最大値は定格の総和の70％程度であり、風力発電所も同様で85％程度に留まっている（**図5-7**）。

　さらに太陽光と風力の出力はほぼ相関がないので、両者が同時に出力する最大値は両者の定格の総和の50％程度となる。南北500 km以上ある東北地方全域で雲一つなく風速12 m/s以上の強風が吹き続ける瞬間は、気象学的にはほとんど存在しないといってよい。

　また、電力需要も常に変動し、最大値（ピーク）を取る期間は一年間のうちわずかな時間帯しかなく、北海道や東北を除いて日本の電力会社のほとんどが8月の最も気温が上昇した日の日中数時間のみとなる。一般にそのような状況では太陽光発電の出力も高いので（ただし図5-7のように総設備容量の70％程度が最高値）、その分火力発電所もフル稼働することなく余裕が発生する。**図5-8**は2016年8月15日の九州電力管内の実際の発電状況を示したグラフであるが、現実に太陽光のピークとなる時間帯と火力のピークとなる時間帯は確実にずれていることがわかる。

　図5-6のような空容量の議論は、ある送電線に接続された全ての電源（発電

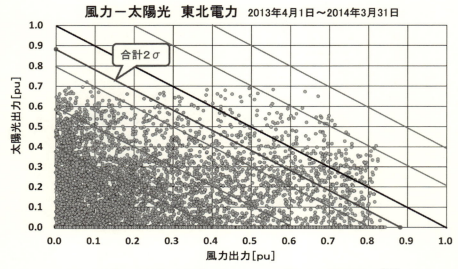

図5-7 東北電力管内における風力および太陽光の出力実測データ[13]

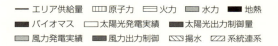

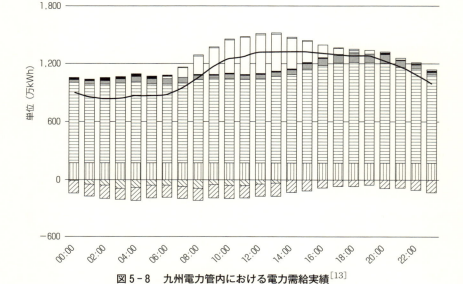

図5-8 九州電力管内における電力需給実績[13]

第5章 送電線空容量問題の深層

所）が一斉に100%定格出力をしているという最過酷断面を想定しているが、それは実際に図5-7や図5-8を見れば明らかなように、実際の電力システムの運用からはほとんど想定できない非現実的な仮定であることがわかる。

停電対策のために日本では「最過酷断面」という言葉がしばしば使われるが、この言葉はコンピュータによる気象予測や電力システムのリアルタイムシミュレーションができなかった時代に、よくわからないが故に安全のための裕度を過剰に取る、という古い考えに過ぎない。21世紀に入りそろそろ20年が過ぎようとしている現代では、電力系統の予測を24時間365日、時々刻々とコンピュータ上でシミュレーションすることが可能である。シミュレーションに誤差は当然つきものであるが、需給予測や再エネ出力予測は、「当たるか外れるか」の占いではなく、気象予測やVREの出力予測も現在はかなりの精度で予測が可能となっており、その予測誤差を考慮して調整力の準備や運用をする時代である。予測精度が向上すればその分、余分にもつ調整力を少なくすることができ、火力発電所の燃料なども削減できてコスト削減につなげることもできる。精緻なシミュレーションをせず「再過酷断面」で過度に安全側に裕度を取った制度の荒い想定しかしないと、本来削減できるコストを余計に見積もらなければならないことになる。

すなわち、送電線の空容量がゼロであるか否かの意思決定は、①当該送電線に接続された全電源が100%定格出力になるというほとんど現実的には有り得ない稀頻度事象を想定しており、②仮にそのリスク対策を取るとしても運用面で解決できる方法が多数実用化されているにもかかわらず、③本来系統運用で対応できるものがなぜか系統計画（送電線の増強や接続の遅延）に議論がすり替わっている、という構造を持っていることが明らかとなった。

5.2　送電線空容量問題の経済学的要因

前節での議論で、本来系統運用で対応できるリスク対策がなぜか系統計画に議論がすり替わっていることが明らかとなった。しかも、送電会社が将来を見越して自らそのコスト負担して送電線を建設するのであればまだ合理性があるといえるものの、数億〜数十億円という発電設備の資本金に比べ巨額のコスト負担が発電事業者に請求されるという状況は、輪をかけて不公平感を助長しているといえる。

確かに、再生可能エネルギー電源に限らず、どのような電源でも新しい電源を電力系統に接続する場合には、大抵、系統側に何らかの対策や増強が必要となりコストが発生する。特に風力や太陽光発電のように出力が自然条件によって変動する電源の場合、その変動を管理するための対策やコストが必然的に発生する。

今まで発送電分離されていない垂直統合された電力システムでは、発電部門も送電部門も同じ会社が所有していたので、どちらがそのコストを負担するかはあまり問題視されなかったが、電力自由化により発電会社が多数生まれ、発送電分離によって発電部門と送電部門の経営が切り離されると、どちらがそのコストを負担するかという問題は非常に重要となる。

5.2.1 接続料金問題：ディープ方式とシャロー方式

このようなコスト負担に対する考え方は、接続料金問題として、欧州では既に10年以上の議論の歴史がある。接続料金体系は大きく分類して、**ディープ方式**と**シャロー方式**が挙げられる。ディープ方式は発電事業者が負担し、シャロー方式は送電事業者が負担する方式である（ディープ方式およびシャロー方式に関しては、例えば文献[15]を参照のこと）。また、その中間で、一定のルールに従って案分するセミシャローという方式も存在する。

ここで、どの事業者が一時的にそのコストを負担するにしても、最終的にはそれは電力料金やFIT賦課金という形で最終消費者（≒国民）に転嫁される、ということが重要である。つまりコストを直接的に支払うのは誰かではなく、社会コストをどれだけ増やさずに最適配分し、VREを最大限導入するかが問題の本質となる。

ディープ方式の場合、系統に十分な空き容量がある場合、系統増強費は請求されないが、先着順のため、これ以上接続すると系統増強費がかかることが判明するとそれ以降申し込んだ発電事業者に系統増強費が全額請求される可能性があり、事業の予見可能性に大きな影響を与えることになる。また、従来型電源が系統増強費を明示的に支払っていないにもかかわらず、新規VRE電源には転嫁されやすいことも欠点として挙げられ、このことはVREの見かけの発電コストやFIT買取価格を押し上げることになる。

さらに、系統増強費を支払わなければならない発電事業者にとっては、実際に増強されるもの以上の系統増強費を支払っている可能性があり、将来行わなけれ

ばならない系統増強が、どの新規電源に直接的に関連するのかを正確に決定して正確に案分することは困難なため、あとから接続する発電事業者が無料で系統を利用する可能性もあるという、いわゆるフリーライダー問題にも容易に発展する。このように、ディープ方式には本質的に不公平性と不確実性が内在し、投資上のリスクが存在するという欠点がある。

ディープ方式は公平性の観点から問題点が多く、シャロー方式の方が VRE 導入を促進する上で有効であることも欧州の経験から明らかになっている。このため、欧州のほとんどの国はシャロー方式（一部はセミシャロー）に移行している。

日本でも電力系統の敷設・増強に係る費用負担ルールに関して議論が行われ、2015年11月には『発電設備の設置に伴う電力系統の増強及び事業者の費用負担の在り方に関する指針』（以下、ガイドライン）が制定された[16]。そこでは**図5-9**に示す通り**特定負担**、**一般負担**という用語が用いられており、この2つの費用負担区分がディープ方式とシャロー方式に対応する。

このガイドラインの制定により、これまで全額特定負担だった FIT 電源に一般負担が適用されるようになり、従来のディープ方式による不公平性や不透明性はかなり解消される結果となった。その点では確かに評価できるが、依然として一般負担の「上限額」を超える場合や費用負担の一部のみを一般負担とするなど、完全なシャロー方式に移行したとはいえず、公平で非差別的なルール策定の観点からは、ループホール（抜け穴）の存在の懸念がガイドライン制定当初から指摘されていた[15]。

実際、2016年3月には、広域機関の第11回広域整備委員会において一般負担の上限の案が提出され[17]、そこでは「地内系統の増強に関わる一般負担の上限額については4.1万円/kW を基準とし、電源の設備利用率に応じ、下表（筆者注：本章では**表5-2**）のとおり電源種別ごとに最大受電電力1 kW あたりの一般負担の上限を設定することとしてはどうか」（下線部筆者）との事務局提案があり、この案がこのまま採用されている。

この結果、特に一般負担の上限額が低い陸上風力および太陽光の発電事業者に数億円の送電線増強費用が課せられる状況が頻繁に発生し、マスコミにも取り上げられ社会問題となったことは既に述べた通りである。この原因は、経済産業省のガイドラインにおける「一般負担の上限」の許容と、広域機関の「電源種別の一般負担の上限額の決定方法」がセットになって相乗効果を起こしたものといえ

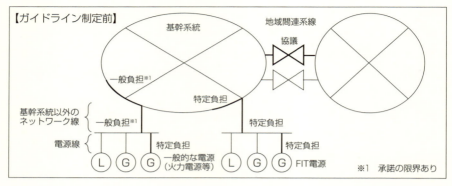

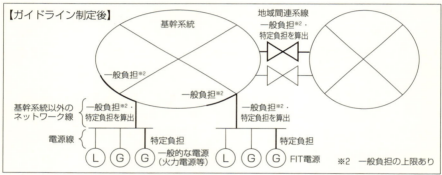

図 5-9　経産省ガイドラインによる一般負担と特定負担[16]

表 5-2　広域機関による電源種別の一般負担の上限額

電源種別	一般負担の上限額 [円/kW]
地熱発電	4.7
バイオマス（木質専焼）	4.9
バイオマス（石炭混焼）、原子力、石炭火力、LNG火力	4.1
小水力（1,000 kW 以下）	3.6
一般水力（1,000 kW 超）	3.0
石油火力、洋上風力	2.3
陸上風力	2.0
太陽光	1.5

（出所）文献[17]より筆者作成。

る。

つまり、本来、特定負担（シャロー方式）で公平で経済効率性のよい方式を「原則」としておきながら、一般負担の上限の名の下にループホールを発生させ、本来設備利用率が低くてもエネルギー回収期間が短くて済む新規技術（即ちVRE電源）に、設備利用率を名目に多くの負担額が課されるという不公平性がある。

実際、この電源種別の一般負担の上限額は多くの批判を浴びたためか、その後、経済産業省でも議論が進み、2018年3月の「第4回再生可能エネルギー大量導入・次世代電力ネットワーク小委員会」では「再生可能エネルギー電源も含め、kW一律で課金することが原則」「一律の額を4.1万円/kWとすることを基本」（p.20）という方針が打ち出された[18]。それを受けて広域機関でも一般負担の上限額の見直しが検討され、2017年4月の第32回広域系統整備委員会において上記小委員会の方針に従った見直しの議論が進んでいる[19]。

5.2.2 原因者負担の原則と受益者負担の原則

前項のように新規発電事業者が電源接続の際に新たに必要となる系統増強費用（さらにVRE事業者の場合は、変動対策なども）を負担しなければならないという発想は**原因者負担の原則**（Cousers-Pay PrincipleまたはGenerator-Pay Principle）と言われている。日本ではこれまで、新設電源に対してこの原因者負担の原則を求める考え方が主流であった。例えば2015年3月に解散した電力系統利用協議会（ESCJ）のルールには「原因者負担」という用語が明示的に記載されていた[20]。今日に至るまで、設備利用率を名目に一般負担の上限が差別されたり、蓄電池併設などといった形でVREの変動対策を発電事業者に課すことが正当化されてきたのは、このような考え方に起因すると考えられる。

しかしながら、この考え方は欧州や北米ではこの10年の議論を経てすっかり変化しており、VREの接続に伴う変動対策や系統増強は**受益者負担の原則**（BPP: Beneficiary-Pay PrincipleまたはUsers-Pay Principle）としてコストを社会化し、電力系統の運用者の責務で対策を行った方が最終的に投資コストも最小化され、新規技術の参入障壁も緩和されるという認識になっている。例えば、ドイツの連邦経済エネルギー省や米国連邦エネルギー規制委員会といった海外の規制機関の文書など、「受益者負担」に言及する文献は数多く見られている[21],[22]。

この原因者負担の考え方は、原因（VRE電源）と結果（変動性）の因果関係の説明がわかりやすく、一見公平に見えるものの，新規技術に対する高い参入障壁に容易に変貌する可能性がある。出力の変動成分の発生や必要となる系統増強は確かに電源側が問題発生の原因者と見ることもできるが、VRE電源は単に無駄なコストを発生させるだけではなく、CO_2排出削減や化石燃料削減などの**便益**（benefit）ももたらすからである。実際、例えばIEAでは、VREのコストだけでなく価値（value）の定量化の議論が進んでいる[23]。最終的に消費者や国民に価値や便益をもたらす電源方式（原因者）が、その便益について何ら考慮されずにコスト分だけ負担を強いられているとしたら、これは公平な市場設計とは言えず、新規技術に対する大きな参入障壁となる。

日本ではVREに関する議論では国民のコスト負担ばかりがクローズアップされ、将来の国民にもたらされる便益についての定量的な議論はまだまだ成熟しているとは言えない。それ故、原因者負担の発想が踏襲され続ける原因となりやすいものと考えられる。

幸い日本でも受益者負担の原則に関する議論が進み、広域機関の『送配電等業務指針』[5]では、「受益者」という用語も随所に登場するなど、受益者負担の発想が少しずつ日本にも浸透してきたとも解釈できる。しかし、現時点でもVREに対して「原因者負担の原則」を当然のように求める言説は少なくなく、この受益者負担の発想が電力産業で浸透するためにはまだまだ時間を要するものと考えられる。

5.3　送電線空容量問題の政策的課題

5.3.1　送電線の利用に関する欧州の法律文書

VREの導入や電力自由化が進む欧州では、これまでの知見を積み重ねてきており、現在では送電線の空容量を定格容量で計算することはもはや推奨されず、実潮流を用いて決定することが、法律文書レベルで推奨されている。

例えば、欧州連合（EU）の**指令**（directive）は連合立法のうちの一形態であり、加盟各国の法令の上位に立ち、加盟各国の法令はこの指令に適合しなければならない強制力の強い法律文書である。そのうち、**自由化指令**あるいは**IEM指**

令とも呼ばれる Directive 2009/72/EC[24]では、送電線の容量に関して以下の条項が見られる（下線部は筆者）。

● Article 23

(Decision-making powers regarding the connection of new power plant to the transmission systems)

2. The transmission system operator shall not be entitled to refuse the connection of a new power plant on the grounds of possible future limitations to available network capacities, such as congestion in distant parts of the transmission system.

【筆者訳】第23条　新規発電所の送電システムへの接続に関する意思決定力

第2項　送電系統運用者に、送電系統の離れた部分の混雑など、利用可能なネットワークの容量の将来可能性ある制約に基づいて新規発電所の接続を拒否する権利を与えてはならない。

● Article 32

(Thrid-party access)

2. The transmission or distribution system operator may refuse access where it lacks the necessary capacity. Duly substantiated reasons must be given for such refusal, …, and based on objective and technically and economically justified criteria.

【筆者訳】第32条　第三者のアクセス

第2項　送電系統運用者及び配電系統運用者は必要な容量が不足する地点でアクセスを拒否する可能性がある。そのような拒否には、（中略）技術的かつ経済的そして客観的に正当性が保証された基準に基づく、適切に実証された理由がなければならない。

　このように連合立法の中では、例外のない義務的要求事項である助動詞"shall"や"must"を用いて送電系統運用者（送電事業者）の取り扱いが義務化されており、その中でも「新規発電所の接続の拒否」や「技術的かつ経済的そして客観的に正当性が保証された基準に基づく、適切に実証された理由」が厳しく規定されている。

　また、同じくEUの連合立法の一つである**規則** regulation は一般的効力と拘束

力を有し、すべての加盟国で法人または個人等に直接適用される法律文書である。例えば、EU の国際連系線の取り決めを定めた規則 Regulation 714/2009[25]では、

- （Definitions）

Article 2

1.（c）'congestion' means a situation in which an interconnection linking national transmission networks cannot accommodate all physical flows resulting from international trade requested by market participants

【筆者訳】

（定義）

第2条第1項（c）「混雑」は、市場参加者による国際取引の結果、各国の送電ネットワークを結ぶ連系線が全ての物理的潮流に適応できない状態を意味する。

- Article 13

5. The magnitude of cross-border flows hosted and the magnitude of cross-border flows designated as originating and/or ending in national transmission systems <u>shall be</u> determined on the basis of the physical flows of electricity actually measured during a given period of time.

【筆者訳】第13条第5項　各国の送電系統が起点及び／または終点として受け入れられる地域を超えた潮流の大きさ、及び設計された地域を超えた潮流の大きさは、所与の時間期間の間に実際に計測された実潮流を元に<u>決定されなければならない</u>。

となる。

　つまり、図5-6に見たような日本の空容量の決定方法（時系列の等時性を無視して定格を積み重ねて送電線の空容量を算定する方法）は、欧州では、「してはならない」と法律レベルで決められていることになる。

5.3.2　透明性と非差別性に関する欧州の法律文書

　同様に、送電線への接続の意思決定に関しても、前項で紹介した自由化指令 Directive 2009/72/EC[24]で義務化されている。

- （Decision-making powers regarding the connection of new power plant to the transmission systems）

第5章　送電線空容量問題の深層

Article 23

1. The transmission system operator <u>shall</u> establish and publish transparent and efficient procedures for non-discriminatory connection of new power plants to the transmission system. Those procedures <u>shall</u> be subject to the approval of national regulatory authorities.

【筆者訳】

（新規発電所の送電システムへの接続に関する意思決定力）

第23条第1項　送電系統運用者は、新規発電所の送電系統への非差別的な接続のために、透明かつ効率的手続きを制定し公開<u>しなければならない</u>。この手続きは、各国の規制機関の承認を得<u>なければならない</u>。

さらに、自由化指令と同年の2009年に制定されたいわゆる**再エネ指令**あるいは**RES指令**とも呼ばれる Directive 2009/28/EC[26]では、

- (**62**) The costs of connecting new producers of electricity and gas from renewable energy sources to the electricity and gas grids should be objective, <u>transparent and non-discriminatory</u> and due account should be taken of the benefit that embedded producers of electricity from renewable energy sources and local producers of gas from renewable sources bring to the electricity and gas grids.

【筆者訳】

序文62項　再生可能エネルギー資源から電力・ガスを供給する新規の供給者が電力・ガス系統に接続するためのコストは、客観性、<u>透明性及び非差別性</u>を持たなければならず、また再生可能エネルギー資源からの電力・ガスを電力・ガス系統に提供する供給者がもたらす便益を考慮しなければならない。

- （**Access to and operation of the grids**）

Article 16

2. Subject to requirements relating to the maintenance of the reliability and safety of the grid, based on <u>transparent and non-discriminatory</u> criteria defined by the competent national authorities:

（b）Member States shall also provide for either priority access or guaranteed access to the grid-system of electricity produced from

151

renewable energy sources;

(c) Member States shall ensure that when dispatching electricity generating installations, transmission system operators shall give priority to generating installations using renewable energy sources in so far as the secure operation of the national electricity system permits and based on transparent and non-discriminatory criteria. Member States shall ensure that appropriate grid and market-related operational measures are taken in order to minimise the curtailment of electricity produced from renewable energy sources. …

【筆者訳】

（系統アクセス及び運用）

第16条第2項　加盟国の規制機関によって定められた透明性及び非差別性のある基準に基づき系統の信頼性及び安全性の維持に関する要件に従うところにより、

（b）加盟国は、再生可能エネルギー資源から供給される電力の電力系統への優先アクセス又はアクセスの保障のどちらかを提供しなければならない。

（c）加盟国は、発電設備を給電する際に、国の電力システムの安全な運用の限りにおいて、また透明性および非差別性のある基準に基づき、送電系統運用者が再生可能エネルギー資源を用いる発電設備を優先しなければならないことを確実にしなければならない。加盟国は、再生可能エネルギー資源から供給される電力の出力抑制を最小にするために、適切な系統運用及び市場に関連する運用の方法が取られることを確実にしなければならない。

と規定されている。すなわち、電源の接続や送電線利用ルールは透明性や非差別性が確保されてなければならず、各国政府が送電事業者にそれを義務付けなければならないということが、例外のない義務化を示す助動詞 shall を用いて最も高いレベルの要求事項として規定されていることがわかる。

5.3.3　送電線の利用に関する日本の法律文書

　一方、日本では、2012年に施行された『電気事業者による再生可能エネルギー

電気の調達に関する特別措置法（平成24年6月18日法律第46号）』（いわゆる
FIT法)[27]では、「特定契約の申込みに応ずる義務」および「接続の請求に応ず
る義務」として、以下のような条項が規定されていた（下線部は筆者）。

● （特定契約の申込みに応ずる義務）

第4条 電気事業者は、特定供給者から、当該再生可能エネルギー電気に
ついて<u>特定契約（略）の申込みがあったとき</u>は、その内容が当該電気事業
者の利益を不当に害するおそれがあるときその他の<u>経済産業省令で定める
正当な理由がある場合を除き</u>、<u>特定契約の締結を拒んではならない</u>。

（後略）

● （接続の請求に応ずる義務）

第5条 電気事業者（略）は、前条第一項の規定により特定契約の申込み
をしようとする特定供給者から、当該特定供給者が用いる認定発電設備と
当該電気事業者がその事業の用に供する変電用、送電用又は配電用の電気
工作物（略）とを<u>電気的に接続することを求められたとき</u>は、次に掲げる
場合を除き、<u>当該接続を拒んではならない</u>。

一　当該特定供給者が当該接続に必要な費用であって経済産業省令で定め
たものを負担しないとき。

二　当該電気事業者による電気の円滑な供給の確保に支障が生ずるおそれ
があるとき。

三　前二号に掲げる場合のほか、<u>経済産業省令で定める正当な理由がある
とき</u>。

　また、上記の条項で掲げられた「経済産業省令」とは、『電気事業者による再
生可能エネルギー電気の調達に関する特別措置法施行規則（平成24年6月18日経
済産業省令第46号）』（いわゆる FIT 省令)[28]を示すが、そこでは「特定契約の
締結を拒むことができる正当な理由」および「接続の請求を拒むことができる正
当な理由」として、以下のように定められている（下線部は筆者）。

● （特定契約の締結を拒むことができる正当な理由）

第4条 法第4条第一項の経済産業省令で定める正当な理由は、次のとお
りとする。

（略）

三　当該特定契約に基づく再生可能エネルギー電気の供給を受けることに

より、特定契約電気事業者（略）が、変動範囲内発電料金等（略）を追加的に負担する必要が生ずることが見込まれること、又は当該特定契約に基づく再生可能エネルギー電気の供給を受けることにより、当該特定契約電気事業者が事業の用に供するための電気の量について、その需要に応ずる電気の供給のために必要な量を追加的に超えることが見込まれること。

（後略）

● （接続の請求を拒むことができる正当な理由）

第6条 法第5条第一項第三号の経済産業省令で定める正当な理由は、次のとおりとする。

（略）

三　当該特定供給者が当該認定発電設備の出力の抑制に関し次に掲げる事項（略）を当該接続に係る契約の内容とすることに同意しないこと。

イ　接続請求電気事業者が、次の(1)及び(2)に掲げる措置（略）を講じたとしてもなお当該接続請求電気事業者の電気の供給量がその需要量を上回ることが見込まれる場合において、当該特定供給者（略）は、当該接続請求電気事業者の指示に従い当該認定発電設備の出力の抑制を行うこと（略）、当該抑制により生じた損害（略）の補償を求めないこと（略）及び当該抑制を行うために必要な体制の整備を行うこと。

（後略）

　このように、日本の法令でも「拒んではならない」と義務的禁止事項として規定されている。ただし、「～を除き」といった形で例外事項も存在するため、ここが法律のループホール（抜け穴）になる可能性が高い。

　このFIT法は、2016年6月3日に平成28年法律第59号[29]で改正され（施行は2017年4月1日）、そこでは旧FIT法第5条にあるような「接続の請求に応ずる義務」は削除されている一方で、「特定契約の申込みに応ずる義務」は第16条に改められ、若干の文言の変更はあるものの、「特定契約の締結を拒んではならない」という規定は変更なく継承されている（下線部は筆者）。

● （特定契約の申込みに応ずる義務）

第16条　電気事業者は、自らが維持し、及び運用する電線路と認定発電設備とを電気的に接続し、又は接続しようとする認定事業者から、当該再生可能エネルギー電気について特定契約の申込みがあったときは、その内容

が当該電気事業者の利益を不当に害するおそれがあるときその他の<u>経済産業省令で定める正当な理由がある場合を除き、特定契約の締結を拒んではならない。</u>

また、この改正 FIT 法では、接続に関する類似の条項は第75条に見られるが、そこでは、

● （再生可能エネルギー電気の安定的かつ効率的な供給の確保に関する国等の責務）

第75条

3 <u>電気事業者は</u>、再生可能エネルギー電気の安定的かつ効率的な供給の確保を図るため、自ら維持し、及び運用する再生可能エネルギー発電設備を用いて発電する再生可能エネルギー電気を供給しようとする者から当該再生可能エネルギー発電設備と当該電気事業者が自ら維持し、及び運用する電線路とを電気的に<u>接続</u>することを求められた場合には、当該接続に必要な費用について必要な説明をすることその他の<u>再生可能エネルギー発電設備の接続を円滑に行うための措置その他の必要な措置を講ずるよう努めなければならない。</u>

とされ、旧 FIT 法第 5 条にあった「当該接続を拒んではならない」という規定が改正 FIT 法では「必要な措置を講ずるよう努めなければならない」と努力義務に後退していることがわかる。

また、この FIT 法の改正に対応する形で2016年 7 月29日に省令『電気事業者による再生可能エネルギー電気の調達に関する特別措置法施行規則』も改正され（いわゆる改正 FIT 省令、施行は2017年 4 月 1 日）[30]、そこでは以下のように文言が修正されている（下線部は筆者）。

● （特定契約の締結を拒むことができる正当な理由）

第14条　法第16条第一項の経済産業省令で定める正当な理由は、次のとおりとする。

（中略）

九　特定契約申込者と特定契約電気事業者の間で、特定契約申込者の認定発電設備と特定契約電気事業者が維持し、及び運用する電線路との電気的な接続により、被接続先電気工作物に<u>送電することができる電気の容量を超えた電気の供給を受けることとなることが合理的に見込まれる</u>にもかか

わらず当該接続に係る契約が締結されていること。

この省令で登場する「合理的に見込まれるにもかかわらず」という限定条件が着目すべき点であり、特定契約電気事業者（いわゆる電力会社）がその合理性を透明性高く立証しているかが、この一連の「空容量問題」の核心部分となる。ただしここで、上記の「拒んではならない」ことは「特定契約の申込みに応ずる義務」に限られており、前述の通り「接続の請求に応ずる義務」に関する条項は改正FIT法で削除されていることに留意すべきである。

一方、改正FIT法と同日に2016年6月3日に法律第59号[31]によって改正され2017年4月1日から施行された『電気事業法』では、第17条に以下の項が新設された（下線部は筆者）。

●**第17条**（託送供給義務等）

4　一般送配電事業者は、発電用の電気工作物を維持し、及び運用し、又は維持し、及び運用しようとする者から、当該発電用の電気工作物と当該一般送配電事業者が維持し、及び運用する電線路とを電気的に接続することを求められたときは、当該発電用の電気工作物が当該電線路の機能に電気的又は磁気的な障害を与えるおそれがあるときその他正当な理由がなければ、当該接続を拒んではならない。

すなわち、旧FIT法で削除された接続義務が改正電気事業法に移行したと解釈することができる。ただし、旧FIT省令の関係にあったような「接続の請求を拒むことができる正当な理由」は旧FIT省令第6条から削除されて以来、現在のところ、改正電気事業法関連の省令には見いだすことができない。以上の法改正の推移を視覚的にまとめたものを、**図5-10**に示す。

2016年改正前の旧FIT省令にあった「接続の請求を拒むことができる正当な理由」がなぜ電気事業法関連省令に継承されなかったのか、審議の経緯は不明であるが、この「正当な理由」が一連の空容量問題を解くための重要な鍵となる。特に再生可能エネルギーの大量導入が進む欧州では、既に2009年の段階で優先接続の徹底やルールの透明性・非差別性が強く謳われ、実際の系統運用の現場でも科学的・工学的妥当性を示すデータや知見が積み重ねられているにもかかわらず、後発の日本ではそれより7年ほど遅れてむしろ後退とも解釈されかねない法改正の動きを見せていることは極めて憂慮すべき問題であるといえる。5.1.2項で述べた現在の一般送配電事業者の空容量の算出方法が、改正電気事業法第17条の

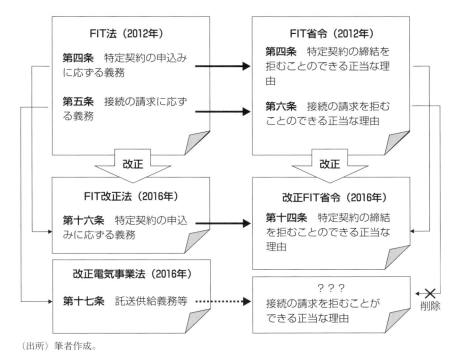

(出所）筆者作成。

図5-10　日本のFIT法、電気事業法、FIT省令の改正の経緯

「正当な理由」にあたるかどうかは、今後、立法や司法の場で、あるいはメディアや市民から、厳しく問われることになるものと予想される。

5.4　送電線空容量問題の本質的解決法

以上のように、送電線の空容量問題がなぜ発生するかを深層まで追求すると、問題は空容量がある／ないという表層的な問題ではなく、重層的で複雑な要因を孕んでいることがわかる。以下の項では、技術的・制度的・政策的観点から、解決方法を提案する。

5.4.1　解決方法1：実潮流に基づく分析・運用と出力抑制

5.1.1項において、N-1基準という電力の安定供給の観点から、送電線は通常

時に100%フル定格で運用することができず、常時でもある程度空けておかなければならないという電力システムの設計・運用思想を外観した。また5.1.2項において、電力会社が現在採用する空容量の計算方法は、基本的に送電線に接続された全ての電源が定格容量で100%運転するという「最過酷断面」を想定していることが明らかになった。さらに、その最過酷断面は科学的にはほとんど起こり得ない稀頻度の事象を想定していたことも明らかにした。

このような稀頻度の事象に対して対策を取る場合、最も簡単ですぐにでも実現可能な技術的な方法は、**出力抑制**[3]である。風が吹き太陽が照り過ぎてVREからの出力が増えてきて、あと数時間先に主要幹線に雷などで万一事故があったらN-1基準を満たすことができない、という状況の場合に、風力・太陽光発電所に信号を送ってその時間帯だけ出力を絞る、という方法である。事実、VREの大量導入が進む欧州では、10年以上前から既に実際に電力システムの運用に組み込まれて実施されている。

図5-11は、IEA Wind Task25（国際エネルギー機関 風力発電技術協力プログラム 第25部会 風力発電大量導入時の電力系統の設計と運用）のメンバー有志が共同で調査した各国の出力抑制を比較した図であり、横軸はVRE（太陽＋風力）の導入率、縦軸に出力抑制率（風力＋太陽光の年間発電電力量に対する抑制された電力量の比率）を示している[32]。

図5-11左図のように、VREの導入が進む欧州では風力＋太陽光の導入率が20%前後になっても、出力抑制によって捨てざるを得なかったVREの電力量は年間数%に過ぎないことがわかる。特に北海道と同じく島国で他の地域との連系線も少ないアイルランドでも2015年で5%程度に留まっている。

出力抑制に関しては、欧州では、5.3.3項でも登場したDirective 2009/28/EC[26]において、

- （Access to and operation of the grids）

  Article 16

  (c)... Member States shall ensure that appropriate grid and market-related operational measures are taken in order to <u>minimise the curtailment</u> of electricity produced from renewable energy sources. ⋯

3）文献によっては「出力制御」と表記するものもあるが、本章では「出力抑制」で統一する。

第5章　送電線空容量問題の深層

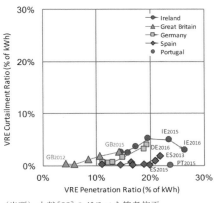
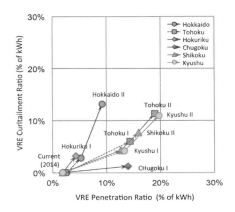

（出所）文献[32]のグラフを筆者修正。

図5-11　欧州主要国の風力＋太陽光導入率と出力抑制率の相関

【筆者訳】
（系統アクセス及び運用）
　第16条第2項（c）（中略）加盟国は、再生可能エネルギー資源から供給される電力の出力抑制を最小にするために、適切な系統運用及び市場に関連する運用の方法が取られることを確実にしなければならない。

と規定されており（下線部筆者）、出力抑制をむやみに用いず最小化することが各国に義務付けられている。

　一方で、図5-11右図のように、日本の各電力会社が2014年12月時点で公表した出力抑制の将来予測（図5-11右図のデータは文献[33]に基づく）では、VRE導入率が10%程度でも出力抑制率が10%以上となるなど、既に先行してVRE大量導入が実現しつつある欧州に比べて著しく悪化した予想が立てられている。この原因は出力抑制以外の系統運用の手段を改善せず、**電力系統の柔軟性（フレキシビリティ）**を有効利用せずに従来的な系統運用方法を踏襲しているからだと推測される。

　いずれにせよ、このような過度な出力抑制の予測が電力会社各社から公表されると、VRE発電事業者の事業予見性が不透明になり、VREに対する投資を冷え込ませる結果となる。日本の各電力会社の出力抑制の将来予想は、先行する海外事例と比べ著しく悪い予想であり、各国・各エリアの系統構成が如何に異なって

159

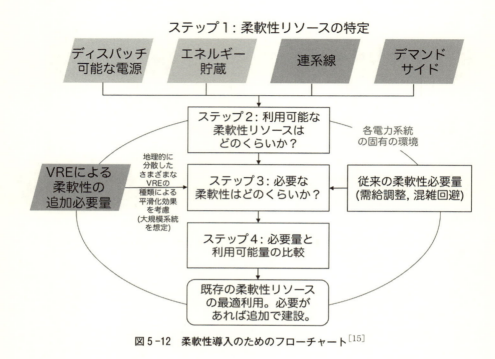

図 5-12　柔軟性導入のためのフローチャート[15]

いようと、このような国際的な先行例から著しく乖離した数値が技術的に正当化されることは難しい。各電力会社には、この出力抑制の将来予測に対して、数値を諸外国並みに低減させるための提案を速やかに行い、将来予測を改善させることが望まれる。

　VRE大量導入のために必要な調整力は、日本では火力発電のバックアップという古い考え方がまだまだ支配的かもしれないが、海外ではより上位の概念である柔軟性（フレキシビリティ）についての議論が活発に起こっている。**図 5-12**は国際エネルギー機関（IEA）から公表された柔軟性を導入するための推奨フローチャートである。VRE大量導入を実現するためにはまず「火力のバックアップや蓄電池が必要」と多くの日本人は思い描きがちであるが、調整できる能力を持つ電力設備はさまざま存在する。例えば、水力発電、分散型コジェネ、揚水発電、送電線など、多様性があり、さまざまな地理的・気象学的環境や電力システムの構成状況などを考慮しながら、世界各国・各地域で「今あるものから優先的

に使う」というのが第1段階である。その後、第2段階として、今あるものだけでは足りないということがわかってきたら、「コストの安いものから建設を始める」ことになる。

このような考え方の推奨が、原発事故のあった2011年に既に国際機関から公表されていたというのは象徴的といえる。この報告書は残念ながら日本語に翻訳されていないため、このコンセプトがまだまだ日本に（一般市民だけでなく、マスコミや政策決定者、研究者にも）十分浸透していない可能性がある。

このように柔軟性の考え方を推し進めると、単に送電線の有効利用という狭い観点だけでなく、VREを大量導入する際に必要となる調整力をどのようにやりくりするか、という問題にも共通する。そのためには、単に設備容量の総和を積み上げ、「最過酷断面」のみを考える静的な系統計画ではなく、実潮流を観測・分析し、時間分解能の細かな系統シミュレーションを行って動的に需要やVRE出力を予測しながら系統運用を行う方法が必要となる。事実、欧州の送電系統運用者は中央給電指令所において需要やVRE出力の予測を元に1分～数分間隔でN-1基準のチェックを行い、実潮流ベースの系統運用を行っている。

このように、VREの大量導入が進む欧州の先行事例に見る通り、出力抑制を含む柔軟性など系統運用上の対策として十分実現可能な選択肢が存在する。それにもかかわらず、日本の現時点での問題は、なぜか系統計画（すなわちVRE電源の接続）の問題に話がすり替わってVREの接続が事実上制限されている。本来、技術的にも簡単でコストの低い解決手段である出力抑制や他の柔軟性を十分活用する前に、より多額のコストがかかる系統増強やVREの接続制限で問題解決を図ろうとしていることになる。これは、現在所有するアセットを十分活用しないうちに追加の設備投資を行うことに他ならない。ここには論理的に大きな飛躍があり、現在の空容量の意思決定手法は、技術的観点だけでなく、経済的にも合理性を見いだすことは困難であるといわざるを得ない。

5.4.2 解決方法2：コネクト＆マネージと間接オークション

経済産業省でも昨今の事態を重く見て、**日本版コネクト＆マネージ**の議論をスタートさせた[34]。コネクト＆マネージは、その名の通り、まず接続（コネクト）を許可し、運用面で管理（マネージ）するという方法である。このコネクト＆マネージは、もともとイギリスで採用されているVREの系統接続問題を解決する

161

ための政策であるが、VRE 大量導入が進む他の国でも似たような法制度が取られており、むしろ海外では当たり前の合理的な方法論といえる。日本でもこれを徹底しようとする議論が経済産業省の審議会などでも行われるということは、大きな前進であるといえる。

　例えば、経済産業省（資源エネルギー庁）は2017年6月頃から『スペシャルコンテンツ』をウェブサイトに公開しており、一連の情報の中では送電線空容量問題に関連する記事も複数公表されている。その中では、例えば、

- 「限られた既存の電線をうまく活用して、電源を最大限接続していくことが検討されています」[35]
- 「現在の電力系統を最大限に活用するさまざまな方法が検討されています」[12]
- 「2018年4月からは、送電線の容量の計算方法を抜本的に見直し、需要に応じて合理的な電源の稼働を評価することで、より実態に近い空き容量の算定をおこない、接続容量の拡大を図ることとしています」[36]

などの表現が見られている（下線部は筆者）。

　5.1.1節でも紹介した通り、送電線空容量問題は2017年10月頃からメディアで大きく取り上げられ社会問題化したが、経産省自身もこの問題の深刻さを従前に認識しており、時を同じくしてその打開策を検討していることがわかる。既存の系統の「最大限活用」が繰り返し述べられ、それが徐々に具体的になっていることが読み取れる。

　一方、広域機関でも、2018年3月12日に『基幹送電線の利用率の考え方及び最大利用率実績について』[37]という公開情報を発表し、「更なる系統利用拡大に向けて」「空容量を拡大していく」「電力潮流の少ない断面の系統利用を促す仕組み」（いずれも同資料 p.13）などという表現を用いながら、利用拡大についての議論が進んでいることがわかる。

　同資料では、系統利用拡大の方策として「想定潮流の合理化」「N-1電制」「ノンファーム型接続」という手法が提案されている（**図5-13**参照）。想定潮流の合理化とは、単純に送電端の発電機定格のつみあげ方式ではなく、最大潮流想定の精度を向上させることにより、空容量を増やす試みである。また、N-1電制とは、通常N-1基準を保っている線路でなんらかの事故が発生し一時的にN-1基準から逸脱しそうになる際に（但しこの状態で直ちに系統崩壊が起こりブラックアウ

162

（特定の送電線に流れる電力潮流と運用容量のイメージ）

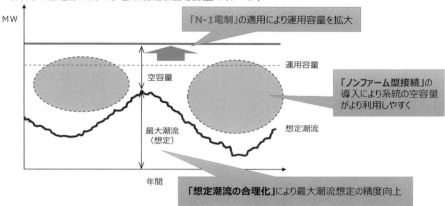

図5-13　広域機関による系統利用拡大の方策[37]

トが引き起こされるわけではないことに留意）、特定の電源を制限し、速やかにN-1状態に回復させる方法である。また、ノンファーム型接続は別名「非確約型接続」とも言われ、電源の接続は許可されるものの、系統の状況により必ずしもいつでも給電が確約される電源ではない接続契約を意味する。これらの方法は短期的対処療法としては有効な手法であり、当座の空容量を増やす（すなわち空容量ゼロを減らす）ことに貢献するものと考えられる。広域機関でもこの議論が速やかに前進することが望まれる。

しかし一方で、前項で取り上げた「想定潮流の合理化」「N-1電制」「ノンファーム型接続」は、いずれも現在の「空容量」の概念を踏襲したままとなっており、従来型電源が優先され残された少ない「枠」を新規電源に「できるだけ」分け与える、という発想に留まったままであることに留意が必要である。

広域機関では、この問題を解決するために**間接オークション**という切り札ともいうべき手段を採用している。ただし、会社間を結ぶ連系線においてのみ議論が進んでおり、一般送配電会社（電力会社）のエリア内の地内送電線に関しては、間接オークションの議論が十分進んでいる形跡はあまり見られない。

間接オークションとは、送電線の使用権が電力市場における電力取引と間接的に連動することから「間接」と名付けられている。ここでは「先着優先」や「既設」といった新規技術の参入障壁を生みやすい不公平で恣意的なカテゴリー分け

163

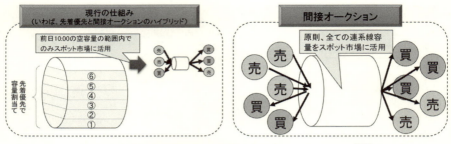

図 5-14　会社間連系線における間接オークションのルール[38]

はなく（**図 5-14**）、現在考えられる限りでは最も公平かつ透明性の高い送電線利用ルールといえる。会社間連系線ではこのルールが導入されたのに、なぜ地内（電力会社管内）送電線ではほとんど議論されないか、疑問が残るところである。

一方、前述の『スペシャルコンテンツ』でも、上記の問題点（間接オークションの議論の不在）に呼応する形で不可解な記述が散見される。

- 「もともとの電源や、今は動いていないものの先に申し込みをしていた電源を排除することになれば、これらの電源の「事業の予見性」、つまり、発電事業がビジネスとして成り立つかどうかの見込みが立てられなくなってしまいます」[36]

本来、事業の予見性を高めるためには、公平で透明性の高い市場設計が必要とされ、適切に設計された市場での予見性はひとえに経営者の能力に負うところであるが（「排除」されるのではなく単に市場競争に委ねられるだけ）、従来ルールの下でしか予見性を保てないプレーヤーの心配をするとしたら、これは決して公平な市場設計とは言うことができないであろう。

このように、既存の設備から得られる系統柔軟性を最大限活用し、運用面での工夫を行い、本来今あるアセットを有効活用することが最優先であるにもかかわらず、それを無視・軽視して新規送電線の増強が必要となる（そしてそれまではVRE の接続は強く制限する）という主張は、技術的にも経済的にも説得力を持つとはいうことができないと結論づけられる。

5.4.3　解決方法 3：受益者負担の原則と費用便益分析

解決方法の 3 つ目は、受益者負担の原則を徹底させることである。受益者負担

の原則によって送電会社が一時的に負担した VRE の変動対策コストや送電網増強コストは、電気代に転嫁され受益者である電力消費者が支払うことになる。確かに、電力消費者にとって負担コストは一時的に上昇するが、その額はわずかであり、将来見込める便益の方が大きいことが、諸外国のさまざまな費用便益分析（CBA）から明らかになっている。

例えば、欧州送電系統事業者ネットワーク（ENTSO-E）が2016年末に公表した『系統開発10ヶ年計画（TYDNP）』[39]によると、欧州（EU に加え、スイス、ノルウェーなど）全域で2030年までに国際送電線だけで200ものプロジェクトが計画され、1500億ユーロ（≒20兆円）の投資が必要であると報告されている。しかしながら、その巨額の投資によるネットワークコストの上昇は、今後15年間で1.5〜2 €/MWh（≒0.20〜0.27円/kWh）にすぎないことも同時に公表されている。

同報告書では、200もの送電線増設・新設プロジェクトのそれぞれに対して費用便益分析を行っている（TYNDP（ただし2014年版）の費用便益分析について日本語で読める解説としては、文献[40]を参照のこと）。必要な投資コストは1500億ユーロと確かに巨額であるが、欧州では電力市場が活性化しているため送電線の利用率も高く、したがって投資回収は比較的短期で回収できる予見性が高く、投資の好循環が生まれている。さらに同報告書によると、必要な投資額1500億ユーロのうち、既に800億ユーロ分は各加盟国で承認されたり、加盟国同士での合意が締結済みのものである。各国政府の高い目標と支援があるため、金融業界、産業界も投資に積極的で、製造も流通も活性化され、雇用が生まれ、経済が回るという好循環が生まれているといえよう。

しかも、投資が積極的で経済が回るというのは、決して一部のプレーヤーにとって利益（profit）が得られるだけという構図ではなく、社会的便益（social benefit）の点からも検討されている点が興味深い。ENTSO-E の TYDNP の特徴は、欧州委員会のエネルギーインフラに関する基本政策である『共通利益プロジェクト（PCI）』[41]に従って費用便益分析を行っており、開発の意義や優先順位が定められているという点にある。PCI とは、2006年に発効された EU の決定[4]『汎

4）EU における「決定 decision」とは、欧州委員会や欧州議会が発効する法律文書のひとつであり、特定の個人・団体に拘束性を持つものである。

欧州エネルギーネットワークのためのガイドライン（1364/2006/EC)』[42]に従って認定された EU 助成対象プロジェクトであり、PCI に認定されるためには、費用便益分析やエネルギー安定供給、域内統合などの観点から経済的実現可能性を示さなければならないものである。すなわち、なぜその送電線の建設が必要なのか、それが将来の欧州市民にどのような便益をもたらすのかが、ある程度定量化され公開されている。それゆえ、若干のネットワークコストの上昇があったとしても、多くの欧州市民にとって受容性が高いものと推測できる。

さらに、同報告書では費用便益分析によって、2030年までに正味の電力料金（税や補助金等を除外した電力料金）としては1.5〜5 €/MWh（≒0.18〜0.61円/kWh）低減すると試算されている[39]。ネットワークコストが上昇するのに、正味の電力料金が低減する理由は、VRE の大量導入が挙げられる。VRE は、メンテナンス費用等は発生するが燃料費が無料であるため限界費用がゼロに近く、**VRE のメリットオーダー効果**により電力市場の卸価格を低廉化させる（メリットオーダーに関する説明については、例えば文献[15]を参照のこと）。

日本では、特に FIT 賦課金による電力料金の上昇ばかりが喧伝されやすいが、VRE には便益があり、それは次世代への富の再配分となる。便益や受益者負担の発想なしに、また定量的な費用便益分析なしに、コスト負担だけを強調する議論は、近視眼的で効率的でなく、社会厚生の公平な配分とならない可能性が高い。VRE 大量導入やそれに伴う送電インフラへの投資に関しては、可能なかぎり定量的な費用便益分析を日本で推し進めることが重要な鍵となる。

なお、5.2.1項で紹介した経済産業省のガイドライン[16]では「受益者負担を基本」という表現も見いだすことができるが、この場合の受益者は発電事業者のことを指し、VRE から最終的な便益を受ける電力消費者ではないことに留意すべきである。この指針の一連の議論では、VRE が消費者や国民にもたらす便益についてはほとんど議論されずに、発電事業者の受益についてのみが検討され、発電事業者への負担が正当化された結果となっている。やはりこの問題も VRE の便益に関する議論の不在に起因しており、海外で積み重ねられてきた国際的議論とは真逆の方向性であると言え、今後この指針に基づく運用がどのような結果をもたらすか、注視が必要である。

第 5 章　送電線空容量問題の深層

5.5　おわりに

　本章では、近年話題となっている「送電線空容量問題」を取り上げ、その問題の発生要因とその取るべき対策について、技術・制度・政策など多角的観点から分析を行った。送電線空容量問題は、決して空容量があるか / ないの表層的問題ではない。また、新規電源（その多くが VRE 電源）が接続できるか / できないかだけで問題が解決するものでもない。本章での議論をまとめると、そもそもの問題の発生の要因とその対策は、以下のようになる。

- ●稀頻度事象に対する技術的問題
  - ✧発電所の定格容量で計算するのは合理性がない
    - ⇒実潮流に基づく分析・運用が必要
- ●系統運用と系統計画の議論のすり替えの問題
  - ✧本来、系統運用の範疇で十分対策できるはずなのに、なぜか系統計画（電源接続）の問題にすり替わっており、そのリスクが発電事業者に不自然に転嫁されている。
    - ⇒コネクト＆マネージおよび間接オークションの推進が必要
- ●必要な対策のコスト割り当ての問題
  - ✧VRE に対する原因者負担の原則は、本質的に不公平性や非効率性を孕み、新規技術の参入障壁を作りやすく、社会コストを無駄に押し上げる可能性がある。
    - ⇒受益者負担の原則（一般負担）の徹底が必要

　幸い、現在コネクト＆マネージの議論が進み、事態はやや改善する方向に向かっているが、その議論の結論が出る前に、従来のルールに基づく募集プロセスの入札が行われようとするなど、公平性の観点から必ずしも適切とはいえない動向も見られ、予断は許さない状況が続いている。この問題は特定の産業界の収益性の問題ではなく、エネルギー政策の公平性と透明性に関わる根幹的な問題である。多くの市民の監視のもと、透明な議論が進み、非差別的で公平なルールを作る議論が今後ますます望まれる。

参考文献

[1] 東北電力：東北北部における系統状況変化について
http://www.tohoku-epco.co.jp/jiyuka/04/tou.pdf

[2] 東洋経済新報社：空き容量はゼロでも送電線はガラガラ、特集『再エネが接続できない送電線の謎』、2017年9月30日号

[3] 安田陽・山家公雄：送電線に「空容量」は本当にないのか？、京都大学再生可能エネルギー経済学講座コラム、2017年10月2日掲載
http://www.econ.kyoto-u.ac.jp/renewable_energy/occasionalpapers/occasionalpapersno45

[4] 安田陽・山家公雄：続・送電線に「空容量」は本当にないのか？、京都大学再生可能エネルギー経済学講座コラム、2017年10月5日掲載
http://www.econ.kyoto-u.ac.jp/renewable_energy/occasionalpapers/occasionalpapersno46

[5] 電力広域的運営推進機関：送配電等業務指針、平成29年4月1日変更
https://www.occto.or.jp/article/files/shishin170401.pdf

[6] 安田陽・山家公雄：北海道・東北地方の地内送電線利用率分析と風力発電大量導入に向けた課題、第39回風力エネルギー利用シンポジウム（2017）

[7] 安田陽：送電線は行列のできるガラガラのそば屋さん、インプレス R&D（2018）

[8] 電力広域的運営推進機関：系統情報サービス
http://occtonet.occto.or.jp/public/dfw/RP11/OCCTO/SD/LOGIN_login

[9] Y. Yasuda et al.: "An Objective Measure of Interconnection Usage for High Levels of Wind Integration", Proc. of 14th Wind Integration Workshop, WIW14-1227（2014）

[10] 安田陽：再生可能エネルギー大量導入のための連系線利用率の国際比較、電気学会 新エネルギー・環境／メタボリズム社会・環境システム 合同研究会、FTE-16-002、MES-16-002（2016）

[11] 山形県エネルギー政策推進プログラム見直し検討委員会：第5回関連質疑応答（2017）

[12] 経済産業省資源エネルギー庁：スペシャルコンテンツ：送電線「空き容量ゼロ」は本当に「ゼロ」なのか？〜再エネ大量導入に向けた取り組み、2017年12月26日
http://www.enecho.meti.go.jp/about/special/johoteikyo/akiyouryou.html

[13] 相場茂・斉藤哲夫：風力発電と太陽光発電 ―出力抑制無補償期間内における最大導入量の相関―、風力発電協会誌（2016）
http://jwpa.jp/2016_pdf/90-52mado.pdf

[14] Wellnest Home: 送電端電力グラフ

https://wellnesthome.jp/energy/

[15]安田陽：系統連系問題、植田和弘・山家公雄編：『再生可能エネルギー政策の国際比較』、第6章、京都大学学術出版会（2017）

[16]経済産業省 資源エネルギー庁 電力・ガス事業部：発電設備の設置に伴う電力系統の増強及び事業者の費用負担の在り方に関する指針（2015）
http://www.enecho.meti.go.jp/category/electricity_and_gas/electric/summary/regulations/pdf/h27hiyoufutangl.pdf

[17]電力広域的運営推進機関 広域系統整備委員会：一般負担の上限額の設定について、第11回資料1、2015年3月15日
https://www.occto.or.jp/iinkai/kouikikeitouseibi/2015/files/seibi_11_01_01.pdf

[18]経済産業省 再生可能エネルギー大量導入・次世代電力ネットワーク小委員会：系統制約の克服に向けた対応について（その3）、第4回資料2、2018年3月22日
http://www.meti.go.jp/committee/sougouenergy/denryoku_gas/saiseikanou_jisedai/pdf/004_02_00.pdf

[19]電力広域的運営推進機関 広域系統整備委員会：一般負担の上限額の見直しについて、第32回資料1、2018年4月20日
https://www.occto.or.jp/iinkai/kouikikeitouseibi/2018/files/seibi_32_01_01.pdf

[20]電力系統利用協議会（ESCJ）：「電力系統利用協議会ルール」、2014年12月16日最終改訂【注：ESCJは2015年3月31日解散しており、同ルールは失効していることに留意】

[21]Federal Ministry for Economic Affairs and Energy (BMWi): "An Electricity Market for Germany's Energy Transition - White Paper by the Federal Ministry for Economic Affairs and Energy" (2015)

[22]United State Federal Energy Regulatory Commission (FERC): "Transmission Planning and Cost Allocation by Transmission Owning and Operating Public Utilities", Order No. 1000 (2011)
http://www.ferc.gov/whats-new/comm-meet/2011/072111/E-6.pdf

[23]International Energy Agency (IEA): Getting Wind and Solar onto the Grid (2017)
https://www.iea.org/publications/insights/insightpublications/Getting_Wind_and_Sun.pdf

[24]European Union: Directive 2009/72/EC of the European Parliament and of the Council of 13 July 2009 concerning common rules for the internal market in electricity and repealing Directive 2003/54/EC

[25] European Union: Regulation（EC）No 714/2009 of the European Parliament and of the Council of 13 July 2009 on conditions for access to the network for cross-border exchanges in electricity and repealing Regulation（EC）No 1228/2003

[26] European Union: Directive 2009/28/EC of the European Parliament and of the Council of 23 April 2009 on the promotion of the use of energy from renewable sources and amending and subsequently repealing Directives 2001/77/EC and 2003/30/EC

[27] 日本国：電気事業者による再生可能エネルギー電気の調達に関する特別措置法（平成24年6月18日法律第46号）

[28] 経済産業省：電気事業者による再生可能エネルギー電気の調達に関する特別措置法施行規則（平成24年6月18日経済産業省令第46号）

[29] 日本国：電気事業者による再生可能エネルギー電気の調達に関する特別措置法（FIT法）の一部を改める法律（平成28年6月3日法律第59号）

[30] 経済産業省：電気事業者による再生可能エネルギー電気の調達に関する特別措置法施行規則の一部を改正する省令（平成28年7月29日経済産業省令第84号）

[31] 日本国：電気事業法の一部を改正する法律（平成28年6月3日法律第59号）

[32] Y. Yasuda et al.: International Comparison of Wind and Solar Curtailment Ratio, 15th Wind Integration Workshop, WIW15-111（2015）

[33] 経済産業省新エネルギー小委員会 系統ワーキンググループ：各社接続可能量の算定結果（暫定）、第3回資料9、2014年12月16日
http://www.meti.go.jp/committee/sougouenergy/shoene_shinene/shin_ene/keitou_wg/pdf/003_09_00.pdf

[34] 経済産業省 再生可能エネルギー大量導入・次世代電力ネットワーク小委員会：再生可能エネルギーの大量導入時代における政策課題と次世代ネットワークの在り方、第1回資料3、2017年12月18日
http://www.meti.go.jp/committee/sougouenergy/denryoku_gas/saiseikanou_jisedai/pdf/001_03_00.pdf

[35] 経済産業省資源エネルギー庁：スペシャルコンテンツ：再エネの大量導入に向けて～「系統制約」問題と対策、2017年10月5日
http://www.enecho.meti.go.jp/about/special/tokushu/saiene/keitouseiyaku.html

[36] 経済産業省資源エネルギー庁：スペシャルコンテンツ：なぜ、「再エネが送電線につなげない」事態が起きるのか？再エネの主力電源化に向けて、2018年3月26日
http://www.enecho.meti.go.jp/about/special/johoteikyo/qa_setuzoku.html

[37] 電力広域的運営推進機関：基幹送電線の利用率の考え方及び最大利用率実績につい

て、2018年3月12日

https://www.occto.or.jp/oshirase/sonotaoshirase/2017/files/180312_kikansoudensen
_riyouritsu.pdf

[38]電力広域的運営推進機関地域間連系線利用ルール等に関する検討会：2016年度 中
間取りまとめ、2016年8月12日

https://www.occto.or.jp/iinkai/renkeisenriyou/files/renkeisen_chuukantorimatome.p
df

[39]ENTSO-E: Ten-Years Network Development Plan 2016（2016）

[40]岡田健司・丸山真弘：欧州における発送電分離後の送電系統増強の仕組みとその課
題、電力中央研究所報告、Y14019（2015）

[41]European Commission: website "Projects of common interest"（Last update:
06/08/2017）

https://ec.europa.eu/energy/en/topics/infrastructure/projects-common-interest

[42]European Parliament: Decision No 1364/2006/EC of the European Parliament and of
the Council of 6 September 2006, laying down guidelines for trans-European energy
networks and repealing Decision 96/391/EC and Decision No 1229/2003/EC

| 第6章 | **欧米の電力システム改革からの示唆** |

内藤克彦

6.1 欧米の電力システム改革は何のためになされたか

　米国の電力システム改革は、我が国より約20年遡り、1996年の制度改正により本格化しているが、この制度改正の目的は分散型電源を大規模集中型電源と同等に電力系統に組み込みエネルギー産業のイノベーションを進めることにあった。また、EU は、米国より13年遅れて2009年の制度改正により抜本的な電力システム改革を始めるが、同時に抜本的な再エネ導入のための EU 指令を制定している。EU においても、実は、再生可能エネルギー（以下「再エネ」）を電力系統に本格的に取り入れるための改革として電力システム改革を実施している。

　我が国においては、2011年8月26日に固定価格買取（FIT）制度が再エネの導入拡大の切り札として導入された。一方で、電気事業法改正案が、それぞれ、2013年11月13日、2014年6月11日、2015年6月17日に成立し、電力システム改革が鋭意進められているところである。ここでは欧米に見られるような、両制度間の共通の目的意識や両制度の強い連携は見られない。このため、一見、形式的には同じような電力システム改革を行いながら、欧米で改革の基本としている重要なファクターで抜け落ちているものがあるのではないかと思われる。

　欧米のエネルギーシステム改革の核心となる考え方を、我が国ではあまり紹介されていない電力系統の運営の観点を中心に紹介することとしたい。

6.1.1 EU の総合的な再エネ導入政策

　EU では、温室効果ガス排出80～95% 削減を念頭においた計画が、2011年3月8日に策定されている。これは、「A roadmap for moving to a competitive low

173

carbon economy in 2050（COM/2011/0112final）」という表題で、文字通り、2050年までに温室効果ガス排出を80％削減する道のりを示したものである。

このロードマップでは、単なる温暖化対策に留まらず表題に示すように「競争力のある低炭素経済への移行」というより大きな視点に政策の視野が変化している。温室効果ガスの80～95％削減には、社会システム自体の大胆な移行が必要となることが明らかになると同時に、このような社会システムの移行をうまく行えば実は長期的には産業政策から見ても様々なメリットを持つことをEUは確信するに至ったと思われる。この辺のEUの考え方を少し解説すると以下の通りとなる。

① EU内投資の増大

再エネ中心のシステムにすることは燃料費として域外に流出していたマネーフローがEU域内製造業への投資に変わることになる。「今日の投資が将来の経済競争力を決める」ということを考えると、欧州に取って貴重な投資機会を作ることになる。

② EUの燃料輸入額の減少・エネルギー安全保障

EUの化石燃料輸入額は毎年1750億ユーロ～3200億ユーロであるが、低炭素電源への転換により、これらの資金がEU域内で循環するようになる。また、同時にエネルギーの域外依存率が大きく低下することになる。

③ 職の創造

再エネ関連産業や域内投資は、多くの新たな雇用を生み出す。

④ イノベーション

電力システムを初めとした、新たな社会システムへの移行は、多くのイノベーションを生み出し、次世代のEU製造業の発展の基になる。

また、東日本大震災による原発影響も考慮しつつ、2011年12月に「Energy Roadmap 2050」を取りまとめている。同時期にEU委員会から出された「Energy Roadmap 2050」という冊子（EU Commission, 2012）には、これを実現するには「エネルギーシステム革命」に今まさに着手しなければいけないという趣旨のことが記述されている。

この中で、エネルギーセクターは、人為起源の温室効果ガス（GHG）排出の最大のシェアを占めているので、2050年に80％のGHG排出削減を実現するため

には、特にエネルギーシステムに重点的に対策を講ずる必要があるとし、EU政策の方向付けをしている。

　ここで述べられているEU政策の方向としては、2050年には、小型・中型自動車の電化（65%のエネルギーシェア）等の進展により省エネが進んでも電力消費自体は減少しないため、電力の脱炭素化のための構造改革が必要で、目標達成のためには、発電部門は96〜99%の脱炭素化が必要としている。特に、再エネに関しては、いずれのシナリオでも電力供給の主力になり、電力消費の64〜97%のシェアを占めることになる。また、再エネが電力供給の主役となることに伴い、これを支えるシステムの変革（Res Integration）も必要としている。

　EUのユンカー委員長は、エネルギーユニオンの設立に際し、「我々は、我々の大陸の再エネのシェアを伸ばす必要がある。これは単に気候変動政策として責務を果たすという事に留まらず、中期的に引き続き我々が手頃な価格で自由にエネルギーを手にしたいと考えるのなら、同時に産業政策としても必須のものである。それ故、私は欧州エネルギー同盟を再エネで世界一にしたい。」（Juncker, 2014）と発言しており、以上に見てきたように、EUにおいては、産業政策の面からも再エネで世界をリードすることを考えているようである。

6.1.2　再エネ導入EU指令と同時に制定された電力改革EU指令

　EUでは、2009年4月にDirective2009/28/ECにより、2020年の再エネ導入目標を加盟各国に義務付けるEU指令と同時に電力システムに関する基本的なEU指令をDirective2009/27/ECにより改定し、再エネを電力系統に円滑に取り入れるための電力改革が併行して強力に進められている。

2009年4月　EU指令29　　2℃を超えないという目標設定

　　　　　　EU指令28　　再エネ20%目標設定、電力系統増強政策

2009年7月　ラクイラサミット　　2050年80%削減にコミット

　　　　　　EU指令72　　基本的な電力改革、TSO（送電管理者）、DSO（配電管理者）の分離

　　　　　　EU規則714　　entso-eの設置

2011年3月　COM/2011/112　　A roadmap for moving competitive low carbon economy in 2050

2011年12月　COM/2011/885　　Energy Roadmap 2050

表6-1　2009年EU指令等による電力系統の公平化・強化の概要

「実潮流ベース」と「契約ベース」	指令72　15条 規則714　2条	TSOは、「契約ベース」に捕らわれずに「発電の割当」「契約上の占有」ではなく「実潮流の満杯」が送電混雑
TSO、DSOの分離	指令72　9条	2012年3月までにEU全体で分離
Entso-eの設立	規則714　26条	EU内のTSOの連合組織としてEntso-eの設立
電力系統増強計画策定義務	指令72　22条	・TSOは、毎年（2016改定で隔年）全ての関係者と協議の上で需給将来予測に基づき電力系統増強10年計画を提出 ・隣接国との連携、新たな投資計画を考慮（2016改定で、蓄エネ等も考慮） ・最終的には電力系統投資コストを関係タリフで手当
TSOの電力系統接続拒否の禁止	指令72　23条	・TSOは、ネットワークキャパシティの限界をもって新規発電施設のグリット接続を拒否してはならない。 ・TSOは、新発電施設の接続によるクリッド設備増強経費増を理由に接続拒否をしてはならない。
送電キャパシティの配分と混雑管理の原則	規則714　14条	・出力抑制の補償義務 ・使われない送電キャパシティの再割当の義務
TSOの情報提供	規則714　47条	・電気的、物理的な送電キャパシティ計算（契約ではなく） ・TSOは、前日、1週間前、1カ月前の利用可能キャパシティの情報を公表
地域エネ・コミュニティ	指令72　2、16条 2016年改訂案	地域エネ・コミュニティにより、シュタットベルケ等の自治体地域電力の位置づけ
DERの推進	指令72　3条 2016年改訂案	電力国際融通、デマンドレスポンス、蓄電、EV等の利用拡大
電気自動車	指令72　33条 2016年改訂案	加盟国は、DSO電力系統に電気自動車の充電システムを設けるような措置を実施
電力系統内蓄電池	指令72　36、54条 2016年改訂案	電力系統内蓄電池は、DSO、TSOは原則持たない。（発電類似の扱い）

　表6-1に電力系統に関するEU指令の概要を示す。この改革では、超高圧送電線を管理し電力の広域需給調整等に責任を持つTSO（送電管理者）と高圧送電線以下の主として配電網を管理するDSO（配電管理者）の分離、TSOの連合体でTSO間の電力のやり取りのルールの設定やTSOを跨るさらに広域の送電

網の計画等を行う ENTSO-e（European Network of Transmission System Operators for Electricity）の設立、TSO の電力系統増強計画策定義務、TSO の新規発電施設接続義務、送電キャパシティ管理の原則、混雑管理の原則、情報提供の原則等を定めている。特に、後に詳しく述べる「実潮流ベースの送電管理」という方針を明確に打ちだしている。

　再エネは、太陽光発電のように出力の自然変動が大きいものもある。地方の電力を需要地に持ってくるには広域的な電力系統管理が必要であり、また、個々の変動出力と需要の変動をマッチングさせるにも、なるべく広域的に需給の平準化・最適化を図ることが有利かつ経済的となる。そこで、TSO には、需給計画を作成する際に管内の需給だけではなく、隣接の TSO との相互連携を最初から管内同等に組み込んで需給計画を策定することが義務付けられている。このように、再エネの導入と電力系統の増強が調和的になされるように制度的措置が取られている。

　2016年末に EU の電力指令等の改正案が提出されており、電力国際融通、デマンドレスポンス（需要側の電力消費調整）、蓄電、EV 等の利用、地域エネルギーコミュニティ、ENTSO-e の DSO 版である DSO の連合体として EU DSO entity（European entity for distribution system operators）について、新たに規定され、さらに一歩進んだ電力系統の構築に向かっている。

　2016年の EU 指令改定案と同時に出された EU 規則改定案では、出力抑制等についても新たな規定を設け、出力抑制時には損失の90％以上の補償を行わなければならないこと、再エネ設備能力の5％以内に留めなければならないことなどが定められている。また、DSO の連合組織、EU DSO entity の設立と任務が初めて規定されている。

　この一連の措置は、EU が再エネの導入拡大に向けて、再エネ導入政策と電力系統改革を同時に、かなり戦略的かつ計画的に実施してきたことを示している。

6.1.3　米国の電力システム改革

　米国の電力システム改革の中心となる制度は、連邦エネルギー規制委員会（FERC）により、発出された一連の命令に根拠を置いている。電力システム改革に関して FERC が定めた有効な規制の最初である Order No.888の前文に同規制を導入するに至った FERC の考え方、経緯が詳細に記述されている。

技術の進歩により、効率的な小規模発電、コージェネレーション、IPP 等が増加し、これに伴い、電力市場が形成された。一方で、垂直統合の電力事業者は送電施設を所有するため、送電施設へのアクセスの拒否や差別的な送電契約により、公正な競争を阻害しようとしているのではないかという懸念が FERC に生じた。FERC の調査により、①従来からの垂直統合型電気事業者が、依然として、第三者への公平な電力系統アクセスを許さず、垂直統合型電力事業者の自前の発電施設を優遇しており、経済効率的な発電施設の電力系統接続に障害を設けているので市場が十分に機能していないこと、②需要家が最新テクノロジーの進歩の成果を享受するためには、より多くの経済効率的な発電施設が送電系統に接続できるようにすることが必須であることが次第に明らかになる。また、③第三者は電力系統の利用に際して、垂直統合型電気事業者が自らのニーズを満たす時に行うような送電線運用の柔軟性を享受することができないことも明らかになった。例えば、垂直統合型電気事業者自らが送電線を利用するときは、ネットワーク全体として柔軟に利用方法を考えるが、第三者には決められた地点間の送電の便宜しか提供しない（いわゆる託送型の利用）ことなどが行われた。FERC は、「公平な送電システムの構築こそが電力卸売市場の健全な競争環境の形成の鍵となる」と認識し、このような障害を除去するための送電システムの制度改正に踏み切ることととなる。制度改正のメリットとしては、

①公正な競争による電力供給の効率化

はもとより、これに加えて、

②電力系統を含む既存インフラ・組織のより効果的な活用

③新たな市場メカニズム

④技術のイノベーション

⑤歪んだ料金の是正

があげられている。

（注：Order No.888、前文（FERC））

　FERC は、以上のような認識の下に1996年に公平な電力市場の形成のためにOrder No.888を制定した。

第 6 章　欧米の電力システム改革からの示唆

6.2　電力系統への接続……コネクト

　我が国では、電力会社との電力系統連携の相談において、風力発電等は、遠方の高圧変電所まで接続線を引き、高圧に昇圧して接続することをしばしば要求されるという話や、再エネ接続に伴う電力系統側のキャパシティ増強経費として高額の費用を電力が見積もり再エネ側に請求してきたために立地を断念するという話を良く聞く。欧米では、このような接続の問題は起きないのであろうか。

　再エネの発電施設が立地するのは、資源があり、用地の手配できる「地方」で、電力の需要の小さい地域であることが一般的である。例えば、変電所下流のピーク電力需要が 2 MW しかない地域で最大容量 3 MW の変電ユニットが一つ設置されている配電用変電所の下流に 6 MW のメガソーラーが設置される場合、6 MW の発電を行うと、仮に需要がピークの 2 MW であっても、いわゆる「バンク逆潮」、即ち需要側から上流側への電力の逆流を許容しても変電所のキャパシティの限界を 1 MW 超えることになり、1 MW の電力を上位の電力系統に送り込むことができなくなることになる。つまり、変電所のキャパシティ等を増強しないと、この地域への太陽光発電の立地は変電所キャパシティに制約されて 5 M のメガソーラーが限界ということになる。再エネの立地が「地方」の電力非需要地に偏らざるを得ないことを考えると、少なくとも電力会社管内の電力需要全体で再エネが消費されるように、多段階の変電所等のキャパシティを再エネの立地状況に応じて柔軟に増強していくことが必要となる。欧米でもこの状況は同じであるが、欧米ではどのように対応しているのであろうか。

6.2.1　ドイツの例

　ドイツの送配電体系は、**図 6 − 1** に示すように38万・22万 V の超高圧送電線系統（EHV）、11万 V の高圧配電系統（HV）、1 〜 3 万 V の中圧配電系統（MV）、400 V の低圧配電系統（LV）の 4 階層に分かれている。

　電力系統の運営主体の観点からは、超高圧送電グリットの運営を TSO が担い、広域の電力の流通を担当し、高圧配電系統以下を地域配電機関である DSO が担っている。オランダのエネルギーコンサルタント KEMA の調査によると、ドイツにおいて再エネが接続されている電力系統は、太陽光発電のほとんどは LV

179

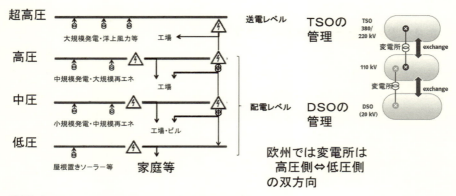

(出所) Germany department: Research & Innovation, Sören Reith.

図6-1　ドイツの送配電体系

（低圧）、MV（中圧）に接続され、風力は規模に応じてLV（低圧）〜EHV（超高圧）に接続されている。太陽光発電は、全てDSOに接続され、風力も大半はDSOに接続されるが、風力は大規模なものはTSOに接続されるものもあるという状態である。TSOのレポートには、下位の電力系統からの「逆潮流」の状況が公表されており、DSOに接続された再エネの電力がTSOに持ち上げられ、全国流通している状況となっている。太陽光発電は、主としてLVに接続されているので、当然のことながら、DSO内の下位の3層の電力系統間でもバンク逆潮が行われていることが推定される。ドイツでは、既に電力消費の30%程度以上が再エネにより賄われており、50 Hertzの管内では、50%程度にもなっているが、これらの再エネによる電力は、バンク逆潮等により、国内全体の需要で再エネによるピーク発電を吸収する体制となっている。これを実現するために、4層の電力系統間を橋渡しする変電所のキャパシティも増強されている。

E. ON Netz（ドイツの大手DSOの一つ）のマークス・オーバーグリュナー（Dr. Markus Obergünner）によれば、E. On Netzは、2010年から2015年にかけて再エネの導入量が倍増することを念頭に置き、「再エネの導入拡大と『同時並行して』電力系統を拡大することが必要」としている。また、ドイツでは、もはや「電力系統は配電システムから集電システムに変わった」と性格の変化が述べられている。このようにドイツでは、再エネの導入拡大を大前提として送配電シ

第6章　欧米の電力システム改革からの示唆

表6-2　ドイツ EEG における再生可能エネルギー優先規定

優先接続　　　　第5条	・グリッドの管理者（送電、配電ともに）は、「直ちに、かつ、優先的に」再エネ発電施設をグリッドの電圧及び最短直線距離の観点から最適な点において接続しなければならない。 ・接続義務は、グリッドの最適化、増強、拡張が不可欠の場合にも適用される。
優先送配電　　　第8条	グリッド管理者は、「直ちに、かつ、優先的に」、再エネから利用可能な電力の全てを、購入、送電、配電しなければならない。
優先給電　　　　第11条	他の発電施設が接続されている限り、再生エネに優先順位が与えられる。
系統増強義務　　第9条	グリッドの管理者（間接的に関係する上位系統運営者も含む。）には系統増強義務が課されている。
グリッド管理者の系統増強コスト負担義務 第14条	グリッドの管理者は、グリッドシステムを最適化、増強、拡大するコストを負担しなければならない。

条文は2012年改正EEG、2014年改正EEGにおいても同様の規定。
第5条（2012）→第8条（2014），第8条（2012）→第11条（2014），第9条（2012）→第12条（2014），
第11条（2012）→第14条（2014），第14条（2012）→第17条（2014）

ステム自体も大幅に進化していることがうかがえる。

6.2.2　ドイツの EEG （Erneuerbare-Energien-Gusetz 2012改定）の規定

　それでは、ドイツにおいては、再エネと同時並行で電力系統を強化するためにどのような制度的対応を行っているのであろうか。ドイツの EEG の規定で電力系統増強等に関連する規定を整理すると表6-2の通りとなる。

　ドイツでは、まず、電力系統管理者は、接続要求があった場合に、再エネにとって「電力系統の電圧及び最短距離の観点から最適な地点において接続しなければならない」ということが、義務付けられている。我が国の場合、最短距離の接続点では電力系統側のキャパシティが不足する場合に遠方の高圧の地点への接続を求められるが、これは電力系統の増強をせずに再エネ側に長い接続線と高圧への昇圧設備を設置させようとしているわけである。ドイツではまずこのようなことが法律で禁じられている。「電力系統の電圧及び最短距離の観点から最適な地

181

点において接続」すると当然のことながら電力系統側のキャパシティが不足する場合がある。ドイツではこのような場合に、電力系統側にキャパシティの増強義務が課されている。規定では、再エネが直接接続されている電力系統だけではなく、関連する上位電力系統（DSO の範囲）も含めて強化することが義務付けられている。具体的には、再エネの電力系統接続に際して、「電力系統管理者は、再エネの購入、送電、配電を保証するために、直ちに、電力系統の最適化、強化、拡大の措置を講じなければならない」という規定ぶりとなっている。また、電力系統への再エネの優先接続について定める条項においては、再エネを優先的に接続しなければならないという趣旨の規定に加えて、「接続義務は、電力系統の最適化、増強、拡張が不可欠の場合にも適用される」旨が規定されている。つまり、電力系統のキャパシティの不足をもって再エネの接続を拒否することが禁止されているわけである。なお、TSO の電力系統に関しては、同様な規定が EU 指令レベルで定められている。

　したがって、再エネの接続要請を受けた電力系統管理者は、再エネの出力電圧と最短接続の観点から再エネの設置者に最適の接続点を示すとともに、必要があれば変電所の増強など自らの電力系統の強化も並行して行う必要があり、かつ、電力系統の容量不足を理由にして拒絶することができない仕組みとなっているわけである。

　また、我が国においては例えば電力系統側の送電線の増強が必要な場合には、その経費は、再エネ側が電力系統管理者の言い値で負担することになっているが、EEG の規定では、電力系統増強に必要となる経費は電力系統管理者が負担することが義務付けられている。具体的には、「電力系統の管理者は、電力系統システムを最適化、増強、拡大するコストを負担しなければならない」旨が規定されている。電力系統管理者側の負担とすることによって、第三者にはわかりにくい電力系統の最適化を電力系統運営の専門家の知見により最小のコストで実現することが可能となっている。第三者に負担させるようなやり方は、経済合理的な見積もりとならない可能性が高く、我が国で時々見られるような不透明かつ法外な電力系統増強経費の要求の温床となっていると考えて良いであろう。

6.2.3　電力系統の計画的増強の誘導策

　EU においても、電力系統管理者はコストの嵩む電力系統の増強を自発的には

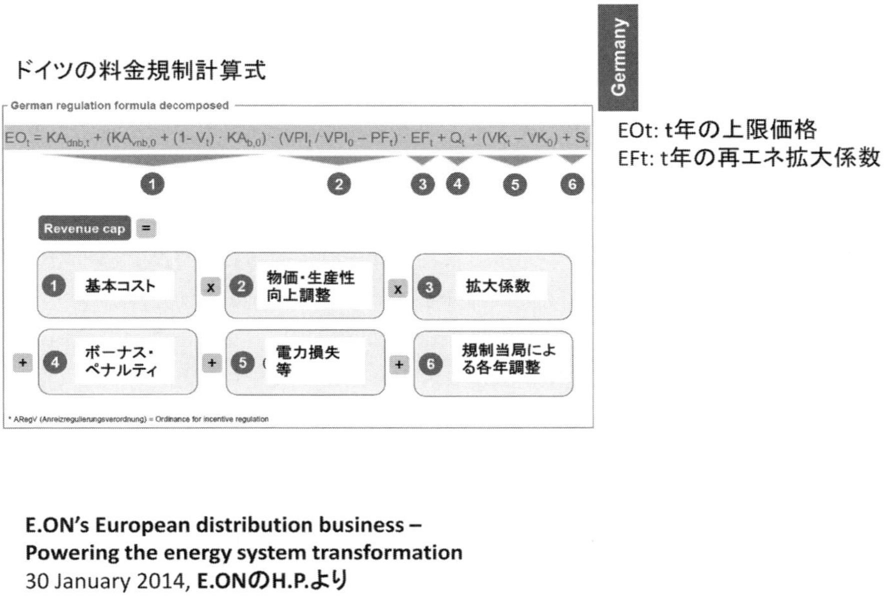

第6章　欧米の電力システム改革からの示唆

ドイツの料金規制計算式

German regulation formula decomposed

$$EO_t = KA_{dnb,t} + (KA_{vnb,0} + (1- V_t) \cdot KA_{b,0}) \cdot (VPI_t / VPI_0 - PF_t) \cdot EF_t + Q_t + (VK_t - VK_0) + S_t$$

① ② ③ ④ ⑤ ⑥

EOt: t年の上限価格
EFt: t年の再エネ拡大係数

Revenue cap	=

① 基本コスト	x	② 物価・生産性向上調整	x	③ 拡大係数
+ ④ ボーナス・ペナルティ	+	⑤ 電力損失等	+	⑥ 規制当局による各年調整

* ARegV (Anreizregulierungsverordnung) = Ordinance for incentive regulation

**E.ON's European distribution business –
Powering the energy system transformation**
30 January 2014, E.ONのH.P.より

図6-2　DSO 価格規制の計算式

行わないという傾向がある。このため、加盟各国が国内制度で定めるグリッドタリフの規制措置を誘導的に運用することでこの問題に対応している。グリッドタリフというのは、電力系統管理者が電力系統の運営のために電力系統の利用者から電力1kwhにつき徴収する料金で、ドイツでは100％需要側から徴収されている。ドイツの例では、グリッドタリフは消費者の電力料金の抑制等の観点からネットワーク規制庁によりその上限が定められているが、ネットワーク規制庁における、このグリッドタリフ上限の算定に当たって、再エネの導入に伴う必要十分な電力系統増強の経費が見込まれている。電力系統管理者が再エネの受け入れのための設備投資に積極的であれば、より高いグリッドタリフを消費者に対して設定することが可能となるわけである。我が国においても、配送電事業者が再エネ導入拡大のための電力系統投資が十分に可能となるようなコスト負担の仕組みを作ることが重要であろう。

　図6-2は、ドイツのDSOのグリッドタリフの計算式の例であるが、再エネ接続のための電力系統増強の経費が計算式の中に再エネ拡大ファクターとして組

み込まれていることが理解できる。

6.2.4　欧州の電力系統使用料

　我が国では、再エネの電力を送ろうとすると高額の託送料を請求されることが一般化している。欧米においては、このような話をあまり耳にしない。筆者がドイツの TSO である「50 Hertz」に初めて訪問した折に、ドイツでは再エネの電力を送ろうとした時に再エネの発電事業者の託送料負担はどの程度であるのか質問したところ、「50 Hertz」の担当は、電力系統の使用料はグリッドタリフとしてエンドユーザーから徴収し、発電側の負担は原則としてないとの回答であった。電力の最終受益者が供給に要する費用を負担するのが当たり前ということである。つまり、「託送料」という言葉自体に「他社であって電力を送りたい人」から「自社の施設を使わせる際に使用料を取る」という概念が含まれている。ドイツでは、電力系統ビジネスは一種の公共サービス類似で、道路の維持管理整備の経費が税金から賄われるように電力系統の維持管理整備の経費は、受電側が kwh 当たりの公平な料金で電気料金の一部として薄く広く負担することになっており、これをグリッドタリフと称しているわけである。送配電が分離された世界では、そもそも全ての発電所は「他社」であり、自他を区別するということはできない。我が国の場合、自社の発電所を新設する時の送電線増強経費や送電線の使用コストは、全て「総括原価」に組み入れられ、電気料金としてエンドユーザーから徴収されてきたが、「他社」が送電線を利用しようとした途端に負担の原則が変わり発電者負担とされてきた。欧米においては、このような差別を排除し電力系統利用者全てを公平に扱うために送配電の分離が行われたわけである。したがって、発電側への負担がある場合でも、負担は公平に全ての発電施設に対して kwh 当たりの同一料金を課すことになる。

　欧州における TSO タリフすなわち送電系統使用料を見ると**表6-3**に示すように基本的には需要側の負担になっていることがわかる。ドイツ、イタリア、オランダ等では100％需要側負担、日本流にいうと一般負担となっている。発電側の負担がある国でもフランス2％、デンマーク5％、ベルギー7％等のわずかな負担割合が多く、英国の一部の TSO の50％が最大比率となっている。

184

第6章 欧米の電力システム改革からの示唆

表 6-3 TSO タリフの内容

	グリッドタリフの分担関係	
	発電側(%)	需要側(%)
オーストリア	43	57
ベルギー	7	93
ボスニア・ヘルツェゴビナ	0	100
ブルガリア	0	100
クロアチア	0	100
キプロス	0	100
チェコ	0	100
デンマーク	5	95
エストニア	0	100
フィンランド	18	82
フランス	2	98
ドイツ	0	100
英国	27,50	73,50
ギリシャ	0	100
ハンガリー	0	100
アイスランド	0	100
アイルランド	25	75
イタリア	0	100
ラトビア	0	100
リトアニア	0	100
ルクセンブルク	0	100
モンテネグロ	0	100
オランダ	0	100
ノルウェイ	40	60
ポーランド	0	100
ポルトガル	9	91
ルーマニア	19	81
セルビア	0	100
スロバキア	3	97
スロベニア	0	100
スペイン	10	90
スウェーデン	39	61
スイス	0	100

ENTSO-E(2015) ,**ENTSO-E Overview of Transmission Tariffs in Europe: Synthesis 2015** , P8 ,**Table 4.1.**より作成

6.3 送配電線の効率的な利用……マネージ

　我が国においては、発送電の分離などの「形が目に見えるもの」の議論は多いが、欧米の送配電管理の根幹をなすキャパシティ管理の方法等のシステム運営については、十分に議論されていないように見受けられる。欧米の制度を見ると、まず始めに、ここに根本的な改革が行われていることが理解できる。具体的には、欧米の送電キャパシティ管理を特徴づけるものとして、①「実潮流ベース」の送

電キャパシティ管理、②ポイント to ポイントの送電キャパシティ管理の2点を挙げることができよう。これらの内容を正確に理解するには、物理的・電気工学的な知識をある程度必要とするが、欧米で行われている市場ベースの柔軟な電力系統管理を理解するために、この点は重要なので、以下に簡単にその概念を紹介する。

6.3.1　欧米の常識、フローベース（実潮流ベース）の電力系統管理

　我が国で行われている送電キャパシティの議論を見ると、いくつかの特徴が見受けられる。特徴を列挙すると、①特定の送電ルートを切り出して個別に議論する。②最悪の場合を想定して議論する。③①②の議論の結果を全ての場合に適用する。これは、極限状態でも問題が無いように考えれば全ての場合で問題が起こらないという発想で、議論を単純化するのには有効である。しかしながら、現実と比較した場合に果して効率的な結果となるのであろうか。欧米においても20年前までは、このような単純化した前提の下で、送電キャパシティの議論が行われていた。20年前に米国で起こった議論は、以下のとおりである。

　米国の従来の送電キャパシティは「Contract Path」という送電契約毎に一つの送電経路を人為的に想定して、これに沿って契約上の最大電力が全て流れると仮定し、ある送電線の区間の上で、そこを通る全ての「契約電力」の合計と送電線の物理的限界（発熱による送電線の弛みの限界等）を比較して評価されていた。このように「Contract Path」という人為的に指定された一つのルートに全ての電力が集中するとしてキャパシティ計算すれば、直ぐにパンクするのは明らかであろう。しかし、実際には、電力は送電ルートの抵抗の大きさに応じてあらゆるルートに配分されて流れる。送電ルートは一般に、「N-1基準」として一本送電線が切れても問題が起こらないよう少なくとも複数のルートが確保されているし、さらにネットワークとして様々なルートにも接続されているので、実際の電力は多数のルートに分散して流れる。従来は想定した一つの送電ルート以外の潮流をループフローとして厄介者のように扱い、単純化していたわけであるが、これは電力潮流計算システムの発達していなかった時代の産物であろう。実潮流ベースでループフローも含め、全ての潮流をきちんと計算して管理する方が物理法則に適合した合理的な方法であることは、それが可能であれば論を待たない。

　また、契約ベースの場合、契約の上限値に着目され、最悪の場合として全ての

第6章 欧米の電力システム改革からの示唆

送電線の利用者が、同時に上限値の電力を送ることを想定することになりがちであるが、実際には電力需要自体が時々刻々と変化しており、ほとんどの時間帯で最大値より低い値を取るので、送電混雑がつねに発生しているわけではない。発電側も、特に再エネの場合は、出力が時々刻々と変化しているので、常に定格最大で出力されているわけでもない。つまり、「Contract」の足し算により、キャパシティを計算するということは、実際に必要とされる電力に関わりなく、契約者全てが同時に送電線を空抑えするのと同じで、必要以上にキャパシティを占有していることになる。最悪の場合として、これらの「空抑え」が実需となる瞬間があったとしても、需給は常に変化しているので「極一時的」な現象として、対応ルールを別に定めれば良いわけである。

　これらは、いずれも高度な潮流計算が容易にできなかった時代に、やむを得ず「Contract Path」として、物事を単純化して安全性を確保していたことに由来するものと推察される。しかしながら、計算能力の発達により20年前の時点で米国では、ほぼリアルタイムで時々刻々の潮流計算ができるようになり、現実に沿った「実潮流ベース」の送配電管理に切り替えられたわけである。このようにして、契約ベースの硬直的な運用をリアルタイムの実潮流ベースでの運用に変えるだけで、ほとんどの時間帯で送電線のキャパシティは余裕を持つことになる。

　欧州においても、送配電の管理は、基本的に実潮流ベースで行われている。欧州においては、欧州全体で一挙に実潮流計算を行うソフトウェアが開発されていて、後で述べるように前日市場で1時間毎に決まった発電セットと需要セットを用いて一斉に実潮流計算を行い、送電ネックの調整を行っている。また、将来の送電線増強計画の作成に当たっても、一年8,760時間分の発電予測セットと需要予測セットを用いて潮流計算により送電シミュレーションを行い、計画を策定している。

　我が国では、予め「A-B間の送電線の空が無い」などと「時刻を定めず」、「送電線単位」で公表されているが、欧米においては、このようなことは意味をなさないことが理解できる。

187

6.3.2 送電キャパシティ管理の基本 Point-to-Point の送電キャパシティ の定義

ア　送電キャパシティ管理の基本

　米国で1996年に FERC（Federal Energy Regulatory Commission）により、Order No. 888及び889が制定されたときに、Point-to-Point の送電キャパシティの定義というものが導入されている。実は、この Point-to-Point の送電キャパシティの定義も、米国（及び欧州）の電力システム改革の根幹をなす考え方である（米国 Hogan 等の「Transmission Capacity Reservations and Transmission Congestion Contract（1996）」に詳述）。ごく簡略化して説明すると以下の通りとなる。

イ　Hogan 等による説明

　実際の電力の流れを電磁気学の法則に基づきシミュレーションを行う「潮流計算」を行うと、送電線のある部分を流れる電力は、一連の送電網の他の全てのポイントに流れ込む電力や、需要として流れ出す電力の状況の影響を相互に受けているということが理解される。このため、一つの送電契約や一つの送電線だけ切り出して議論しても実は、物理現象的には意味のないものになるわけである。米国ハーバード大学の Hogan 等は、「実潮流では、どのような送電断面のキャパシティも全ての関連する送電断面の影響を相互に受ける」ため、「システム全体の全ての潮流を同時に特定しない限り将来の如何なる瞬間の実際のキャパシティを議論することはできず、区間を区分してキャパシティを議論することはできない」と指摘している。さらに、これらは時々刻々と変化しているわけである。このような基礎的かつ物理的な事実から逃れることはできず、「Contract Path」に基づき送電区間を切り出して個別に送電キャパシティを定めようとしても行き詰るであろうと指摘している。

　米国では、電力改革の前にガス改革が行われており、ガスパイプラインのネットワークで先行的に Point-to-Point の議論が行われている。カリフォルニア・サクラメントの市民電力公社は、所有するガス発電で用いるガスは、テキサス等の遠隔地で作られるバイオメタンである。遠隔地のバイオメタン製造者から相対契約により調達しているわけである。米国には、全国ガスパイプラインネットがあるため、テキサスでバイオメタンは、ガス TSO（送ガス管理者）パイプラインに注入され、サクラメントでガス TSO パイプラインから払い出される。実際に、

POINT TO POINT の考え方は、PowerPoolへのIN、OUT

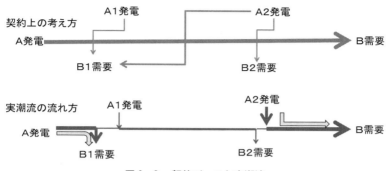

図6-3　契約ベースと実潮流

バイオメタンがテキサスからカリフォルニアに来ているわけではなく、カロリーベースでガス TSO パイプラインへの出し入れは計量され、相対契約により「紐づけ」がされているわけである。これは、現金の送金で、現金輸送車が取引の都度走るのではなく、銀行という「現金プール」の中で帳簿上のやり取りをすることで、遠隔地に送金が行われているのと似ている。ガス TSO パイプラインの場合には、実際に「払い出される」ガスは、払い出し点の近所で注入されたガスが大宗を占めることになるので、送ガスの料金は、一般に距離に依らず定額となる（郵便ポスト方式の料金制度）のが普通である。ここでは、ガス TSO パイプラインという巨大な「ガス・プール」への「注入」と「払い出し」で全ての取引が整理されるのが基本となる。このような、「注入点」「払い出し点」による管理を Point-to-Point の管理と言うわけである。

　ガスの場合は、実際にガスが契約通りに物理的に動くわけではないということが想像しやすいので、理解しやすいが、電力の場合は遠隔地であっても瞬時に届くのでイメージしにくくなるが、実潮流計算を行い、どのように電力が流れるのかを解析するとガスと類似のことが起こっているわけである。

　我が国では、電力系統使用というと A ⇒ B の送電というイメージから抜け切れない人が多いが、**図6-3** に模式的に示すように、図6-3上図のように A 発電から B 需要に対して相対契約で電力を送る場合にも、送電途中経路の需給により、実潮流は図6-3下図のように近接する需要供給を繋ぐ形で最もロスの少

ない経路で流れ、必ずしもA発電の電力が全てB需要点に到達するわけではない。これは、お金の送金で、例えば、東京⇒大阪の送金を全て東名高速を走る現金輸送車で行うわけではないことに類似している。このように電力系統は電力パワープールとして、銀行のような役割を果たしていることになり、A、B点でのパワープールへの入出力はあっても、A⇒B間全てに契約通りの電力が流れているわけではなく、A⇒B間に全てに流れる如く物理的キャパシティを形式的に占有しても意味がないことが理解されよう。

　このように電力においてもガスと同様にPoint-to-Pointの送電管理の考え方が成立するわけである。

ウ　Point-to-Pointの送電キャパシティ管理

　実潮流の送電管理においては、具体的にどのように送電キャパシティの管理をするのであろうか。当初は、「Contract Path」の延長線上の考え方で、全てのループフロー（迂回電流）を必要量だけ予約することにより、送電キャパシティの予約を行うという考えがあったようであるが、これは時々刻々と需給が変化し、したがって、実潮流の状況も時々刻々と変化する中で膨大な変化を全て想定してループフローも含めて必要なキャパシティを全ての時間について予約することは、不可能であることが認識されるようになった。（**図6-4**の中央図）そこで考案されたのが、図6-4の右図のPoint-to-Pointの考え方である。

　Point-to-Pointの考え方とは何かというと、全ての送電利用者に、電力の「IN」と「OUT」の地点、時間・期間、量を提出させ、電力系統全体で一挙に実潮流計算を行い、N-1基準を前提に全ての組み合わせが電力系統に受け入れられるかを同時にかつ時刻毎に判定するというものである。さらに「送電線の使用」という概念から離れて、例えば、発電だけでエントリーしても（「IN」だけのエントリー）、（全体でIN、OUTがバランスする前提で）全体の実潮流計算で電力系統に収まれば、「INの電力系統使用権」を得ることになる。接続ポイントのみを指定して、使用する経路は指定せずに、途中の時々刻々の潮流の経路や量は、実潮流計算による検証に委ね、全体として電力系統に収まりすれば良いということになる。

　ここでは、もはや「AからBに電力を送る」ための送電という「託送の概念」は無く、「Aで電力系統に投入、Bで電力系統から引出」という電力系統使用の概念に置き換わっていることに留意する必要がある。

送電キャパシティの定義の進化

（出所）Hogan 等，Transmission Capacity Reservations and Transmission Congestion Contract（1996），p. 4.

図6-4　送電キャパシティ管理の進化

　図6-5のように、収支を取る時間帯（30分同時同量なら30分間単位）毎に全てのIN、OUTを揃えて実潮流計算を行うことになる。この場合に、例えば、IN ③が全ての時間帯でINの登録をしておきながら、実際には電流を流さないということを行うと、実潮流計算の結果が全く異なるものになってしまうために、このような所謂「空抑え」は厳格に禁止されている。具体的には、何らかの理由により結果として空抑えになった場合であっても、登録したINの電力分すべてがインバランス・ペナルティの対象となることになる。このような形で正確な実潮流計算が行われるよう担保されているわけである。

6.3.3　欧州の場合

　欧州においては、INの情報は、市場に参加した発電をメリット・オーダーにより低コストのものから採用した発電INPUTの集団ということになる。OUTは、DSOや大口需要家のOUTPUT需要の集団ということになる。電力系統に送電ネックが無ければ、全ての取引は電力系統に収まることになるが、電力系統

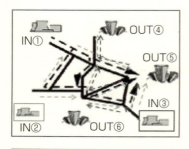

		0-1	1-2	2-3	4-5	…	21-22	22-23	23-24
IN	①	0	0	0	○ MW		0	0	0
IN	②	0	0	● MW	● MW		● MW	● MW	0
IN	③	△ MW	△ MW	△ MW	△ MW		△ MW	△ MW	△ MW
OUT	④	◆ MW	◆ MW	◆ MW	◆ MW		◆ MW	◆ MW	◆ MW
OUT	⑤	▲ MW	▲ MW	▲ MW	▲ MW		▲ MW	▲ MW	▲ MW
OUT	⑥	□ MW	□ MW	□ MW	□ MW		□ MW	□ MW	□ MW

図6-5　IN, OUT のイメージ

に送電ネックがあるために、実潮流の計算で送電キャパシティを超える送電線が生じた場合には、当該キャパシティ超えの時間帯において、市場の選択により決まった発電指令を TSO は当該送電ネックの前後の IN に対して一部調整し、当該送電線のキャパシティの範囲の中に収め、再度潮流計算で確認する。いわゆる Re-dispatch ということが行われている。Re-dispatch を行った後は、地域統一の市場価格を適用する。市場の選択による発電の方が当然コストが低いので、一部 Re-dispatch により調整したことによるコストアップ分は、TSO のコスト負担となり、最終的にはグリッドタリフとして回収されるということになる。

実際の計算が行われるタイミングは、欧州では、前日市場が閉じた後に、潮流計算が毎日実施され、Re-dispatch により調整が行われた後に前日市場の結果が確定する。その後、当日市場の動きに合わせて、潮流計算はリアルタイムで微修正されていく。

Re-dispatch が有効に機能するためには、既存の大規模発電所の既得権が廃止されることが前提となる。既存の大規模発電所も含め、全ての電源に対して公平に発電指令の調整が行える環境が必要で、欧米では、この点も制度的に担保され

第6章　欧米の電力システム改革からの示唆

ている。

6.3.4　米国の場合

　送電ネックが無い場合には市場価格は、欧州同様にメリットオーダーにより電力系統全体で同一価格になるが、送電ネックがあると、需要点によってはメリットオーダーを構成する一部の発電施設の電力が到達しなくなり、需要点の価格を構成する発電所の組み合わせが送電ネックの前後で異なるものになる。このために、送電ネックの前後で価格差が生じる。実潮流の計算を行うと実際に各需要点に送り込まれる電力の発電所毎の割合が算出できることになるので、各需要点毎の市場価格を算出することができる。

　このように送電実態の通りに、送電・配電の結節点等をなすノード毎に市場価格を算出するのが、ノーダル・プライシングである。

　ノーダル・プライシングでは、以上のような計算を全てのノード、ネットワークについてリアルタイム（米国では5分毎）で計算するわけである。ICT技術の発達した米国らしい方法である。

　なお、NYISO、CAISOのどちらにおいても再エネの出力抑制については、電力系統キャパシティの小さいノードでは、再エネの発電量の過大な時間帯でマイナス価格になるので、積極的に出力抑制を行う必要はないという見解である（図6-6）。

　なお、FERCは、1996年に「15Proposed Principles for Capacity Reservation Tariffs」（Federal Energy Regulatory Commission, "Capacity Reservation Open Access Transmission Tariffs," Notice of Proposed Rulemaking, RM96-11-000, Washington DC, April 24, 1996, extract of pp. 20-25.）を定めているが、この中で「全てのPORs（Point of Receipt）とPODs（Point of Delivery）に基づき、同時に電力系統に収まるか計算する」「Point-to-Pointの考え方」が、明確に示されている。

6.4　配（集）電線の計画的増強のための投資メカニズム―配電線から集電網への改革

　我が国においては、再エネの電力系統接続協議の都度、電力系統側は後追い的に増強するかどうかを検討し、再エネ側に増強経費の請求を行うという全く受け

193

http://wwwmobile.caiso.com/Web.Service.Chart/priccontourmap.html   2016/06/17

図6-6　CAISO価格地図　15分市場（CAISOのH.P.より）

身の対応である。このようなやり方では、ドイツのように「分散電源を集電するための電力系統」への脱皮は覚束ず、案件の都度、増築を繰り返すこととなる。ドイツのように再エネの導入と電力系統の増強のペースを計画的に合わせることもできない。欧米では、どのようにしているのであろうか。

6.4.1　欧州の電力系統の計画的増強

　一般に、「自然地域独占」により強い立場にある電力系統管理者に対して再エネ側は、自己のニーズを伝えにくい。このために、電力系統管理者の作る電力系統長期増強計画に再エネの立地見込みが自然体では反映されにくいという状況が発生する。再エネの立地拡大を図るには、同時並行で必要な電力系統増強がなされる必要があり、再エネ関係者と電力系統管理者が共同で長期的な電力系統増強計画を作成する必要がある。DSOレベルの末端の電力系統増強については、6.2で述べた電力系統増強義務で対処できるが、もう少し広域かつ長期的な増強計画の作成に関しては、EUでは、各TSOに電力系統整備10年計画を隔年で作成することを義務付けた上で、Entso-eがTSO間の連携も考慮したEU全体の電力系統整備10年計画を隔年で作成している。

第6章　欧米の電力システム改革からの示唆

ENTSO-e は、先に示した、「Energy Roadmap 2050」と同時期に2020年の再エネ導入目標を達成するための TSO レベルの電力ネットワーク増強計画「TYNDP」（Ten-Year Network Development Plan 2010-2020）が策定し、2020年の再エネ導入目標の達成のために必要な TSO レベルのネットワーク増強策を示している。TYNDP では、電力消費の予測を行うとともに、目標年次までの再エネの立地予測を行い、これらを前提として、市場の一体化、孤立地域の接続、エネルギー供給の多様化、再エネの結合等のために障害となる系統のボトルネックを分析したうえで、これを解消するための具体的な電力系統の増強策を提案している。TYNDP は、隔年で改定されており、2030年の再エネ導入目標を定める EU 指令が制定されると、これを受けて（あるいはほぼ併行して）TYNDP2014では、2030年の目標に対応した電力系統増強策を提案している。Entso-e は、EU として直接支援を行う PCI（国際間共通利害プロジェクト）を定める EU 規則（Regulations（EC）347/2013）の中においても作業部隊として位置づけられており、Entso-e 一連の活動は、EU との緊密な連携の下に行われていると考えてよかろう。

6.4.2　米国の送電計画 Order No.890

FERC は、Order No.888を10年程度実施するうちに、Order No.888、Order No.2000の送電計画は、「信頼性確保のための計画送電」であり送電管理者の内部的ニーズにより定められるので、外部から来る新たな送電投資ニーズに十分にこたえることができておらず、再エネの普及や州政府の再エネ普及等の各種の計画に必ずしも対応できていないという認識を持つようになった。このような新たに送電サービスを期待する社会的なステークホルダーに対する公平性を十分に確保できていないという状況を考慮（注：Order No.890、前文（FERC））して、FERC は、Order No.890を2007年に定め、新規参入者、州政府等も含む全ての関係者に、送電計画策定プロセスや関係情報をオープンにした上で、関係者全員の参加の下に計画を策定することを送電管理者に義務付けている。送電計画策定に当たっての9つの原則が、Order No.890では、定められている。9つの原則の概要は、以下のとおりである。

①調整の場の設置

送電管理者は、全ての、送電顧客、隣接する送電管理者との間で、差別のない

195

調整の場を設けなければならない。送電管理者は、送電計画の策定の初期の段階から計画策定の各段階で調整会議を設けなければならない。また、送電顧客の要請に応じて調整会議を設けなければならない。

②公開性

全ての、送電顧客、隣接する送電管理者、州、その他の関係者に対して送電計画策定の会議は、公開され、必要情報が提供されなければならない。

③透明性

送電管理者は、全ての送電顧客等に送電計画の基礎となっている、考え方、仮定、データ、計画策定の方法・プロセス等を、送電顧客等が計画策定プロセスを再現できるような形で提供しなければならない。

④情報交換

送電計画策定のために、従前の垂直統合の送電顧客も新規の送電顧客も同等のレベルで需給情報を提供しなければならない。

⑤同等性の確保

送電計画の策定に当たっては、全ての送電関係者の利害が、同等に扱われなければならない。

⑥紛争解決手段

⑦広域参加

⑧経済性のスタディ

⑨新規送電プロジェクトのコスト分担

6.4.3 米国の送電計画 Order No.1000

全米をカバーする中立・公平な送電計画の策定を推進する観点から、2011年にOrder No.1000が定められ、核になる ISO 等に送電網の充実の観点から州を跨る広域の計画の策定作業を行わせることになる。今までの Order では、実は、地域内に複数の送電管理者が存在するときに送電計画作成に関して連携すべきことは定められていたが、地域全体で単一の送電計画を定めることを義務付けていたわけではない。このような点を改善する必要があったわけである。

この Order No.1000では、①コスト効率の良い広域送電計画の策定の義務付け、②連邦、州の政策への適合に必要な送電ニーズの洗い出しとその解決策・送電タリフへの反映、③広域送電計画策定地域間の連携、④費用負担の原則、⑤費用負

担計画の作成に際しての従前事業者の連邦タリフ等に関する既得権の全廃、など
を定めている。

6.5 広域融通による需給マッチング

　ドイツにおいては、北海、バルト海沿岸地域の風力発電適地では地元電力需要
より発電の方が大きく、一方で電力の大規模需要地は中西部、南部にあるので、
北の再エネ適地で作られた電力が中南部に送られている。ここでは、TSO を跨
る形で、全国規模で需給調整が行われている。我が国においては、遠隔地の発電
所を利用する場合も、例えば「東電の東通原発」の電力を東京に持ってきている
のを見ればわかるように遠方の自社の発電所や特定の IPP を利用して需給調整
しているだけで、他社により集められた電力を管轄域を超えて広域的に利用する
という体系とはなっていない。基本は自社等の発電施設と自社管内で集めた供給
力と自社管内の需要のマッチングを図っているだけで、基本的には自社管内で閉
じた需給計画となっていることになる。ドイツのように TSO の境界を超えて広
域的に需給管理を行っているわけではない。

　このような各社で閉じた需給計画の下では、当然のことながら、ドイツのよう
に再エネ適地で発電し、大需要地で消費するというような運営はできないし、こ
れを実現するための送電線計画も作成されることはない。蓄電池を導入し調整力
が増えれば、再エネが入るという議論があるが、確かに再エネピークを吸収する
ことで、管内の需給マッチングはしやすくなり、その分多少多くの再エネの導入
は可能となる。しかしながら、このような平準化を行っても、管内で需給計画を
作成している限りは、最大でも管内需要の範囲での導入ということになる。地域
自給自足型再エネについても、大都市に大規模再エネは立地困難ということを認
識する必要がある。

　例えば、図 6 - 7 に示すように北海道電力、東北電力の管内の電力需要は合わ
せても全国需要の13%でしかないので、この地域の持つ大きな潜在資源を活かす
ためには、大需要地の東京の需要と繋げる必要がある。このような需給計画やこ
れを支える送電計画は、電力会社の境界を超えた広域的な需給計画を作成するこ
とによって初めて可能になる。

　欧州では、TSO 間の電力融通、国際間での電力融通が柔軟に行われている。

陸上風力のポテンシャル(環境省シナリオ2)と各社の電力需要

	北海道	東北	関東	中部	北陸	関西	中国	四国	九州	沖縄	合計
環②陸風万kw	13217	7188	404	793	481	1284	920	484	2058	545	27374
環②陸風万kwh	23156184	12593376	707808	1389336	842712	2249568	1611840	847968	3605616	954840	47959248
電力需要万kwh	2859208	7505708	24707519	12196694	2751792	12751616	5671884	2575460	7920966	764867	79705714
陸風/需要	8.098811	1.67784	0.028647	0.113911	0.306241	0.176414	0.284181	0.329246	0.455199	1.248374	0.601704
電力シェア	3.587206	9.416775	30.99843	15.30216	3.45244	15.99837	7.116032	3.231211	9.937764	0.959614	100

注)風力発電量は利用率を一律20%と仮定して算出

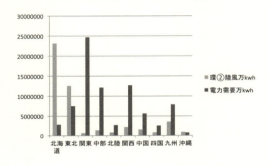

○我が国では、再エネ適地と大需要地を結ぶことを考えていない
・仮にNGOが好む地産地消型で風力適地の東北・北海道の全ての電力需要を風力で賄ったとしても、再エネ導入率寄与は全国の13%にしかならない。
・電力需要の60%以上を占める中央三社に再エネ電力を大量に送らない限り、欧州並み再エネ比率の達成は無理。

図6-7　風力発電ポテンシャルと各電力会社の管内需要

そもそも、Point to Point の送電管理の原則からは、接続されている電力系統は相互に影響しあうために、正確かつ効率的な送電運用を実現するためには、TSO間はもとより、国際間の連携線も含めて、実潮流ベースで一気にPoint to Point の送電計算をすることが合理的である。EUでは、このような運営が行われている。

6.6　まとめ─我が国への示唆

　以上のような欧米の電力系統運営から我が国のシステム改善の示唆となる事項を整理すると以下のような課題が列挙されるであろう。
　1　再エネ政策と電力系統改革の一貫性
　2　再エネ接続
　（1）電力系統キャパシティ増強経費の手当て
　（2）送配電キャパシティの増強義務の導入
　（3）電力系統キャパシティ不足を理由とする再エネ接続拒否の禁止
　（4）再エネの最適点接続義務

（5） 送配電料金の KWH 単位での公平な負担

3　送配電管理の次元

（1） 旧来発電の既得権の廃止

（2） 送電管理者に公平な再給電指令の権限付与

（3）「Point to Point」の送電キャパシティ管理導入

（4） キャパシティ管理は、全て、実潮流ベース、リアルタイム

4　配電線増強

（1） 計画的な電力系統投資による集電網への転換

5　広域融通による需給マッチング

（1） 日々の需給調整は、各電力会社エリアを超えて実潮流・広域ベース

（2） 出力抑制は、広域調整、再給電指令の後、緊急的に実施

（3） 送電会社間の連携組織強化

（4） 国内資源を最大活用する電力会社管轄エリアを超えた広域需給調整計画

（5） 需給計画・送電計画策定への幅広い関係者の関与

（6） 各社の送電計画をグリッドタリフで担保

　以上のように列挙してみると課題は多岐にわたり、非常に多い。これは、欧米がここ20年にわたって積み上げてきた改革が我が国では実質的に手つかずであったということを示している。周回遅れを早急に取戻し、我が国の電機業界、さらには電力業界がグローバルな市場をリードできる時代が来ることを期待したい。

参考文献

内藤克彦（2015a）「ドイツと日本の系統運用の相違」、日本風力エネルギー学会誌第39巻第2号、146-163頁。

内藤克彦（2015b）「EU の計画的な電力系統強化政策と我が国への示唆」、日本風力エネルギー学会誌第39巻第3号、396-403頁。

内藤克彦（2016）「EU の温暖化戦略における再生可能エネルギーの位置づけ」、環境経済政策研究第9巻（1）、51-55頁

内藤克彦（2018）『欧米の電力システム改革』化学工業日報、2018年。

EU Commission（2009）*Directive 2009/29/EC of the European Parliament and of the*

Council, Amending Directive 2003/87/EC so as to improve and extend the greenhouse gas emission allowance trading scheme of the Community, 23 April 2009.

EU Commission（2011a）*Energy Roadmap 2050,* Document52011DC0885, 15Dec2011, European Commission.

EU Commission（2011b）*A roadmap for moving to a competitive low carbon economy in 2050,*COM（2011）112final,

EU Commission（2009）*Directive 2009/28/EC of the European Parliament and of the Council*

EU Commission（2009）*Directive 2009/72/EC of the European Parliament and of the Council*

EU Commition（2009）Regulation 2009/714

Juncker, Jean-Claude（2014）*A new Start for Europe: My Agenda for Jobs, Growth, Fairness and Democratic Change, Political Guidelines for next European Commission, Opening Statement in the European Parliament Plenary Session,* Strasbourg,15 July 2014

FERC（Federal Energy Regulatory Commission）（1996）, Order No. 888

FERC（Federal Energy Regulatory Commission）（2007）, Order No. 890

FERC（Federal Energy Regulatory Commission）（2011）, Order No. 1000

FERC（Federal Energy Regulatory Commission）, April 24, 1996, RM96-11-000, "Capacity Reservation Open Access Transmission Tariffs"

Hogan 等（1996）"Transmission Capacity Reservations and Transmission Congestion Contract"

第7章	**電力系統安定化のための自律的消費電力制御**

近藤潤次

7.1 電力の需給バランスと周波数変動

7.1.1 太陽光・風力発電の導入の推移

　近年、エネルギー源の多様化や二酸化炭素排出削減のため、太陽光発電や風力発電の導入が進んでいる。**図7-1**は世界及び日本における太陽光・風力発電の累積導入設備容量の推移を示している。

　世界全体では、経済性に優れる風力発電の方が、太陽光発電より導入設備容量が多い。風力発電は2015年に原子力発電の導入設備容量（400 GW弱）を超えた。太陽光発電については、図7-1では2016年末までのデータしか掲載していないが、2018年2月に原子力発電を超えた。太陽光発電や風力発電は、日射強度や風速に応じて発電出力が変動するので、未だ原子力発電以上の電気エネルギー（GWh）は生み出せない。しかし、設備容量（GW）が原子力発電を上回ったという事実からも、世界の電力システムにおいて欠くことのできない基幹電源と言える。

　2017年末時点で風力発電の導入設備容量の多い国は、1位が中国（188 GW）、2位が米国（89 GW）、3位がドイツ（56 GW）、4位がインド（33 GW）であり、19位が日本（3.4 GW）となっている。日本が1年間で消費する電気エネルギーは中国、アメリカ、インドに続く世界第4位であることを考えると、日本は他の国々と比べて風力発電の導入が遅れている。これに対し太陽光発電の導入設備容量の多い国は、1位が中国（77 GW）、2位が日本（42 GW）、3位がドイツ（41 GW）、4位が米国（33 GW）であり、日本での太陽光発電の導入は順調と言え

201

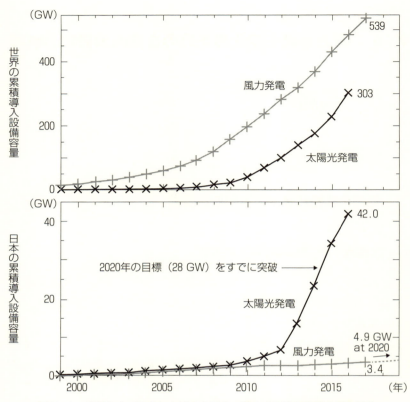

図 7-1　世界および日本における太陽光・風力発電導入設備容量の推移

る。

　図 7-1 の下のグラフは日本における太陽光・風力発電の累積導入設備容量の推移を示している。2009年頃以前は、太陽光発電と風力発電の導入設備容量は同程度であったが、その後、太陽光発電のみが急増した。その理由の1つに、太陽光発電の発電電力量の買取価格を優遇する「余剰電力買取制度」(2009年11月開始) や、再生可能エネルギー発電に対する「固定価格買取 (FIT) 制度」(2012年7月開始) の実施が挙げられる。政府が発表した「長期エネルギー需給見通し」(2008年) および「未来開拓戦略」(2009年) では、太陽光の導入目標を、2020年までに28 GW、2030年までに53 GW としているが、2020年までの目標はすでに2015年に突破している。

一方で風力発電の導入見込量は、2008年発表の長期エネルギー需給見通しでは2020年までに4.9 GW、2030年までに6.6 GWとされており、2015年発表の長期エネルギー需給見通しでも2030年までに10 GWと低く設定されており、実際の導入も低調である。風力発電の将来見通しが低く設定されていた一因に、発電電力を受け入れる電力系統への悪影響に対する懸念もあった。

日本の電力10社で構成される電気事業連合会は、2008年5月の定例会見にて、太陽光10 GW（出力抑制すれば28 GW）、風力5 GWという上限を表明した。これら上限値は、上記の2020年導入目標・見込量とほぼ同じである。このような上限値が表明された理由が、7.1.3節に後述する需給バランス維持の必要性である。

7.1.2　電力系統の周波数と需給バランス

発電機の回転子（回る部分）に設置された電磁石が回転し、固定子（回らない部分）に配置されたコイルが作る環の近傍を電磁石のN極とS極が交互に通過することで、コイルの端子電圧には交流電圧が生じる。このような仕組みをもった発電機を同期発電機といい、大規模集中型発電プラントのほとんどで採用されている。回転子に配置されるN極の数（＝S極の数）を極対数というが、ある電力系統に接続された全ての同期発電機において、回転数に極対数を乗じた値はすべて等しくなっている。電力系統の電圧の周波数は、1秒間に交流電圧の正負の極性が反転しもとに戻る回数であるが、それは上記の「回転数に極対数を乗じた値」である。

同期発電機の回転数は、水力発電の水流や汽力・原子力発電の蒸気が発電機回転軸に直結したタービンを回そうとする加速方向の力（機械入力トルク）と、発電機が電力供給することで生じる減速方向の力（電気出力トルク）のバランスによって決まる。このバランスが崩れ、前者が勝ると回転数が上昇、すなわち周波数が上昇し、逆に後者が勝ると低下する。周波数を f、時間を t とするときに、周波数変化率 df/dt は、その電力系統につながる全ての同期発電機の慣性（厳密には慣性モーメントの和）によって決まる。慣性が大きければ、需給が短時間アンバランスになり、加速または減速のトルクが勝ったとしても、同期発電機の回転数は緩やかに変化、従って周波数も緩やかに変化する（df/dt が小さい）。逆に慣性が小さいと、短時間のアンバランスでも周波数が急激に変化する（df/dt が大きい）。

電力系統の周波数は基準値が定められており、東日本では50 Hz、西日本では60 Hz であるが、電力会社が一部の水力・火力発電所の発電出力を絶えず（数秒〜数十秒で）制御することで周波数をこれら基準値付近に維持している。仮に周波数が基準値から大きくずれると、電力供給側では火力発電のタービン翼の共振による疲労破壊や寿命短縮、電力需要側では電動機（モーター）の回転数変動といった悪影響が生じる。そのため、日本の電力系統では系統周波数偏差を±0.2〜0.3 Hz 以内に抑えることを目標とした運用がなされている。

7.1.3　太陽光・風力発電を大量導入する場合の問題

電力系統では、上記のように供給（発電）と需要（消費）を常にバランスさせる必要がある。これに対し、太陽光・風力発電の発電出力は日射強度や風速に依存するが、それらは気象状況により変動するため、発電出力も激しく変動する。よって、太陽光・風力発電の導入設備容量が増えると、電力系統の需給バランス維持に必要な調整幅が増える。調整幅は、出力調整を行う水力・火力発電の出力可変幅で決まり、限界がある。さらに、太陽光・風力発電の導入量を増やし、代わりに火力発電の発電電力量を減らして化石燃料消費を減らすならば、稼働する火力発電の台数が減ることとなり、調整幅も減る。その幅を超えるような変動を生じさせる量の太陽光・風力発電は連系できない。これが太陽光・風力発電に連系可能量という上限が設けられた理由である。

特に風力発電は太陽光発電と異なり、電力需要が少なく運転している火力発電の台数が少ない深夜にも発電するので、その時間帯の需給バランス維持が困難になる。そこで風況が良く風力発電の導入が進んだ地域の電力会社は、早くて20年ほど前から「風力発電連系可能量」を設定してきた。これが7.1.1項に示した、日本において風力発電の導入が遅れてきた一因である。

さらに、風力発電の導入率が高いアイルランドで、もう一つの問題点が検討された。太陽光・風力発電は同期発電機で電力系統に接続する方式ではない「非同期発電」なので、電力系統の慣性を増やす効果がほとんど期待できない。よって、太陽光・風力発電の導入が進み、代わりに火力発電の稼働台数が減ると、電力系統の慣性が低下し、7.1.2項で述べたように周波数変化率 df/dt が大きくなる。アイルランドのグリッドコード（系統連系要件）では周波数変化率 df/dt に関しては0.5 Hz/s に耐えることのみが要求されているため、それ以上の周波数変化

第 7 章　電力系統安定化のための自律的消費電力制御

率 df/dt が生じると発電機や配電系統がトリップしてしまう可能性がある
(O'Sullivan, 2012)。

7.2　負荷の消費電力制御

　前章において、太陽光・風力発電の導入が進むと電力系統内で需給バランスを
維持するのが困難になり、許容範囲を超える周波数の変動が生じる懸念があるこ
とを記した。よって、太陽光・風力発電の導入設備容量を増やしていくには、需
給バランスを維持する対策を増やしていく必要がある。この対策には下記のよう
なものがある：会社間連系線の有効利用による電力系統の広域運用、火力発電の
柔軟運用、太陽光・風力発電の発電出力予測、電力貯蔵装置の活用、太陽光・風
力発電の出力制御や出力抑制、負荷の消費電力制御（近藤、2015）。これらの対
策は多ければ多いほど効果があり、太陽光・風力発電の導入可能容量を増やすこ
とができる。これらのうち、負荷の消費電力制御以外は電力を販売する電力会社
や太陽光・風力発電事業者が行うものであり、まだ改善の余地があるものの、こ
れまでも研究開発や運用改善のための労力や費用が費やされてきた。これに対し、
負荷は電力を購入する顧客側の設備であることから、これまで制御対象として検
討されることが少なかった。しかし負荷は稼働中の発電設備と同じ容量分が使わ
れているので、その一部でも消費電力を調整できれば、大きな調整幅を獲得でき
ることになる。そこで本章では、負荷の消費電力制御について述べる。

7.2.1　制御対象負荷

　電力系統では原則として、需要側は需要家が自由に電力を消費して、それに支
障の無いように供給側の発電電力を制御して需給バランスを維持している。これ
に対し、需要側の負荷を制御するのが負荷の消費電力制御である。すなわち、電
力系統の周波数が高い時は発電過多なので負荷の消費電力を増やし、逆に低い時
は減らすことで、系統全体の需給バランスを維持することに寄与できる。制御対
象としては、蓄熱効果のある冷蔵庫、冷凍機、エアコン、電気温水器（含ヒート
ポンプ式）の消費電力、および蓄電である電気自動車の充電電力等が有望である
（表 7 - 1 ）。その理由は、熱的または電気的なエネルギーバッファにより、消費
電力を変化させても需要家利便性への悪影響を少なくできるためである。

205

表7-1　消費電力調整が可能な負荷の例

種類	家電製品	可変時間	使用期間	消費電力可変幅	制御の容易さ
熱負荷	電気温水器 （含HP式）	数時間	夜	～5kW	易
	エアコン	数十分	夏と冬	～2kW	易
	ヒーター		冬	大	易
	冷蔵庫		終日	～0.4kW	易
非緊急負荷	電気自動車 （普通充電）	数時間	夜	～3kW	易
	食洗機	数時間	終日	～2kW	運転中は難
	乾燥機			～1kW	
	洗濯機			～0.4kW	

7.2.2　負荷制御の分類

　負荷制御の手段には、自律制御、直接制御、間接制御の3種類がある。自律制御は、負荷自身が計測した電力系統の周波数の情報に基づき消費電力を調整するものである。電力系統運用者との間の通信手段を必要としないことと周波数の変動に対して秒オーダーの高速な応答が可能という利点がある一方で、周波数からは分からない数時間オーダー以上の長周期の需給アンバランスは調整できないという欠点がある。これ以外の2種類の手段では、スマートメータとネット接続家電のような通信手段の普及が必要となる。直接制御は、系統運用者からの通信による制御指令に従って消費電力を調整するものであり、通信頻度に応じた応答性を有する。間接制御は、リアルタイム電気料金（ダイナミックプライス）情報と消費者自身の利便性と経済性を考慮した判断に従い消費電力を調整するものである。消費者の意思で決めた設定が電気代節約に直結するので、一般の方々にも受け入れられやすく、既に欧州の一部では1時間または30分毎に価格設定する制度が始まっている（Clercq, 2018）。ただし、電気料金情報等と消費電力調整幅および応答性の関係には、非線形性かつ不確実性があるので、消費電力の調整幅と調整時刻の精度が低いという欠点がある。

　また、需要家利便性への影響の点で、2つに分類できる。1つは負荷機器の使用状況などは考慮せず、電力系統側の都合のみを考慮して消費電力制御を行うも

第 7 章　電力系統安定化のための自律的消費電力制御

のである。これは、消費電力の調整幅や時間の点で自由度が多いという利点があるが、当該負荷機器を利用する需要家に不便を強いるという欠点があり、何らかのインセンティブを需要家に与える必要がある。また、例えば多くの負荷機器に長時間一斉に消費電力抑制が指令された際などは、抑制指令が解除された直後の総消費電力が急増するリバウンド現象（海外の文献では payback という）が生じやすい（Stitt, 1985）。例えば、夏の暑い時にクーラーの運転を 1 時間止められて室温が非常に高くなり、運転可能になったとたんに多くの需要家がクーラーを作動させることで生じる。もう 1 つは負荷機器の目的を達成するために「ある時間までにあるエネルギーを投入する」という制約条件の範囲内で行うものである。例えばクーラーであれば、需要家が調節する設定温度に対して 1 ～ 2℃の温度変化を許容し、その範囲内で消費電力制御を行う。発電不足のために停止すると室温が徐々に上昇するが、許容上限温度に達したら（たとえ発電不足が継続していても）作動して室温を下げる。負荷機器の消費電力制御を行っても条件を満たすことで需要家利便性をほぼ維持できるという利点はあるが、消費電力の調整幅や時間の点で制約がある。

7.3　自律負荷制御

7.2.2節において、負荷制御の手段として 3 種類あることを述べたが、ここではそのうち自律制御を取り上げる。自律負荷制御には、他の 2 つの手段と異なり、通信手段を必要とせず、電力システム側に特段の変更を必要としないという利点がある。近年はスマートメーターが普及し電力系統運用者と各家庭の電力量計の間の通信は可能となったものの、電力量計との通信手段を有する負荷機器はほとんど普及していないし、そのためのコスト増を考えると簡単には普及しないと考えられる。また、通信しないことから周波数変化を検出後すぐに消費電力制御ができるので、7.1.3項で述べた周波数変化率 df/dt の改善にも寄与できる可能性がある。そこで本章では、自律負荷制御に関するこれまでの研究例を示す。

7.3.1　例 1 ：Fred C. Schweppe 教授の特許出願

MIT（マサチューセッツ工科大学）の Fred C. Schweppe 教授が1979年に図 7 - 2 に示すような自律負荷制御システムを特許出願している（Schweppe, 1979）。

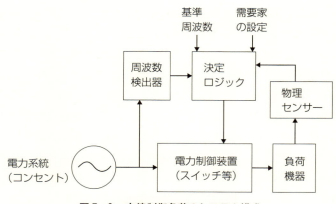

図7-2　自律制御負荷のシステム構成

このシステムでは、周波数検出器が電力系統の周波数をコンセントの電圧波形から計測する。その値と、基準周波数や需要家の設定（例えばクーラーなら設定温度）や物理センサー（例えばクーラーなら室温センサー）の値をもとに、マイクロプロセッサである決定ロジック部において、消費電力を制御するかどうかを決める。その結果により、電力制御装置にて負荷機器（例えばクーラー）の消費電力を制御する。自律負荷制御の機能はこの発明に集約されているといえる。

7.3.2　例2：英国の離島

　一般に電力系統は規模が大きい方が需給バランスを維持しやすい。逆に、本土の大規模な電力系統とつながっていない離島の電力系統では需給バランスを維持するのが難しいため、周波数変動が大きくなりやすい。英国スコットランドの西部に位置するRum島の電力系統は、水力発電とバックアップ用のディーゼル発電により住人約30人に電力供給しているが、一時的な需要ピーク時にしばしば停電が生じていた。そこで、全15軒で使われている負荷機器のうち、冷蔵庫、電気湯沸かし器、洗濯機、トースター、電気ヒーターなどの計43台を図7-2のようなシステムにして、自律的な周波数調整に寄与させた。この例では、図7-2における「需要家の設定」に相当するものは優先順位に従って予め割り振られた周波数閾値であり、また「物理センサー」に相当するものはない。よって、系統の周波数が閾値を下回ったら、負荷機器の運転状態にかかわらず強制的にオフする

第7章 電力系統安定化のための自律的消費電力制御

ものである。よって、負荷機器の使用者の利便性は損なわれたと推察されるが、上記システムの導入等の後は過負荷による停電は生じなくなったとのことである（Taylor, 2001）。

7.3.3 例3：米国 Pacific Northwest 国立研究所の実証試験

米国の Pacific Northwest 国立研究所は、PLL 回路を用いて系統周波数を計測するコントローラーを開発し、これを組み込んだ電気温水器50台と衣類乾燥機150台を実家庭に配置した実証試験を行った。この実証試験のコントローラーは、基準周波数60 Hz に対して負荷をオフする周波数閾値を59.95 Hz に固定し、復帰（オン）は59.96 Hz 以上が16秒以上継続した場合とした。試験期間中に生じた系統周波数低下時に、ほとんどの負荷が設計通りに応答した（Hammerstrom, 2007）。

7.3.4 例4：英国の冷蔵庫制御プロジェクト[1]

冷蔵庫は1年中継続して使われる負荷機器であるので、自律制御機能を持たせれば、常に電力系統の周波数調整に寄与させることができる。英国全土の家庭用冷蔵庫による総消費電力は平均1.9 GW と見積もられるので、これを需給バランス維持に利用できれば強力な周波数安定化効果が得られる。通常の冷蔵庫は電力系統の周波数に関係なく庫内温度が上限値に達するとコンプレッサを起動して冷やし、下限値に達すると停止する。これに対し、庫内温度閾値を電力系統の周波数に応じて0.5℃ /0.1 Hz の割合で変化させる手法が提案されている。庫内温度は冷蔵庫毎に分散するはずなので、電力系統の周波数の増減に対して全冷蔵庫の総消費電力を徐々に増減させることが期待できる。7.1.2節で述べたように電力系統の周波数調整を水力・火力発電所の発電出力の制御により行う場合、系統運用者（電力会社）は当該水力・火力発電所に対価を支払う必要があり、英国の系統運用者である National Grid 社は1年間に約8,000万ポンドを支払っている。4,000万台の家庭用冷蔵庫によりこの周波数調整機能を代替することで、寿命10年とすると1台あたり約20ポンド分の経済的貢献ができると見積もられる。これ

1）本節では複数の文献の内容を引用しているため、冷蔵庫の寿命の想定を10年としている部分と15年としている部分がある。

に対し、本提案の動作に必要な制御ボードはその7分の1程度の3ポンドで実現できる見通しである（Short, 2007）。

このような冷蔵庫の自律制御に関する実証試験が、英国のガス電力市場規制庁（Ofgem）の支援の下で行われた。制御ボードを組み込んだ約800台の冷蔵庫を実家庭で動作させた。そして、庫内温度の変化を許容範囲に抑えつつ電力系統の周波数の増減と共にコンプレッサが動作している冷蔵庫の台数が増減する（すなわち総消費電力が増減する）様子が観測された。また、電力系統の周波数調整を火力発電所が担うとその火力発電所の熱効率が低下するが、この役割を家庭用冷蔵庫が代替することで、その火力発電を停止するか、または高効率で運転できる。これにより、冷蔵庫の寿命を15年とすると、1台あたり1トンのCO_2排出を削減する効果があると見積もられている（Open Energi, 2012）。

7.3.5 例5：電気温水器・CO_2冷媒ヒートポンプ式給湯機

筆者が携わっている、電気温水器・CO_2冷媒ヒートポンプ式給湯機による自律負荷制御の研究を紹介する。一般家庭用の電気温水器は、数百リットルの水を80℃程度まで沸き上げるので、他の家庭用の負荷機器と比べて消費電力量が非常に大きい。そのため、通常は電気料金が安い深夜から早朝まで（契約プランに依るが23時から翌朝7時までなど）に電力を消費して貯湯槽内のお湯を沸き上げ、主に夕方以降の給湯需要に備える。もし貯湯槽内のお湯を使い切ってしまうと、次に沸き上げるには8時間程度の加熱を要するので、深夜電力時間帯にほぼずっと電力消費する必要がある。しかし、一般的には貯湯槽内のお湯を使い切ることは稀であり、必要な加熱時間は短くなる。この場合、規定時刻（例えば午前7時）までに沸き上げれば、深夜電力時間帯における加熱パターン（ON/OFFの回数やタイミング）を変えても利用者の利便性を維持できる。

そこで筆者は、需要家利便性を維持しながら自律的な消費電力制御により電力系統の周波数調整に寄与する電気温水器を提案した。筆者が制御対象として電気温水器に着目し始めたのは2000年頃である（近藤、2000）が、その理由は、総容量が全国で原発10基分程度に相当する10 GW程度もの電気温水器が普及しており、大きな調整幅を得られる可能性があるためである。また、主に深夜電力時間帯のみの周波数調整となるが、7.1.3項で述べたように風力発電に関しては深夜電力時間帯の発電が導入量制限の根拠となっていたので、風力発電の導入量拡大

第7章　電力系統安定化のための自律的消費電力制御

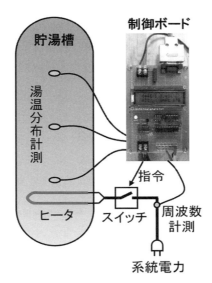

図7-3　自律的に周波数調整に寄与する電気温水器の構成

には都合がよい。北海道を対象とした数値解析の結果、設置済みの全電気温水器の7割に相当する17万台が、2秒毎に系統周波数を分解能0.01 Hzで計測して提案する周波数調整を行うことで、風力発電導入可能量を約3倍に増やせるという評価結果を得た（Kondoh, 2010）。

また、（上記の数値解析で仮定した性能を上回る）1秒毎に系統周波数を分解能0.01 Hz以下で測定できる計測機能と、湯温分布計測に基づき午前7：00までに貯湯槽内の水を設定温度まで沸き上げられるようON/OFFの周波数閾値を絶えず自動的に変化させる機能を組み込んだ制御ボードを作成し、これを組み込んだ電気温水器を試作した（図7-3）。そして、この試作した電気温水器が周波数変動に応じて自律的にヒータのON/OFF制御を行いつつ、午前7：00までに貯湯槽内の水を設定温度まで沸き上げられることを確認した。自律的周波数調整を行う電気温水器への改造に要した部品代は、必要最小限の部品のみであれば5,000円未満であり、制御ボードの最適化・量産化を行えば更なる低コスト化が図れると考えられる（Kondoh, 2011）。さらに、同じ制御ボードを組み込んだCO_2冷媒ヒートポンプ給湯機3台を青森県六ケ所村の戸建住宅に設置して実証試

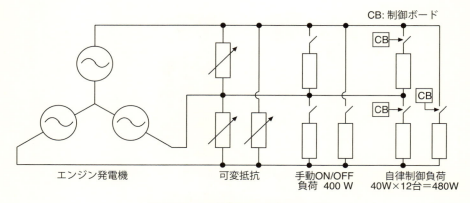

図7-4　小規模模擬電力系統の回路構成

験を実施した。給湯機の付属リモコンを改造してヒートポンプの起動・停止を制御したため、応答時間が早くなかったものの、電力系統の周波数の増減に応じて3台の給湯機の総消費電力が増減する特性が確認された（近藤，2013）。

7.4　周波数安定化の実験による実証

　7.3節に記した自律負荷制御の例のほとんどは、電力系統の周波数の増減に応じて負荷機器の消費電力を増減できることを示したものであり、実際の電力系統に自律制御する負荷機器を普及させることで周波数を安定化できたことを示した例は7.3.2項の例2のみである。またその例2に関しても、過負荷による停電がなくなったという定性的な説明にとどまっており、自律制御負荷がどの位普及するとどの程度の周波数安定化効果があるのかといった、定量的な評価はされていない。そこで実験室レベルの小規模な模擬電力系統を構築し、自律負荷制御の有無による周波数変動の差を調べる実験を行った。

7.4.1　実験装置の概要

　構築した小規模模擬電力系統の主回路を図7-4に示す。三相200V、定格出力5kWのエンジン発電機1台により、電力系統内の同期発電機でつながる全ての発電所を模擬させる。負荷としては可変抵抗、手動ON/OFF負荷、自律制御

負荷の3種類を接続した。

　エンジン発電機はガソリンを燃料として発電し、負荷に交流電力を供給する。その周波数は同期発電機の回転数に比例する。この同期発電機の回転数は、シリンダー内でのガソリンの燃焼によって得られる加速トルクと、負荷に電流を流すことによって生じる減速トルクとのバランスによって決まる。このことは、7.1.2項で述べた発電所の同期発電機と同じである。エンジン発電機は、負荷電力が変化しても同期発電機の回転数（すなわち出力電圧の周波数）が一定になるようにシリンダーに注入するガソリンの量を調節する調速機機能を有している。これは自動車で例えると、上り坂でも平坦な道でも一定のスピードで走るためにはアクセルを調整しなければならないことに相当する。ただし使用したエンジン発電機の定常時の周波数と負荷の特性を調べた結果、ほぼ$-0.6\,\mathrm{Hz/kW}$の特性、すなわち周波数が軽負荷時には若干高め、逆に重負荷時は若干低めになる特性があった。可変抵抗は、抵抗値を調節して消費電力を変えることで、実験開始前の周波数を$50\,\mathrm{Hz}$付近に調整するために用いた。また手動ON/OFF負荷は、400Wの負荷を瞬時にONして需給のアンバランスを発生させ、周波数の変化を生じさせるために用いた。自律制御負荷は、40Wの抵抗と7.3.5項で述べた実験で使われた制御ボードを組み合わせたもので、合計12組を接続した。ただし制御ボードは、より高速な応答とするために0.2秒毎に周波数計測とON/OFF指令を行うようにした。また、今回は電力系統の周波数変動を抑制する効果を調べることを実験の目的としているので、利便性に関わる、ON/OFFの周波数閾値を自動的に変化させる機能は使わなかった。代わりに、予め12台の制御ボードにON/OFFの周波数閾値を均等に割り振った。

7.4.2　フライホイールの取り付け

　実験を進めていく上で、エンジン発電機で電力系統の発電所を模擬することには2つの問題があることが分かった。まず1つ目は、発電機の慣性が小さすぎるため、負荷の消費電力が急変した際の周波数変化率df/dtが大きすぎることである。7.1.3節では、太陽光・風力発電のような非同期発電が増えると周波数変化率df/dtが大きくなると記したが、エンジン発電機のみの場合の周波数変化率df/dtは桁違いに大きすぎた。2つ目は、負荷の消費電力に変化のない定常時でも周波数に$\pm0.2\,\mathrm{Hz}$程度の変動が生じることである。これは、エンジンのシリ

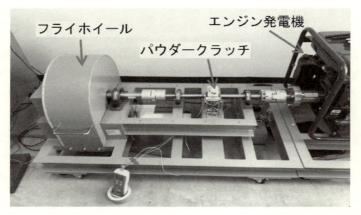

図7-5　エンジン発電機の回転軸にフライホイールを取り付けた実験装置

ンダー内でのガソリンの燃焼がサイクル毎に若干ばらつくためと推察される。このままでは電力系統の周波数変化の特性を模擬できているとは言えないので、これを改善するためにフライホイールという直径35 cm、重さ82 kgの鉄製の円盤をエンジン発電機の回転軸に取り付けた。その外観を**図7-5**に示す。

　エンジン発電機の回転軸に大きなフライホイールを直結してしまうと、エンジンの起動に長時間を要しセルモーターおよびバッテリーの大きな負担をかける恐れがある。そこで、まずフライホイールを切り離した状態でエンジン発電機を起動し、その後にフライホイールを接続する装置構成とした。3,000 rpmで高速回転するエンジン発電機の回転軸と、停止しているフライホイールを接続し、慣性の大きいフライホイールの回転数を徐々に上げていき、最終的に直結させるため、パウダークラッチを用いるシステムとした。パウダークラッチは入力軸と出力軸の間に存在する磁性鉄粉が外部コイルに電流を流すことで生じる磁界により集結してトルクを伝達するので、入力軸側と出力軸側の回転速度の差が大きくても、大きな衝撃を生じることなく連結できる。ただし、回転速度の差とトルクの積に比例する損失が生じて発熱するので、温度をチェックしながら運転する必要がある。

第7章　電力系統安定化のための自律的消費電力制御

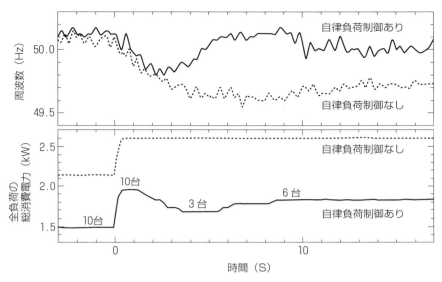

図7-6　負荷が急増した時の周波数及び消費電力の推移の例

7.4.3　周波数変動実験

図7-4に示した試験回路において、手動ON/OFF負荷を切り替えた時の周波数変動および全負荷の総消費電力の変化の様子を、自律制御負荷がある場合とない場合について、それぞれ計測した。

まず、手動ON/OFF負荷を時刻0秒にOFF状態からON状態へ切り替えた時の推移を図7-6に示す。図7-6内には、自律制御負荷がある場合における、ON状態の自律制御負荷の台数の推移も示している。自律制御負荷がない場合は、手動ON/OFF負荷が投入されたために全負荷の総消費電力が450 W程度上昇した。これにより周波数は50.00 Hzから49.51 Hzまでの、0.49 Hzの低下となった。一方で自律制御負荷がある場合は、手動ON/OFF負荷を投入してから1.4秒後より、ON状態だった10台の自律制御負荷のうち周波数下限閾値を高めに設定していたものから順番にOFF状態となり、消費電力が下がっていった。最終的には3.6秒後までに7台がOFF状態となり、3台のみがON状態で残った。この負荷の自律的な消費電力制御により、周波数は50.10 Hzから49.75 Hzまで

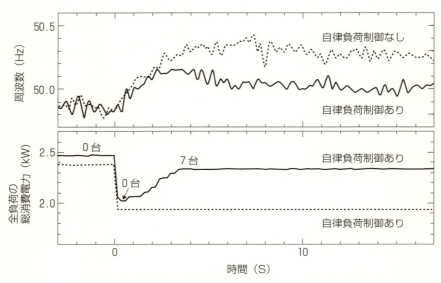

図7-7　負荷が急減した時の周波数及び消費電力の推移の例

の、0.35 Hz の低下で収まった。よって、自律制御負荷があることで周波数変動が29%抑制された。

　次に、手動 ON/OFF 負荷を時刻 0 秒に ON 状態から OFF 状態へ切り替えた時の推移を図7-7に示す。図7-7内には、自律制御負荷がある場合における、ON 状態の自律制御負荷の台数の推移も示している。自律制御負荷がない場合は、手動 ON/OFF 負荷が切り離されたために全負荷の総消費電力が450 W 程度低下した。これにより周波数は49.74 Hz から50.35 Hz までの、0.61 Hz の上昇となった。一方で自律制御負荷がある場合は、手動 ON/OFF 負荷を切り離してから0.8秒後より、周波数上限閾値を低めに設定していた自律制御負荷から順番に ON 状態となり、消費電力が上がっていった。最終的には3.4秒後までに 7 台が ON 状態となった。この負荷の自律的な消費電力制御により、周波数は49.77 Hz から50.15 Hz までの、0.38 Hz の上昇で収まった。よって、自律制御負荷があることで周波数変動が38%抑制された。

　以上の実験では、周波数の急上昇および急低下の際に、自律負荷制御により周波数変動を 3 ～ 4 割程度抑制できることが確認できた。この抑制率は、自律制御負荷の普及率や応答速度、および電力系統の慣性定数などによって変わってくる

第 7 章　電力系統安定化のための自律的消費電力制御

と考えられる。応答速度は、制御ボードの周波数計測の周期を短くしたり周波数
変化率 df/dt を考慮させることで、高速化できる余地がある。

7.5　まとめ

電力系統では需要と供給のバランスを常に保たないと、周波数の基準値（50
Hz または60 Hz）からの変動が大きくなり運用を継続できなくなる。出力が変
動する太陽光・風力発電が電力系統に大量に導入されると供給の変動が大きくな
るので、このバランスを維持できなくなる。このようなアンバランスの補償は、
従来は水力・火力発電の出力調整により行われてきたが、その可変幅には限りが
ある。そこで、電力系統内の負荷の一部の消費電力を調整し、供給側の変動に合
わせて需要を変動させれば、このバランスを維持する能力が高まる。すなわち、
負荷の消費電力制御を行うことで、電力系統に受け入れ可能な太陽光・風力発電
の容量を増やすことができる。

制御対象となりえる負荷としては、熱的なエネルギーバッファを有する電気温
水器・空調機・冷蔵庫、電気的なエネルギーバッファを有する電気自動車の普通
充電、非緊急の負荷である食洗機・乾燥機・洗濯機などがある。また、負荷制御
の手段には、自律制御、直接制御、間接制御の3種類がある。本稿では、通信手
段を必要とせず、負荷自身が系統周波数の計測結果に基づき消費電力調整するた
めに高速応答が可能な、自律負荷制御について記した。自律負荷制御を行うシス
テム構成は1979年に米国で特許出願されており、その後いくつかの実証試験が行
われたり、実際に離島の孤立した電力系統で使われている。

自律負荷制御は、各負荷に専用の制御ボードを組み込むことで実現でき、電力
システム側に特段の変更を必要としない。英国の研究者は、冷蔵庫の自律負荷制
御により系統周波数をする場合、従来の水力・火力発電所の出力調整に比べて7
分の1程度の費用で済むと試算した。また筆者は、北海道を対象とした数値解析
により、設置済みの全電気温水器の7割に相当する17万台が提案する周波数調整
を行うことで、風力発電導入可能量を約3倍に増やせるという評価結果を得た。

自律負荷制御による周波数変動抑制効果を定量的に評価するため、筆者は実験
室レベルの小規模な模擬電力系統を構築した。エンジン発電機で電力系統の発電
所を模擬したが、周波数変化率や定常時の周波数変動が実際の電力系統の場合と

217

比べてけた違いに大きい問題を改善するため、フライホイールを取り付けた。この模擬電力系統を用いた実験では、周波数の急上昇および急低下の際に、自律負荷制御により周波数変動を3〜4割程度抑制できる結果を得た。すなわち、自律負荷制御の採用により電力系統での需給バランスを維持する能力を高められることを確認できた。

ただし現状では、自律的な系統周波数調整機能を有する負荷を購入する需要家が、電気料金のディスカウントのような何らかのメリットを受けられる制度はない。逆に、購入価格は制御ボードの追加等の分だけ割高となる。このような負荷が普及させ、太陽光・風力発電の電力系統への導入可能量を増やすには、その系統周波数安定効果が広く認知された上で、購入のインセンティブが働くような制度や方策を作る必要がある。

参考文献

近藤潤次・石井格・村田晃伸・作田宏一（2000）「系統周波数調整のための熱負荷制御の可能性」、平成12年電気学会電力・エネルギー部門大会論文集（分冊A）、286、729-730頁（Aug. 2000）

近藤潤次「周波数調整を行うヒートポンプ給湯機の実証試験」、電気学会論文誌B、Vol. 133、No. 11、910-917頁（Nov. 2013）

近藤潤次（2015）「分散型電源大量導入の技術的問題と対策」、『電力システム改革と再生可能エネルギー』日本評論社、第3章、89-110頁。

Hammerstrom, D. J. et al.（2007）"Pacific Northwest GridWise Testbed Demonstration Projects; Part II. Grid Friendly Appliance Project," PNNL Publications, PNNL-17079.

Clercq, G. D.（2018）"Run your dishwasher when the sun shines: dynamic power pricing grows," Reuters（2018.8.2）（山口香子訳：「焦点：スマート家電で変わる電力市場、欧州が目指す未来図」、Reuters（2018. 8. 10））

Kondoh, J.（2010）"Autonomous Frequency Regulation by Controllable Loads to Increase Acceptable Wind Power Generation," Wind Energy, Vol. 13, No. 6, pp. 529-541.

Kondoh, J.（2013）"Experiment of an Electric Water Heater with Autonomous Frequency Regulation," IEEJ Transactions on Electrical and Electronic Engineering, Vol. 8, No. 3, pp. 223-228（May 2013）

第7章　電力系統安定化のための自律的消費電力制御

Open Energi, "CERT Final Report," https://www.ofgem.gov.uk/ofgem-publications/58431/npow08r12-118-report-081112pdf（2012）

Jonathan O' Sullivan, "Maximizing Renewable Generation on the Power System of Ireland and Northern Ireland," in Wind Power in Power Systems, 2nd Ed., John Wiley & Sons, Ch. 27, pp. 623-647（2012）

Fred C. Schweppe, United States Patent, 4,317,049（1979）

Joe A. Short, David G. Infield, Leon L. Freris, "Stabilization of Grid Frequency Through Dynamic Demand Control," IEEE Transactions on Power Systems, Vol. 22, No. 3, pp. 1284-1293（Aug. 2007）

James R. Stitt, "Implementation of a Large-Scale Direct Load Control System-Some Critical Factors," IEEE Transactions on Power Apparatus and Systems, Vol. 104, No. 7, pp. 1663-1669（July 1985）

Philip Taylor, "Increased Renewable Energy Penetration on Island Power Systems Through Distributed Fuzzy Load Control," Int. Conf. Renewable Energies for Islands Toward 100% RES Supply, Greece（2001）

219

第8章	**風力・太陽光発電大量導入による** **電力需給バランス、2030年シナリオ**

竹濱朝美・歌川 学

8.1　はじめに

　2017年度の発電実績によれば、日本の電力部門は、年間総発電量の85％を化石燃料火力発電に依存しており、33％を石炭発電に依存している（**図8-1**）[1]。再生可能エネルギー（以下、再エネ）を主力電源にして、発電部門の脱化石燃料を進めることは緊急の課題である。他方、風力・太陽光発電（以下、風力・太陽光）は、気象条件によって出力が変動するため、風力・太陽光を大量に電力網に連系する（電力網に接続・給電すること）場合、需給バランスにどう影響するか、推計する必要がある。特に、風力・太陽光出力が需要を上回る時（過剰電力）や、反対に、風力・太陽光出力が少ない時（供給不足）について、対策が必要になる。さらに、原子力発電（以下、原子力）や石炭火力発電（以下、石炭火力）を削減しながら、同時に、再エネ電力を最優先で給電をする場合、電力需給バランスはどうなるのか、検討が必要である。需給をバランスさせる対策についても、地域間送電や揚水発電、電気自動車やヒートポンプなどのデマンドレスポンスの活用について、効果を評価する必要がある。

　本章は、このような問題意識に基づいて、西日本の電力管区について、風力・太陽光を大量に電力網に連系し、かつ、原子力と石炭火力を削減する場合について、2030年の電力需給バランスを推計している。再エネ電力を他の全ての電源よりも最優先で地域間送電線に送電し、揚水発電を活用し、デマンドレスポンス（Demand Response: 需要応答）も活用して、需給バランスを維持できるかどう

1）資源エネルギー庁、電力調査統計表（2017年度）、発電実績。

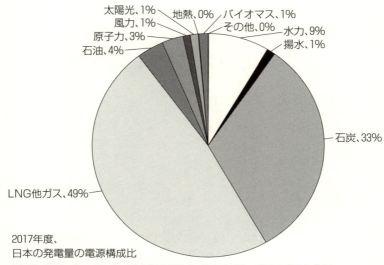

図8-1　日本の電力部門の発電量の電源構成比

か推計している。デマンドレスポンスには、家庭用ヒートポンプ（heat pump: 電気式給湯器）と電気自動車（Electric Vehicles: EV）の充電を活用する場合について、効果を推計している。

具体的には、次の項目について述べる。（1）電力需給バランスを維持するうえで、風力・太陽光出力と在来電源発電機の技術的制約の関係。（2）在来電源発電機の経済的運用の考え方。（3）2030年再エネ大量導入シナリオの想定条件。（4）西日本の需給バランスの推計、デマンドレスポンスと地域間送電の効果。（5）2030年の発電量の電源構成とCO_2排出量の削減効果。

8.2　需給バランスにおける風力・太陽光発電と火力発電の関係

8.2.1　変動性再エネ電源と残余需要

電力需給のバランスにおいて、**変動性電源**（variable renewable energies:

第 8 章 風力・太陽光発電大量導入による電力需給バランス、2030年シナリオ

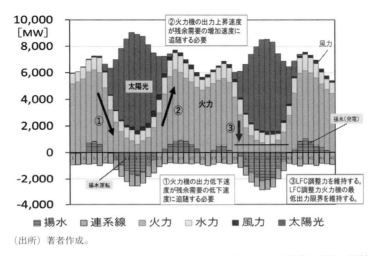

図 8-2　電力需給バランスにおける風力・太陽光出力と火力機の運用の関係

VRE）と火力発電機の運用について、説明しておく。風力・太陽光は、気象状況や時刻によって出力が大きく変動する特性があり、**変動性再エネ電源**と呼ばれる。**図 8-2** は、変動性再エネ電源の出力パターンと火力発電機の運用の関係を示している。電力需要から再エネ出力を差し引いた残りの電力需要を、**残余需要**と呼ぶ。

　　　　残余需要＝電力需要－再エネ出力　　　（単位は［MW］）……（1）

　再エネ電源が大量に連系された電力網では、在来電源（火力、大型水力、原子力発電）の電力が、残余需要を満たす。風力・太陽光の出力は、気象条件と時刻によって変動するし、電力需要も常に変動している。電力網システムは、瞬時瞬時で、需要と供給が同時に同量で合致しなければならない（**同時同量の原則**）。需要と供給が同時同量で一致しないと、**周波数**が基準値（西日本は60 Hz、東日本は50 Hz）から逸脱し、電力網は安定性を維持できなくなる。電力網システムは、瞬時瞬時に、時間タイミングで、需要と発電を合致させているシステムなのである。このため、送電会社（送電網を運用する一般送配電事業者)[2]）は、絶えず変動する電力需要と絶えず変動する風力・太陽光出力に合わせて、火力発電機の出力を上昇・低下させて、需要と供給を合わせている。

8.2.2 火力発電機の出力上昇・低下速度、最低出力下限

火力発電機（石炭、石油、天然ガス汽力、天然ガス・コンバインドサイクル発電など）は、燃料種類と発電技術に応じて、**出力上昇速度・低下速度**や、**最低出力下限**に技術的制約がある。出力上昇速度・低下速度とは、発電機が一定の時間内に、出力を増加・減少できる適応力のことで、ガス・コンバインドサイクルでは、**発電機定格出力**（フルパワーでの発電の大きさ）の１％～５％／分、石炭火力では、１％～３％／分などの速度で、出力を増加させる能力を指す。発電機の最低出力下限とは、火力発電機が安定的な出力を維持するのに必要な最低限の出力のことで、発電機定格出力（発電機の大きさ）に対して、15％あるいは30％などの水準で**最低出力下限**がある。

一般的に、電力網に連系される風力・太陽光の設備容量が増加すると、風力・太陽光発電の時間当たり出力変動規模（30分、あるいは１時間あたりの出力増加・出力減少の規模［MW］）も大きくなる。このため、「風力・太陽光の出力変動の速度に、在来電源発電機の出力上昇／下降速度が追随できないリスク」が出てくる（図8-2の①、②の時）（在来電源とは、原子力、火力、大型水力発電などを指す）。特に、西日本では、太陽光発電が大量に導入されると予測されるため、夕方、太陽光出力が急速に低下するタイミングと、夕方に家庭の電力需要が急増するタイミングに、火力発電機が出力を急上昇させる速度が追随できるか、という点が懸念されている。

8.2.3 LFC 調整力と風力・太陽光出力の予測誤差

風力・太陽光のリアルタイム出力は、常に変動しているため、予測出力から誤差が生じる。前日または数時間前に、風力・太陽光出力を予測することは可能で

2）日本では、電力供給網（送電網、配電網）の運用は、「一般送配電事業者」と呼ばれる大手電力会社（北海道電力、東北電力、東京電力パワーグリッド、中部電力、関西電力、北陸電力、中国電力、四国電力、九州電力、沖縄電力）が担当している。これら電力会社は、同時に、大型在来電源発電機の大部分を保有し発電事業をおこなう発電会社である（東京管区では、送配電事業は東京電力パワーグリッド社が担当し、発電事業は、グループ会社の東京電力カフュエル＆パワー社が担当している）。2020年からは、発電会社と送電会社は、分離することが決まっている。

第8章　風力・太陽光発電大量導入による電力需給バランス、2030年シナリオ

あるが、それでも、リアルタイム出力と予測出力の間には、**誤差（予測誤差）**が残ってしまう。このため、火力および水力発電機の出力能力の一部を、**LFC調整力**（LFC: Load Frequency Control、負荷周波数制御用調整力）として、予め取り分けておき、風力・太陽光出力の予測誤差をLFC調整力で補てんする必要がある。LFC調整力とは、需要の予測誤差と風力・太陽光出力の予測誤差を、リアルタイムで補てんする調整用出力で、電力網が周波数を維持するために非常に重要なものである。

　電力網に連系する風力・太陽光の設備容量が多くなると、予測の誤差率が一定でも、誤差の規模は大きくなってしまう。例えば、1時間前予測の誤差率が定格出力に対して10%である場合、太陽光設備容量が1GW（＝1000MW）なら、誤差規模は±0.1GWであるが、太陽光を10GW連系すれば、予測誤差の規模は±1GWになってしまう。このように、風力・太陽光の設備容量が多くなると、送電会社が準備すべきLFC調整力の規模は大きくなるので、LFC調整力も多めに準備しておかなければならない。

8.2.4　火力機の最低出力下限

　再エネ出力が多い時には、残余需要（需要から再エネ出力を差し引いた残りの需要）が少なくなるため、火力発電機は、出力を抑制しなければならない。再エネ出力が非常に多い時、一部の火力発電機では、出力抑制によって最低出力下限を維持できなくなり、稼働停止が必要になる（これは、**「下げ代不足」**問題と呼ばれる）。

　他方、風力・太陽光の予測誤差を補てんして需給バランスをとるためには、LFC調整力は常に準備しておく必要がある。このため、LFC調整力用の火力発電機は停止させることができない。送電会社（送電網を運用する電力会社）は、LFC調整力用の発電機（主に、LNG汽力、ガス・コンバインドサイクル、石油火力など）の最低出力下限を維持して発電を継続しながら、他方、再エネ電力を給電するという送電網運用が必要になる（図の③）。電力供給システムは、多数の発電機と電力網が一体となって構成しているので、在来電源発電機の出力上昇／下降速度、最低出力下限、LFC調整力などの条件を満たしながら、変動性再エネ電力を給電することが必要になる。

8.3 在来電源発電機の経済的運用と再エネ電力の関係

　需給バランス解析は、在来電源発電機の起動停止・経済的運用（Unit Commitment with Economic Load Dispatching）の考え方に基づいて、試算している。発電機の起動停止・経済的運用モデルは、在来電源発電機の出力上昇／下降速度、最低出力下限、LFC調整力などの制約条件を満たしながら、残余需要を充足し、かつ、燃料費の安い順に発電機を投入して、燃料費を最小にするように、発電機の最適運用を計算する。この方法は、風力・太陽光電力が大量に導入される将来の電力網において、電力需給バランスにどのような影響があるかを推計する方法である[3)4)5)6)]。

8.3.1 起動停止・経済的運用モデルの変数と制約条件

　図8-3は、今回の試算に用いた電源種類と外生変数（独立変数）である。在来電源発電機は、燃料種類、発電技術、出力上昇・下降速度や最低出力下限、周波数調整用のLFC調整力に使用するか否かなど、技術・経済的特性に応じて、22種類の電源サブ・グループ（sub-group）に区分している[7)]。具体的には、石炭（Coal）1, 2, 3; 石油（Oil）1, 2, 3; LNG天然ガス汽力（LNG thermal）1, 2, 3; 天然ガス・コンバインドサイクル（Gas-CC）1, 2, 3; 独立発電業者（Independent

---

3）高尾康太・原祥太郎・桐山毅・橋本彰・金子祥三・泉聡志・酒井信介「電源構成モデルによる再生可能エネルギー大量導入時の電力需給運用評価」、日本機械学会論文集、Vol.80、No.820、2014、1-18頁。DOI: 10.1299/transjsme.2014tep0366

4）Kato, Takeyoshi, Kawai, K., Suzuoki, Y., 'Evaluation of Forecast Accuracy of Aggregated Photovoltaic Power Generation by Unit Commitment,' 2013 IEEE Power & Energy Society General Meeting, 2013, DOI: 10.1109/PESMG.2013.6672455.

5）R. Komiyama, Y. Fujii, 'Assessment of post-Fukushima renewable energy policy in Japan's nation-wide power grid,' Energy Policy, 101（2017）, pp.594-611.

6）荻本和彦・岩船由美子・片岡和人・斉藤哲夫・東仁・福留潔・礒永彰・松岡綾子・山口容平・下田吉之・黒沢厚志・加藤悦史・松川洋「2050年に向けた日本のエネルギー需給検討：電力需給モデルによる分析（Ⅱ）」、エネルギー資源学会　第36回エネルギー・資源学会研究発表会、8-4、175-180頁、2017.6.7-8。

7）竹濱朝美・歌川学・斎藤哲夫「風力／太陽光発電の地域間送電と揚水発電を考慮した電力需給にかかる予備的考察」、第39回風力エネルギー利用シンポジウム、2017、504-507頁。

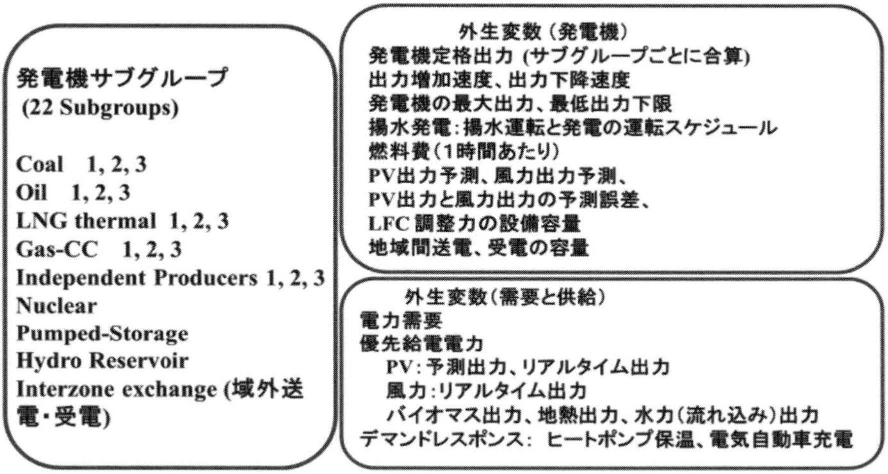

第 8 章　風力・太陽光発電大量導入による電力需給バランス、2030年シナリオ

```
┌─────────────────────────┐  ┌──────────────────────────────────┐
│ 発電機サブグループ        │  │        外生変数 (発電機)            │
│  (22 Subgroups)          │  │ 発電機定格出力 (サブグループごとに合算) │
│                          │  │ 出力増加速度、出力下降速度          │
│ Coal   1, 2, 3           │  │ 発電機の最大出力、最低出力下限       │
│ Oil    1, 2, 3           │  │ 揚水発電:揚水運転と発電の運転スケジュール │
│ LNG thermal  1, 2, 3     │  │ 燃料費(1時間あたり)                │
│ Gas-CC    1, 2, 3        │  │ PV出力予測、風力出力予測、         │
│ Independent Producers 1, 2, 3 │ PV出力と風力出力の予測誤差、      │
│ Nuclear                  │  │ LFC調整力の設備容量               │
│ Pumped-Storage           │  │ 地域間送電、受電の容量            │
│ Hydro Reservoir          │  └──────────────────────────────────┘
│ Interzone exchange (域外送 │  ┌──────────────────────────────────┐
│ 電・受電)                 │  │       外生変数(需要と供給)         │
│                          │  │ 電力需要                          │
│                          │  │ 優先給電電力                      │
│                          │  │   PV:予測出力、リアルタイム出力     │
│                          │  │   風力:リアルタイム出力           │
│                          │  │   バイオマス出力、地熱出力、水力(流れ込み)出力 │
│                          │  │ デマンドレスポンス: ヒートポンプ保温、電気自動車充電 │
└─────────────────────────┘  └──────────────────────────────────┘
```

(注) Coal（石炭発電）、Oil（石油発電）、LNG thermal（天然ガス汽力）、Gas-CC（ガス・コンバインド
サイクル）、Independent Producers（独立発電事業者）、Nuclear（原子力発電）、Pumped-Storage（揚水
発電）、Hydro Reservoir（水力貯水池型）、Interzone exchange（地域間送電）、PV（太陽光発電）
（出所）著者作成。

図8-3　試算において考慮した条件（主な外生変数）

power producer) 1, 2, 3; 揚 水 発 電 （Pumped Storage Hydro Power, 以 下
PSHPs）；貯水池水力（Hydro reservoir）；原発（Nuclear）；域外受電および域
外送電（Interzone exchange）である。

　試算で考慮した条件（外生変数）は、在来電源発電機の出力上昇・下降速度、
最大出力、最低出力下限、LFC調整力への配分量、ヒートポンプ設備容量、電
気自動車（乗用車）台数、揚水発電の設備容量、揚水発電機の揚水運転と発電の
運転スケジュールである。目的関数は、燃料費の最小化で、燃料費の安い電源か
ら順に投入し、1時間ごとの燃料費を最小にするように計算した。燃料費は、経
産省のデータを参照した[8)9)]。

　電力需給バランスは、常に次の条件を満たすように計算した（起動停止・経済

　8）経産省、発電コスト検証ワーキンググループ、2015、「各電源の諸元一覧」
　　http://www.enecho.meti.go.jp/committee/council/basic_policy_subcommittee/mitoshi/cost
　　_wg/pdf/cost_wg_03.pdf

的運用モデルの制約条件)。在来電源発電機は、出力上限・下限を守って運転する。発電機の1時間ランプ変動（1時間あたりの出力上昇／下降の幅）についても、電源サブ・グループごとの出力変化速度の制限内で運転する。火力発電機の出力上昇・下降速度、最低出力下限については、経産省審議会資料のデータを参照した[10)11)]。火力発電機は、出力変化速度や出力下限などの制約条件を満たしながら、燃料費の安価な電源から順に投入して、各管区の残余需要を満たす。

LFC調整力には、各電源サブ・グループの5％以上を配分し、かつ、調整力の準備量は、全ての時間について需要の3％以上を確保するものとした[12)]。石炭発電はLFC調整力には使用しない。計算を簡単にするために、風力出力と電力需要の予測誤差をゼロとし、LFC調整力は、太陽光出力の予測誤差を補てんするものとした。

8.3.2 2030年シナリオの想定、再エネの最優先給電

表8-1は、再エネ導入目標量である。Highケースは、2030年に風力・太陽光の目標量を導入した場合である。Baseケースは、2016年の風力・太陽光の設備容量と電力需要の場合である。西日本の九州、四国、中国、関西、中部の管区を推計し、関西と中部は、融合した連合管区として扱った。北陸管区は、今回の計算には含めていない。

---

9) 経産省、発電コスト検証ワーキンググループ、2015、「長期エネルギー需給見通し小委員会に対する発電コスト等の検証に関する報告」
   http://www.enecho.meti.go.jp/committee/council/basic_policy_subcommittee/mitoshi/cost_wg/pdf/cost_wg_02.pdf
10) 総合資源エネルギー調査会　省エネルギー・新エネルギー分科会　新エネルギー小委員会系統ワーキンググループ（第12回）、電力各社の説明資料。
   http://www.meti.go.jp/committee/sougouenergy/shoene_shinene/shin_ene/keitou_wg/012_haifu.html
11) 経済産業省、発電コスト検証ワーキンググループ（第8回）、「長期エネルギー需給見通し小委員会に対する発電コスト等の検証に関する報告、参考資料」
   http://www.enecho.meti.go.jp/committee/council/basic_policy_subcommittee/mitoshi/cost_wg/pdf/cost_wg_02.pdf
12) Kato, Takeyoshi, Kawai, K., Suzuoki, Y., 'Evaluation of Forecast Accuracy of Aggregated Photovoltaic Power Generation by Unit Commitment,' 2013 IEEE Power & Energy Society General Meeting, 2013, DOI: 10.1109/PESMG.2013.6672455.

第8章　風力・太陽光発電大量導入による電力需給バランス、2030年シナリオ

表 8 - 1　2030年の High ケースの再エネ導入目標

| | 電力需要2016 [GW] | | 2030設備容量 [MW] | | | |
	Max	Min	PV	Wind	Heat Pump	電気自動車
中部	25	9	17,400	10,400	1,350 MW*4h *2	1,120 MW*8h
関西	27	10	13,900	3,400	1,780 MW*4h *2	890 MW*8h
中国	11	5	8,000	3,200	840 MW*4h *2	460 MW*8h
四国	5	2	5,000	2,600	600 MW*4h *2	240 MW*8h
九州	16	6	18,200	4,700	810 MW*4h *2	780 MW*8h

（出所）著者作成。

　High ケースは次の条件で試算した。①省エネ対策効果と人口減少を考慮して、電力需要は2016年から10％減少する。②原子力発電をゼロ稼働とする。③石炭火力の稼働設備容量を出来る限り削減し、必要に応じて稼働停止を行う。④再エネ電力は、原子力を含む他の全ての電源よりも最優先で給電する。⑤地域間連系線は、運用容量の8割を上限として、再エネ電力を最優先で地域間連系線に送電し、関西と中部の管区で消費させる。⑥LFC 調整力も、地域間送電線を通じて、地域間融通させる。

　「原子力稼働ゼロ」、「石炭火力の稼働設備容量削減」、「再エネ電力を原子力より優先給電」、「地域間連系線に再エネを最優先送電」、「LFC 調整力を地域間融通」は、現在の一般電気事業者による需給運用では採用されていない需給運用である。つまり High ケースは、現在の需給運用とは異なる条件ないし制度を実行したら、未来の需給バランスはどうなるのかをシミュレーション（模擬）している。

　再エネ電力を最優先で地域外送電するという想定は、地域間連系線の現行規則とは大きく異なる点に、注意してほしい。従来の地域間連系線は「計画潮流」原則で、変動性電源（風力・太陽光）を地域間連系線に送電することを厳しく制限してきた。かつ、原子力を他の電源よりも優先して、地域連系線に送電する規則であった[13]。2018年10月1日から開始した「間接オークション方式」でも、原子力発電を「出力維持が必要な電源」として、再エネ電力よりも優先して送電する規則である[14][15]。これに対して、High ケースは、再エネ電力を原子力よりも優先して、最優先で地域間連系線に送電するという条件で、試算している。

229

8.3.3　2030年シナリオの想定、再エネと EV の導入目標

　High ケースについて、表 8-1 に再エネの導入目標量を、**表 8-2** に、九州管区の再エネ導入目標と想定条件を示した。九州管区で太陽光（PV）18 GW、風力（Wind）4.7 GW、四国管区で太陽光 5 GW、風力 2.6 GW を導入する（1 GW =1000 MW）。太陽光と風力の2030年の設備容量は、風力発電協会の数値を参照した[16]。バイオマスと地熱発電の導入量は、各管区の2016年の設備容量を 1.2倍にする。

　デマンドレスポンスとして、家庭用電気式給湯器（ヒートポンプ heat pump と電気温水器）と電気自動車（Electric Vehicles: EV）の充電を活用する。昼間に太陽光出力が過剰になるため、昼間の太陽光電力を吸収させるために、ヒートポンプを昼間に加温モードで稼働させ、電気自動車も昼間に充電を行う。

　2030年のヒートポンプの導入規模は、2016年の設備容量と同規模とする。電気

---

13) 2018年 9 月30日までの地域間連系線の規則については、電力広域的運営推進機関（OCCTO）、「送配電等業務指針」、第202条の 3 を参照。従来は、「地域間連系線の利用にあたっては、連系線を利用して、自然変動電源その他の出力が変動する電源から発電された電気を送電する場合」は、「電力貯蔵装置又は他の電源との併用」などの対策を講じて、「蓋然性の高い連系線希望計画の提出を行う」ことを要求されてきた。蓄電池など電力貯蔵装置を併用することは、再エネ発電事業者にとって大きな経費負担で、風力・PV 出力を地域間連系線に送電することは、非常に困難であった。

14) 2018年10月 1 日以降は、地域間連系線の利用について、間接オークション方式では、地域間連系線の利用は JEPX 日本卸電力取引所の Spot 取引（前日取引、当日取引）の価格競争に任せ、計画運用を廃止する。しかし、間接オークション方式のもとでも、「長期固定電源（原子力、大型水力、地熱発電）」を「出力維持等が必要な電源」と位置づけており、原子力発電が再エネ電力よりも優先的に地域連系線を利用できる規則であることは変わりがない。

15) ［出力維持等が必要な電源等の承認について］、「長期固定電源（原子力、水力（揚水式を除く。）又は地熱電源）については、発電し続ける担保が必要であり、他電源（一般送配電事業者により市場に投入されるＦＩＴ電源等を含む）よりも優先的に約定させる仕組みとする」。電力広域的運営推進機関、［ルール変更概要について］（連系線利用における間接オークション導入に関する事業者向け説明会（第 1 回）資料、2017年10月11日。
　https://www.occto.or.jp/oshirase/sonotaoshirase/2017/files/implicit_setsumeikai_shiryo_ 01.pdf

16) 斉藤哲夫・占部干由・荻本和彦「2050年に向けた日本のエネルギー需給検討：風力発電の導入量推定（その 2 ）」、エネルギー資源学会　第36回エネルギー・資源学会研究発表会、8-2、165-168頁、2017.6.7-8。

第 8 章　風力・太陽光発電大量導入による電力需給バランス、2030 年シナリオ

表 8 - 2　High ケース、Middle ケース、Base ケースの想定条件（九州管区の場合）

[MW]、Base year ＝ 2016

九州電力管区	Base	Middle	High
PV 設備容量	6,860	13,700	18,200
風力設備容量	490	4,700	4,700
原子力発電設備容量	1,780	0	0
地域間連系線運用容量	2,690	2,690	2,690
地域間連系線への風力、PV 電力の送電	No	Yes	Yes
地域間連系線を通じたLFC 調整力の投入	No	Yes	Yes
ヒートポンプ加温稼働	0	810 MW*4h*2 sets	810 MW*4h*2 sets
電気自動車(EV)の充電	0	0	700 MW*8h
揚水発電の運転モード	夜間に揚水運転（化石燃料により汲み上げ）、昼間に発電	PV 出力に応じて、昼間に揚水運転（汲み上げ）、夕方に発電	PV 出力に応じて、昼間に揚水運転（汲み上げ）、夕方に発電
揚水発電の設備容量（発電機出力）	2,300	2,300	2,300
電力需要（max）	15,500	15,500	−10%
電力需要（min）	6,400	6,400	−10%

（出所）著者作成。

　自動車について、現在の乗用車保有台数の20％が2030年には電気自動車に転換すると想定する。電気自動車は、電動モーターとバッテリー（蓄電池）のみの電気自動車とし、ガソリン・エンジン付きプラグイン・ハイブリッドは電気自動車に含めない。

　図 8 - 4 は、揚水発電の運転モードを示している。High ケースでは、揚水発電は、昼間の太陽光電力の出力に応じて、昼間に揚水運転し（上池に汲み上げ）、夕方に発電を行う運用を基本にする（これを「**昼間汲み上げ、夕方発電**」と呼んでおく）。**図 8 - 5** は、九州電力の需給運用の説明図である。従来は、電力会社は、電力需要の少ない夜間に、揚水発電機の揚水運転をし、需要の多い昼間に揚水発電を行っていた。しかし、太陽光電力が増加した2016年頃から、九州、四国、中国、関西管区では、図 8 - 5 のように、揚水発電の昼間汲み上げ、夕方発電を行っている。

231

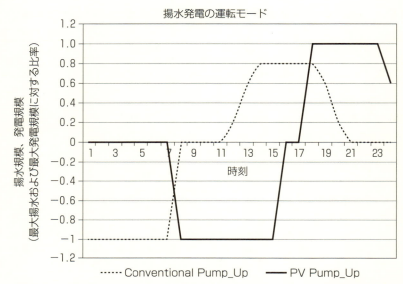

(注) Conventional Pump-Up モード（従来型揚水運転：夜汲み上げ、昼間発電）、PV Pump-Up モード（昼間汲み上げ、夕方発電）
(出所) 著者作成。

図 8-4　太陽光出力に応じた揚水運転モードと従来型の揚水運転モード

8.4　西日本の需給バランス、柔軟な需給運用の効果

8.4.1　図の見方

　図 8-6 は、High ケースの2030年の九州管区の5月第一週の需給バランスである。図の見方を説明する。
　グラフは、供給力を電源種別に、横軸から上に、積み上げで表示している。供給力の種別は、Shortage（供給不足）、Import（域外からの輸入、受電）、Nuclear（原子力）、Coal（石炭火力）、Gas LNG（天然ガスコンバインド、および天然ガス汽力）、Oil Independent（石油火力、および独立発電業者の発電（主に石炭火力））、Pump Reservoir（揚水発電、および貯水池水力）、Pump Evening Gene（夕方の揚水発電）、Hydro Bio Geoth（流れ込み水力、バイオマス、地熱

第8章　風力・太陽光発電大量導入による電力需給バランス、2030年シナリオ

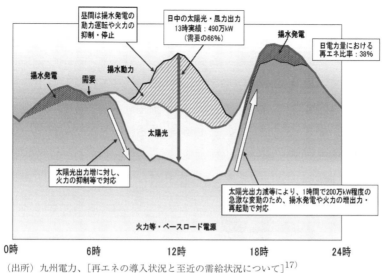

（出所）九州電力、[再エネの導入状況と至近の需給状況について][17]

図8-5　九州電力管区の需要と供給のバランスの実例、2016年5月4日。

発電）、PV（太陽光発電）、Wind（風力発電）、RE Import（再エネ電力の域外からの輸入、受電）である。供給力の面グラフは、電源種別を積み上げで表示していることに注意されたい。

　供給力のうち、Shortage（供給不足）、Import（域外からの輸入＝受電）、Nuclear（原子力）は、図中では、ゼロであったので、面グラフには表示されていない。

　折れ線グラフは、負荷および電力消費を示す。横軸から下の折れ線グラフ（負の値）は、Heat Pump & EV（ヒートポンプの加温稼働、および電気自動車の充電）、Oversupply（電力過剰＝出力抑制）、RE Export & Zone Export（再エネ電力およびその他の電力の域外送電。負の値は送電を示す）、RE Pump Up（風力／太陽光発電に応じた揚水発電の揚水運転＝汲み上げ）である。Demand（電力需要）は、横軸から上に、折れ線グラフ（正の値）で表示している。折れ線グラフ

17）九州電力、2016「再エネの導入状況と至近の需給状況について」2016年7月21日。
　　https://www.kyuden.co.jp/var/rev0/0055/4201/2ntja6f6cpd.pdf

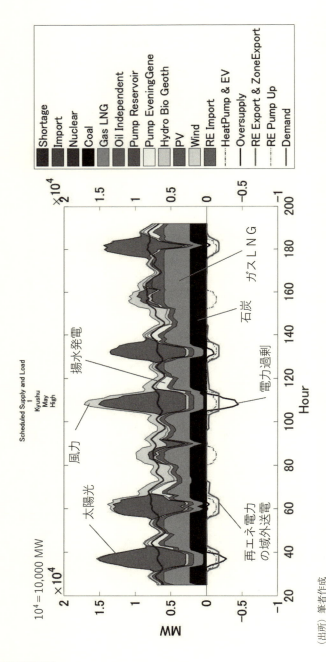

図8-6 九州管区の需給バランス、5月1日～7日（Highケース）

(出所) 筆者作成

(注) 横軸から上の面グラフは、電力供給である。供給力の種別は、Shortage（供給不足）、Import（域外からの輸入）、Nuclear（原子力）、Coal（石炭火力）、Gas LNG（天然ガス・コンバインドおよび汽力）、Oil Independent（石油火力および独立発電事業者発電（主に石炭火力））、Pump Reservoir（揚水発電および貯水池水力）、Pump Evening Gene（夕方の揚水発電）、Hydro Bio Geoth（流れ込み水力、バイオマス、地熱発電）、PV（太陽光発電）、Wind（風力発電）、RE Import（再エネ電力の域外輸入、優先送電）である。供給力の面グラフは、電源種別に、積み上げ表示していることに注意。折扎線グラフは、負荷および電力消費を示す。横軸から下の折扎線グラフ（負の値）は、Heat Pump & EV（ヒートポンプ加温稼働、および電気自動車の充電）、Oversupply（電力過剰＝出力抑制量）、RE Export & Zone Export（再エネ電力の域外送電、負の値は送電）RE Pump Up（風力/太陽光発電に応じた揚水発電の揚水運転＝汲み上げ）である。Demand（電力需要）は、横軸から上の折扎線グラフ（正の値）で表示している。折扎線グラフは、積み上げ表示でない。縦軸のグラフ目盛りに、15,000 MWの意味である。以下、図8-7～図8-9も同様である。1.5×10^4 とある場合は、1.5×10^4と熱なれる。

第8章　風力・太陽光発電大量導入による電力需給バランス、2030年シナリオ

は、積み上げ表示ではない。以下、図8-7～図8-9も同様である。

　図中の発電量は、積み上げの面グラフで表示している。電力過剰は、グラフ横軸から下に、黒の折れ線グラフで示している。再エネ電力出力が非常に大きい時、電力過剰（oversupply）が発生する。発電量の積み上げ合算値が電力需要（Demand）よりも上回っているのは、送配電損失分を含めて発電しているためである。単位は、横軸は時間（1時間）、縦軸は、1時間1時間ごとの需要と出力をMWで表す。今回の推計では、需要、残余需要、再エネ出力、火力発電機の出力は、1時間、1時間ごとに、[1時間当たり平均MW]で計算している（前述の（1）式を参照）。年間の合計発電量[MWh]ではないので注意してほしい。縦軸のグラフ目盛りに、1.5×10^4とある場合は、15,000 MWの意味である。以下、図8-7～図8-9も同様である。

8.4.2　九州管区の需給バランス、地域外送電

　太陽光出力に応じて、太陽光出力の25％程度について、揚水発電の昼間汲み上げを行い、かつ、太陽光出力の25％程度を中国管区へ地域外送電する。大量の太陽光出力を吸収するために、ヒートポンプを昼間加温させ、電気自動車の充電も昼間に行う。これを、柔軟な需給運用と呼んでおく。

　石炭火力を極力削減する方針に基づき、石炭火力発電機は、5月の連休期には、1基だけ稼働させ、他の石炭火力発電機は稼働停止させている。5月の連休期には、電力需要が少なく、かつ太陽光出力が大きいため、火力発電機の出力は、最低出力下限の近くまで抑制している。

　図8-6に示すように、これらの柔軟な需給運用を行っても、5月の連休期には九州管区では、太陽光出力から大規模な電力過剰が発生する。電力過剰は、最大で4 GWの規模になるだろう（1 GW =1000 MW）。九州管区の5月昼間の電力需要の最小値は7 GW程度であるので、電力過剰の規模は大きい。ただし、1GW以上の大規模な過剰電力が発生するのはほとんど連休と週末である。平日の供給過剰は、柔軟な需給運用をすれば、限定的な規模に抑えることができる。

　太陽光出力が過剰になる時も、九州管内の火力発電機の最低出力下限を維持する必要があるため、九州管区から中国管区への地域外送電は、5月連休期には、最大値（1時間あたり平均MW）で、約2.1 GWに達する。地域間送電は、九州から中国向けの地域間連系線の運用容量（2.7 GW）の約8割を使う必要がある。

8.4.3 中国管区、四国管区の需給バランス、域外送電

図8-7は、Highケースの5月連休期間の中国管区の需給バランスである。中国管区には、5月の連休期間に、九州から、最大で約2.1GWの再エネ電力が送電されてくる。中国管区から関西管区への地域外送電は、最大で3.3GWの規模に達する。この時、中国-関西間の地域間連系線（関西向き）の運用容量（4.1GW）の8割を使うことになるだろう。

揚水発電の汲み上げ運転、ヒートポンプや電気自動車の充電を活用し、中国管区から関西管区へ、運用容量上限まで地域間送電を行っても、風力出力と太陽光出力により、5月連休期には、最大で3GWの電力過剰が発生する。中国管区の5月の昼間時間帯の需要最低値5.1GW程度に比べると、電力過剰の規模は大きい。ただし、大規模な電力過剰が発生するのは、連休期間に集中している。地域外送電や電気自動車の充電を行えば、平日には、中国管内の電力過剰の発生は、ごく限定的な規模に抑えることができる。

図8-8は、四国管区の需給バランスである。四国管区から関西管区への再エネ電力の地域間送電は、最大で、1.2GW程度になる。この時、四国から関西への連系線運用容量（1.4GW）の上限いっぱいに送電することになる。四国管区では、5月連休中に0.8GW程度の電力過剰が発生するだろう。四国の5月昼間時間帯の電力需要の最小値は、2.4GW程度であるので、電力過剰の規模は大きい。ただし、大規模な電力過剰は、基本的に、5月の連休期間である。柔軟な需給運用を行えば、平日には、電力過剰を限定的な規模に抑えることができる。

8.4.4 関西-中部管区の需給バランス

図8-9は、関西-中部管区について、需給バランスを示している。関西管区と中部管区を合算すると、関西-中部管区は、年間の電力需要が最大で52GW、最小で19GWで、電力需要は十分に大きい。かつ、揚水発電の設備容量も大きい（関西3.7GW、中部4.3GW）。両管区の合計で、ヒートポンプで3.1GW、電気自動車で2GW程度を利用可能と見込むことができる（前掲、表8-1参照）。太陽光電力を揚水発電で汲み上げ、昼間のヒートポンプ稼働と電気自動車の充電も活用できる。これらの柔軟な需給運用により、関西-中国管区では、電力過剰の発生は、需要規模に比べて限定的な規模に抑えることができる。かつ、電力過剰

第8章　風力・太陽光発電大量導入による電力需給バランス、2030年シナリオ

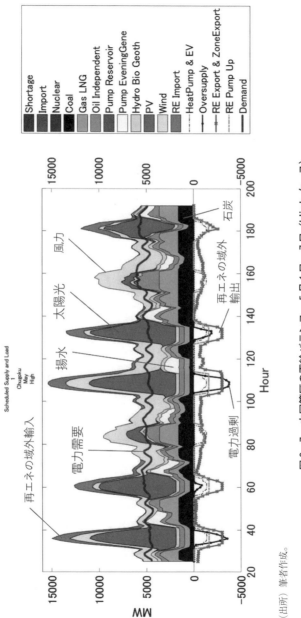

図 8-7　中国管区の需給バランス、5月1日〜7日（High ケース）

（出所）筆者作成。

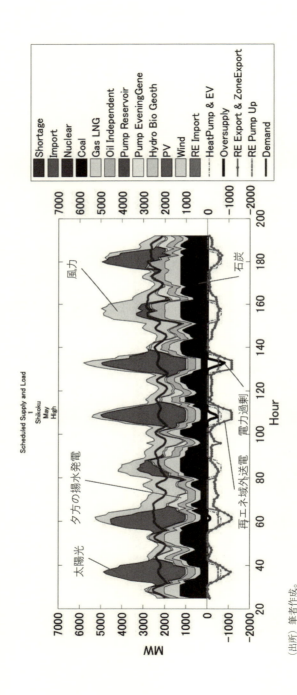

図8-8　四国管区の需給バランス、5月1日〜7日（Highケース）

(出所)　筆者作成。

第 8 章 風力・太陽光発電大量導入による電力需給バランス、2030年シナリオ

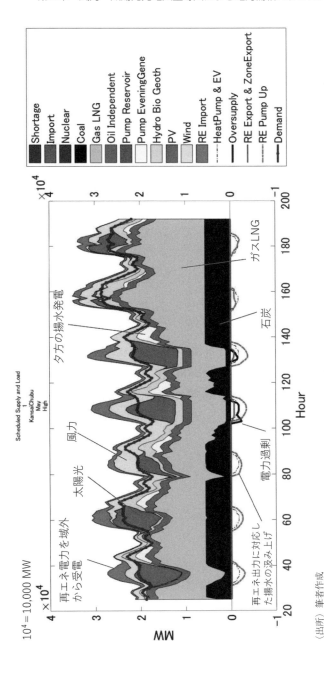

(出所) 筆者作成
(注) 関西管区と中部管区を一つの融合した連合管区 (関西-中部管区) として、合算計している。縦軸のグラフ目盛りは、4 × 10^4 とあるのは、40,000MW の意味である。

図 8 - 9　関西-中部の連合管区の需給バランス (合算表示)、5月1日〜7日 (High ケース)

239

が発生するのは、電力需要が特に低くなる時期（5月の連休期）に限定できる。電力需要の少ない時期（5月）に、九州、中国、四国から関西-中部管区に、再エネ電力を地域間送電線の運用容量上限まで送電しても、関西-中部管区はこれを吸収することができるであろう。

8.4.5 西日本地域のまとめ、柔軟な需給運用の効果、軽負荷期の電力過剰

西日本の管区をまとめると、図8-6、8-7、8-8、8-9が示すように、揚水発電の昼間汲み上げ、再エネ電力の域外送電、ヒートポンプと電気自動車充電を活用した需給運用を活用すれば、大量の変動性電源を導入しても、電力過剰を限られた日数と規模に抑制することができる。ただし、柔軟な需給運用を実施しても、5月の連休時期のように、電力需要が極端に低い時期には、九州、四国、中国管区では、大規模な電力過剰が発生する。この電力過剰については、再エネ電力に対する出力抑制の実施が必要になる。

8.4.6 再エネ電力の地域間送電、九州-中国連系線の増強必要

図8-10は、High ケースの5月について、九州、中国、四国の各管区から、関西-中部の連合管区へ、再エネ電力の地域間送電の最大値を示している。最大で、九州から中国管区へ2.1 GW、中国から関西管区へ3.3 GW、四国から関西管区へ1.2 GW が送電される。最大の地域間送電は、5月の連休時期に、太陽光出力に対応して昼間に発生する。

図8-11は、［九州-中国］、［四国-関西］、［中国-関西］の地域間連系線に再エネ電力を送電したシミュレーション結果である（High ケース、5月前半）。九州管区から中国管区への地域間連系線は、しばしば、送電線運用容量の上限に達している。2030年の導入目標量（前掲、表8-1）のとおりに、九州管区に18 GWの太陽光を連系するには、それに合わせて、九州-中国間の地域間連系線（関門連系線）を増強する必要がある。

8.5 再エネ電力の割合、CO_2排出量

図8-12、図8-13に、High、Middle、Base のケース別に、九州管区と中国管

第8章　風力・太陽光発電大量導入による電力需給バランス、2030年シナリオ

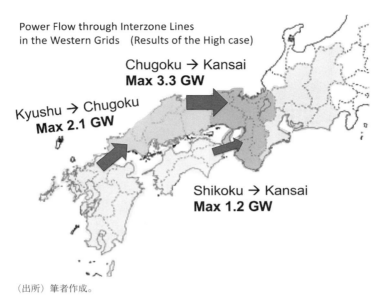

（出所）筆者作成。

図8-10　九州、中国、四国の管区から関西管区へ、再エネ電力の地域間送電の最大値、5月（High ケース）

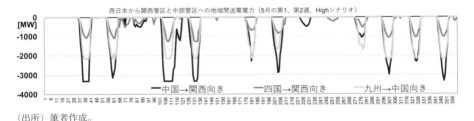

（出所）筆者作成。

図8-11　［九州-中国］、［四国-関西］、［中国-関西］間の地域間連系線における、関西向きの再エネ電力の送電、5月1日〜14日（High ケース）

区の発電量を示した。High ケースは、表8-1の再エネ導入目標量を導入し、原発稼働ゼロ、再エネ電力の優先的地域間送電、LFC 調整力の地域間融通、昼間の揚水発電の揚水運転（汲み上げ）、ヒートポンプ稼働と電気自動車充電を実施し、電力需要を Base ケースから10％削減させるケースである。Middle ケースは、太陽光設備容量を Base ケースから2倍にし、他の条件は High ケースと同じである。Middle ケースと High ケースは、原発稼働ゼロとしている（前述の表8-

241

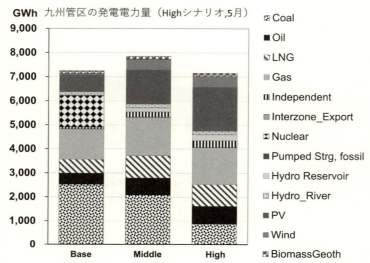

(注) Coal（石炭）、Oil（石油）、LNG（LNG汽力）、Gas（ガス・コンバインドサイクル）、Independent（独立発電事業者）、Interzone Export（地域外からの受電。域外からの受電は、域内発電量には含めないため、ゼロと算定）、Nuclear（原子力発電）、Pumped Strg, fossil（化石燃料による揚水発電）、Hydro Reservoir（貯水池水力）、Hydro River（流れ込み式水力）、PV（太陽光発電）、Wind（風力発電）、Biomass Geoth（バイオマス発電＋地熱発電）。以下、図8-13も同様。
(出所) 筆者作成。

図8-12　九州管区の発電電力量の構成、Highシナリオ、5月

2を参照）。Baseケースは、2016年時点の各電力管区の再エネ電源の設備容量と2016年時点の需給運用を模擬したものである。

　Highケースでは、石炭発電を極力抑制する方針を採用した。このため、九州と中国では、石炭発電量が顕著に減少し、風力・太陽光電力の給電量を増やすことができた。

　表8-3、表8-4、表8-5は、発電量に占める再エネ発電量の比率 [% of MWh]、CO_2排出量、燃料費を、九州、中国、四国の各管区でHighケースとBaseケースで比較している。Highケースでは、再エネ発電量比率は、九州管区で39％、中国管区で47％、四国管区で45％となり、大幅に再エネ発電量が増加した。かつ、Highケースでは、Baseケース（原発稼働あり）に比べても、CO_2排出量を削減できることがわかる。

第8章　風力・太陽光発電大量導入による電力需給バランス、2030年シナリオ

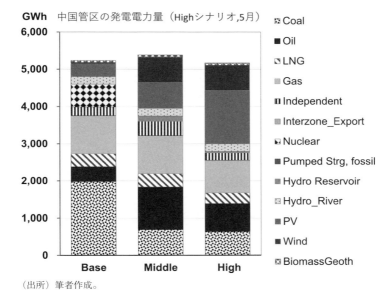

(出所) 筆者作成。

図8-13　中国管区の発電電力量の構成、Highシナリオ、5月

表8-3　九州管区の再エネ電力割合、CO_2排出量、シナリオ比較

九州管区	Base (原発稼働あり)	High
再エネ電力の割合 [% of MWh]	14.2%	39.1%
CO_2排出量 [CO_2_kg/kWh]	0.452	0.335
燃料費 [¥/kWh]	7.23	8.37

(出所) 筆者作成。

表8-4　中国管区の再エネ電力割合、CO_2排出量、シナリオ比較

中国管区	Base (原発稼働あり)	High
再エネ電力の割合 [% of MWh]	12.1%	46.7%
CO_2排出量 [CO_2_kg/kWh]	0.490	0.307
燃料費 [¥/kWh]	8.13	7.91

(出所) 筆者作成。

表8-5　四国管区の再エネ電力割合、CO_2排出量、シナリオ比較

四国管区	Base（原発稼働あり）	High
再エネ電力の割合　[% of MWh]	13.1%	44.6%
CO_2排出量　[CO_2_kg/kWh]	0.437	0.399
燃料費　[¥/kWh]	6.12	6.18

（出所）筆者作成。

8.6　まとめ：西日本管区の課題

　2030年の電力需給の High シナリオについて、確認できたことをまとめよう。

(a)　九州、中国、四国では、約40%以上の再エネ電力比率

　発電量に占める再エネ電力比率は、電力需要の少ない時期（5月）では、九州、中国、四国で約40%〜47%を達成した。

(b)　柔軟な需給運用で再エネ電力の大部分を吸収

　揚水発電の昼間の揚水運転（汲み上げ）、再エネ電力の地域間送電、デマンドレスポンスとして、ヒートポンプの昼間加温、電気自動車の昼間充電の導入は、大量の太陽光出力を受け入れて需給をバランスさせる効果が大きい。これら柔軟な需給運用によって、九州管区では、再エネ出力［MW］の75%〜100%を吸収できる。中国管区では、再エネ出力の80%〜100%を吸収できる。

　九州、四国、中国の管区では、太陽光出力の25%〜30%程度を、関西-中部管区向けに最優先で地域外送電することは、再エネ電力の吸収において、大きな効果がある。

(c)　原発稼働ゼロ、石炭の稼働設備容量の削減

　High ケースでは、大量の太陽光出力があるため、原子力発電の稼働ゼロが可能である。かつ、九州、四国、中国の3つの管区では、5月（電力需要の少ない時期）には、石炭発電の稼働設備容量も極力削減し、1基だけ、または保有設備容量の30%程度までに削減して、需給バランスをとることが可能である。九州と四国の管区では、5月には、石炭発電機は、1基稼働するだけで十分である。

(d)　柔軟性の低い石炭発電の削減が必要：

　High ケースのように、風力・太陽光の設備容量が大きくなると、再エネ出力

244

が多い時には、原子力発電や石炭発電機は最低出力限界を維持できなくなる（下げ代不足）状況が発生する。LFC調整力用の火力機は、最低出力を維持することが難しくなる。

風力・太陽光が大量連系されると、風力・太陽光出力の時間あたりの出力変動も大きくなる。他方、石炭火力発電機は、出力変化速度が遅い。出力変化速度の遅い石炭火力発電機を大規模容量で稼働させると、残余需要の急速な変動に対応することができなくなる。Highケースの結果が示すところは、風力・太陽光を大量連系する電力システムでは、出力変化速度が遅い石炭火力や原子力は、稼働設備容量を減らすことが必要である。

(e) 8月の供給不足リスクは少ない

電力需要が大きい時期（8月）についても、需給バランスを試算した。8月に、供給力不足が発生するリスクは少ないことがわかった。太陽光の連系設備容量が大きくなると、晴天でない日でも、一定量の太陽光出力が出るようになるため、電力需要の大きい8月でも、九州、四国、中国管区では、供給不足が起こるリスクは、低いであろう。

(f) 太陽光出力の時間タイミング、電気自動車充電とヒートポンプ稼働の時間タイミング

ヒートポンプと電気自動車の活用には、課題も残っている。家庭用ヒートポンプの昼間稼働と電気自動車の昼間の充電行動を、気象条件（晴天、または、雨天）に対応させる必要がある。太陽光出力が少ない雨天や曇天の時に、ヒートポンプの加温稼働や電気自動車の充電を行うと、需要を増やしてしまい、供給力不足をもたらすリスクがある。電気自動車の充電行動を太陽光出力に一致させるには、太陽光の前日出力予測に応じて、晴天なら昼間に充電料金割引、雨天なら、夜間に充電料金割引などの誘導的な料金メニューを設計する必要がある。

索　引

欧　字

aFRR（セカンダリ）　63

Balancing service providers（BSPs）　60

BRP（需給責任会社）　12, 28, 68

BRPs（バランシンググループ）　59, 63

CCS（炭素回収・貯蔵）　2

CHP　15

Contract Path　188

Directive2009/27/EC　175

Directive2009/28/EC　175

downward　71

　——調整力　13, 60-61

DSM　97

DSO　176

dual pricing 方式　73

EEG の規定　181

energy only market　58

Energy Roadmap 2050　174

ENTSO-e　177

EU DSO entity　177

EUPHEMIA　47

European Energy Exchange（EEX）　62

European Power Exchange（EPEX）　62

FCR（プライマリ）　63

free bid　71

IEM 指令　149

LFC 調整力　225

　——用の発電機　225

Marginal pricing 方式　72, 80

mFRR（ミニッツ）　63

Order No.888　177-178

Order No.890　195

Order No.1000　196

Pay-as-bid 方式　66, 80

PCR（Price Coupling Regions）　46

Point-to-Point　188

　——の送電管理　190

reactive bidding 方式　71

Re-dispatch　192

RE100　1

RES 指令　151

Single pricing 方式　67

TSO　60, 63-64, 107, 176

　——間の電力融通　197

TYNDP　195

upward　71

　——調整力　13, 60-61

voluntary bid　71

VPP　86

XBID（Cross Border Intraday）　47

あ　行

空容量　22, 131-132

　——ゼロ問題　21

アデカシー　114, 116, 124

　——評価　124

安定性　58

一般送配電事業者　224

一般負担　145

インバランス清算　13

インバランス・ペナルティ　191

インバランス料金　14, 67, 72

運用容量　132

N －1（エヌ・マイナス・ワン）基準　133, 190

247

エネルギー転換　1-3
エンジン発電機　212
欧州委員会　112
オークション方式　41

か 行

カーボンプライシング　3
価格シグナル　104
価格スパイク　100, 116
価格変動　91
過剰電力　221
下方（downward）調整　13, 60-61
空抑え　187
火力発電機　224
慣性　203, 213-214
間接オークション　iv, 22-24, 110, 127,
　　163
　　——方式　229
規則　149
既存電源の「柔軟性」　9
既得権の廃止　192
キャパシティの増強義務　182
キャパシティ・メカニズム　57
供給不足　221, 233
　　——リスク　245
金融市場　39
汲み上げ　233
グリッドタリフ　184
グロス・ビディング　44
計画値届出制度　59
「計画潮流」原則　229
系統増強費用　7
系統増強投資　23
原因者負担の原則　147
限界費用　90
原子力稼働ゼロ　229, 244
広域送電計画　196
広域メリットオーダー　20, 24

広域融通　197
公平な電力系統アクセス　178
コスト負担の仕組み　183
固定価格買取（FIT）制度　202
コネクト　179
混雑　110

さ 行

再エネ　101
　　——指令　151
　　——の主力電源化　iii-iv
　　——の大量導入　iii-v, 8
　　——の発電費用　6-7
再給電指令　89
最終需給調整　64
再生可能エネルギー固定価格買取制度
　　iii, 8, 18
最短距離の接続点　181
最低出力下限　224-225
最優先送電（給電）　229
在来電源　223
　　——発電機の起動停止・経済的運用（Unit
　　Commitment with Economic Load Dis-
　　patching）　226
先物市場　iv, 26, 58
先渡し市場　58
下げ代不足　225, 245
座礁資産　1
ザラ場取引　45
残余需要　223, 225
市場インセンティブ　103
市場結合　107-108
市場プレミアム制度（FIP）　23-24
市場プレミアムモデル　91
市場分断　20
自然地域独占　194
実潮流　132
　　——ベース（Flow Based）　111, 117,

185

シャロー方式　144

自由化指令　149

集電システム　180

柔軟性（フレキシビリティ）　9, 14, 16,
　　57-58, 98, 100, 159-160

柔軟な需給運用　235

周波数　203, 212, 223

　――変化率　203-204, 213

受益者負担の原則　147

需給インバランス　60

需給責任会社（BRP: balancing responsibility
　　group）　12, 28

需給調整市場　26, 85, 101

需給バランス　203-205, 229

出力上昇／低下（下降）速度　224-225

出力変動規模　224

出力抑制　158, 193, 225, 233, 240

需要応答　221

需要家利便性　205-207, 210

主力電源化　iii

商業的な成功　101

消費電力制御　205

上方（upward）調整　13, 60-61

所有分離　107

自律制御　206

指令　148

シングルプライス方式　41

垂直統合　35

スポット市場　101

　――価格　99

制御ボード　210-211, 213

セカンダリ　64

　――調整力　65

石炭火力　2, 8

　――発電　2

石炭発電量　242

石炭の稼働設備容量の削減　244

接続義務　182

接続料金問題　144

設備容量　133

設備利用率　135

前日市場　10, 41, 58, 68, 108

前日出力予測　245

先着優先ルール　21-22

送電会社　223, 225

送電混雑　136

送電事業者（TSO）　59, 94

ゾーン　108

　――・プライシング　37

粗厚生便益　123

た　行

大規模需要家　95

ダイベストメント　1

託送の概念　190

託送料　184

ダックカーブ　92-93

脱炭素化　1

地域外送電　235

地域間融通　229

地域間連系線　229

　――の運用容量　235

蓄熱槽　15

注入点　189

超高圧送電グリット　179

調整エネルギー市場　12, 60, 71

調整サービス市場　12, 60-62, 72

調整市場（Balancing Market）　iv, 10, 12,
　　58-60, 70

調整電源　6-7

調整幅　204

調整容量市場　61, 70

調整力（Flexibility）

　――市場　41, 108

貯水池水力　232

追加スケジュール（supplementary sche-

dule) 72
ディープ方式 144
低炭素経済への移行 174
デマンドレスポンス 221
電気式給湯器 222, 230
電気自動車 222
——の充電 230, 235
電力卸売取引市場 85, 105
——価格 88
電力過剰 233, 235, 240
電力・ガス取引監視等委員会 29
電力系統
——の増強 9
——管理 186
——整備10年計画 194
——増強の経費 183
電力広域的運営推進機関（OCCTO） 24,
132
電力広域的運営機関（広域機関） 19
電力システム改革 173
電力潮流計算 186
電力取引所 96
電力部門の自由化 35-36
電力網に連系する 221
ドイツ 30, 62, 179
——再生可能エネルギー政策 iii
——の送配電体系 179
同期発電機 203
当日市場 10, 12, 45, 58, 70, 108
同時同量 36
——の原則 223
導入設備容量 201, 204
透明性 139
特定負担 145

な 行

流れ込み水力 232
日本卸電力取引所（JEPX） 20, 25-26

日本版コネクト＆マネージ iv, 161
——の導入 25
入札インセンティブ 76
熱電併給（CHP） 14-16
熱容量 132-133
燃料費の最小化 227
ノーダル・プライシング 193
ノードプール 9, 11
ノード・プライシング 37

は 行

発送電分離 24, 224
発電機定格出力 224
払い出し点 189
バランシンググループ（BRPs） 59
パリ協定 1
バンク逆潮 180
ヒートポンプ 222, 230, 235
非化石価値取引市場 iv, 26
非化石電源 2
非差別性 151
費用効率性 75
費用便益分析（CBA） 165
昼間汲み上げ、夕方発電 231-232
昼間に加温モード 230
昼間に充電 230
昼間に揚水運転 231
負荷周波数制御用調整力 225
フライホイール 214
プライマリ 64
——調整力 64
フローベース 186
ベースロード電源市場 iv, 26
便益 148
変動性
——再エネ電源 223
——再生可能エネルギー（VRE） 87,
90, 131

索　引

——電源　89, 95, 222
——の需要　88
——の発電　88
法的分離　107, 126

ま 行

マニュアル調整力市場制度　78
マネージ　185
ミニッツ　64
——調整力　65
メリットオーダー　38, 86, 193
——効果　166
模擬電力系統　212

や 行

夕方に発電　231
夕方の揚水発電　232

優先給電　229
揚水発電　231-232
——の揚水運転　233
——の昼間汲み上げ　235
容量市場　iv, 26
容量メカニズム　124-125
予測誤差　225
予測出力　225
夜汲み上げ、昼間発電　232

ら 行

リアルタイム　187
——出力　225
レジリエンス　16
連系線　9, 107-108, 110, 117, 119, 124, 132
連続取引　110, 118
連邦ネットワーク庁（Bundesnetzagentur:
　　BnetzA）　30, 67

251

執筆者一覧 （執筆順）

諸富　徹（もろとみ・とおる）　　京都大学大学院経済学研究科兼地球環境学堂教授
　　編者。はしがき、序章執筆

小川祐貴（おがわ・ゆうき）　　　株式会社イー・コンザル研究員
　　第1章執筆

東　愛子（あずま・あいこ）　　　尚絅学院大学総合人間科学系社会部門准教授
　　第2章執筆

中山琢夫（なかやま・たくお）　　京都大学大学院経済学研究科特定講師
　　第3章執筆

杉本康太（すぎもと・こうた）　　京都大学大学院経済学研究科博士後期課程
　　第4章執筆

安田　陽（やすだ・よう）　　　　京都大学大学院経済学研究科特任教授
　　第5章執筆

内藤克彦（ないとう・かつひこ）　京都大学大学院経済学研究科特任教授
　　第6章執筆

近藤潤次（こんどう・じゅんじ）　東京理科大学理工学部電気電子情報工学科准教授
　　第7章執筆

竹濱朝美（たけはま・あさみ）　　立命館大学産業社会学部現代社会学科教授
　　第8章執筆

歌川　学（うたがわ・まなぶ）　　国立研究開発法人産業技術総合研究所主任研究員
　　第8章執筆

●編著者紹介

諸富 徹（もろとみ・とおる）

1968年生まれ。京都大学大学院経済学研究科博士課程修了。京都大学博士（経済学）。現在、京都大学大学院経済学研究科兼地球環境学堂教授。専攻は財政学、環境経済学、地方財政論。著書に『環境税の理論と実際』（有斐閣、2000年、NIRA 大来政策研究賞受賞、日本地方財政学会佐藤賞、国際公共経済学会賞を受賞）、『思考のフロンティア　環境』（岩波書店、2003年）、『私たちはなぜ税金を納めるのか』（新潮社、2013年）、『財政と現代の経済社会』（放送大学教育振興会、2015年）、『人口減少時代の都市』（中公新書、2018年）、共著に『環境経済学講義』（有斐閣、2008年）、『低炭素経済への道』（岩波新書、2010年）など、共編著に『脱炭素社会と排出量取引』（日本評論社、2007年）、『脱炭素社会とポリシーミックス』（日本評論社、2010年）、編著に『電力システム改革と再生可能エネルギー』（日本評論社、2015年）『再生可能エネルギーと地域再生』（日本評論社、2015年）、『入門 地域付加価値創造分析』（日本評論社、2019年）などがある。

入門　再生可能エネルギーと電力システム
再エネ大量導入時代の次世代ネットワーク

2019年5月30日　第1版第1刷発行

編著者───諸富 徹
発行所───株式会社日本評論社
　　　　　〒170-8474　東京都豊島区南大塚3-12-4　電話　03-3987-8621（販売），8595（編集）
　　　　　振替　00100-3-16
印　刷───精文堂印刷株式会社
製　本───株式会社難波製本
装　幀───林 健造
検印省略 © Toru Morotomi, 2019
Printed in Japan
ISBN978-4-535-55919-6

JCOPY 〈(社) 出版者著作権管理機構 委託出版物〉
本書の無断複写は著作権法上での例外を除き禁じられています。複写される場合は、そのつど事前に、(社) 出版者著作権管理機構（電話 03-5244-5088、FAX 03-5244-5089、e-mail: info@jcopy.or.jp）の許諾を得てください。また、本書を代行業者等の第三者に依頼してスキャニング等の行為によりデジタル化することは、個人の家庭内の利用であっても、一切認められておりません。